普通高等教育“十二五”规划教材

# 灌溉排水理论辅导与实践指导书

主　编　王立洪　姚宝林　张旭贤
副主编　李发永　王　成　葛广华
参　编　王　龙

中国水利水电出版社
www.waterpub.com.cn

## 内 容 提 要

本书是农业水利工程专业《灌溉排水工程学》和《节水灌溉》两门专业课的配套教材，同时也兼顾了其他灌溉排水工程学教材的内容体系，全书共分为四部分。第一部分为理论辅导与习题，第二部分为课程设计与示例（主要包括灌区渠系规划设计、滴灌工程设计、低压管道和喷灌工程设计示例），第三部分为实（试）验，第四部分为附录（主要包括农业水利工程常用规范、规范要求和专业名词汉英释义）。

本书可作为高等院校水利学科和农业学科学生的专业教材，同时可作为其他相关专业的教学用书及从事灌溉排水技术推广人员的培训教材。

图书在版编目（CIP）数据

灌溉排水理论辅导与实践指导书 / 王立洪，姚宝林，张旭贤主编. -- 北京 : 中国水利水电出版社，2012.8(2021.12重印)
普通高等教育“十二五”规划教材
ISBN 978-7-5084-9880-5

Ⅰ. ①灌… Ⅱ. ①王… ②姚… ③张… Ⅲ. ①灌溉系统－高等学校－教学参考资料②排灌工程－高等学校－教学参考资料 Ⅳ. ①S274.2②S277

中国版本图书馆CIP数据核字(2012)第186134号

| | |
|---|---|
| 书　　名 | 普通高等教育“十二五”规划教材<br>**灌溉排水理论辅导与实践指导书** |
| 作　　者 | 主　编　王立洪　姚宝林　张旭贤<br>副主编　李发永　王　成　葛广华<br>参　编　王　龙 |
| 出版发行 | 中国水利水电出版社<br>（北京市海淀区玉渊潭南路1号D座　100038）<br>网址：www.waterpub.com.cn<br>E-mail：sales@waterpub.com.cn<br>电话：（010）68367658（营销中心） |
| 经　　售 | 北京科水图书销售中心（零售）<br>电话：（010）88383994、63202643、68545874<br>全国各地新华书店和相关出版物销售网点 |
| 排　　版 | 中国水利水电出版社微机排版中心 |
| 印　　刷 | 清淞永业（天津）印刷有限公司 |
| 规　　格 | 184mm×260mm　16开本　14.5印张　344千字 |
| 版　　次 | 2012年8月第1版　2021年12月第4次印刷 |
| 定　　价 | **42.00**元 |

# 前言

本书是农业水利工程专业《灌溉排水工程学》和《节水灌溉》两门专业课的配套教材，同时也兼顾了其他灌溉排水工程学教材的内容体系，本书既注重理论知识的讲解，同时又加入大量实用性设计示例和新疆盐碱地治理内容。可作为高等院校水利学科和农业学科学生的专业教材，同时可作为其他相关专业的教学用书及从事灌溉排水技术推广人员的培训教材。

本书分为四部分。第一部分为理论辅导与习题，第二部分为课程设计与示例（主要包括灌区渠系规划设计、滴灌工程设计、低压管道和喷灌工程设计示例），第三部分为实（试）验，第四部分为附录（主要包括农业水利工程常用规范、规范要求和专业名词汉英释义）。

本书第一部分由塔里木大学王立洪、姚宝林、张旭贤编写，第二部分由姚宝林、李发永和王成编写，第三部分和第四部分由王龙和王成编写。王立洪教授主审，全书由姚宝林统稿。

本书引用了大量的国内外研究成果，参考了许多已经出版和公开交流的相关著作和教材，在此表示感谢。

因作者水平有限，经验不足，书中不妥或错误之处难免，恳请读者批评指正。

**编者**

2012年7月

# 前言

# 目录

# 第一部分　理论辅导与习题

## 第一章　绪　　论

### 第一节　我国灌溉排水事业

#### 一、灌溉、排水对我国农业生产的重要意义

灌溉排水工程是水利工程的类别之一。其基本任务是通过各种工程技术措施，调节和改变农田水分状况及有关地区水利条件，为农业的发展创造条件。

**【农田水利（灌溉排水）】** 为防治干旱、渍、涝和盐碱灾害，对农田实施灌溉、排水等人工措施的总称。

**【灌溉排水的作用】** 是为人工补充农田土壤的水分或排除农田多余的水分。

**【灌溉排水的目的】** 是与农业技术措施相结合，共同为作物生长创造适宜的环境，促进和保证农业生产持续、高效的发展。

**【灌溉排水的任务】** 是通过各种工程技术措施，调节和改变农田水分状况及其有关的地区水利条件，以促进农业的发展。

1. 地球水储量的分布

地球表面积：5.1 亿 $km^2$，水体总量：1.386 亿 $km^3$；海洋面积：3.61 亿 $km^2$，海洋水量：13.38 亿 $km^3$，占地球总水量的 96.5%；陆地面积：1.49 亿 $km^2$，水量仅 0.48 亿 $km^3$，占地球总水量的 3.5%。便于人类利用的仅为 0.1065 亿 $km^3$，占淡水量的 30.4%。表明可供人类利用的水资源十分有限。

2. 中国水资源的主要特点

我国是一个农业大国，又是一个水资源不足、时空分布不均衡，旱涝灾害频繁的国家。

（1）总量并不丰富，人均占有量更低。中国水资源总量居世界第六位，人均占有量为 $2240m^3$，约为世界人均的 1/4，在世界银行连续统计的 153 个国家中居第 88 位。亩均为 $1800m^3$，是世界平均的 4/5，被联合国列为 13 个贫水国之一。

（2）地区分布不均，水土资源不相匹配。长江流域及其以南地区国土面积只占全国的 36.5%，其水资源量占全国的 81%；淮河流域及其以北地区的国土面积占全国的 63.5%，其水资源量仅占全国水资源总量的 19%。

根据不同地区及农作物对灌溉排水的不同要求，可按降雨量的大小把全国大致分为：

1）常年灌溉地带（多年平均年降雨量＜400mm）。

它处于干旱和半干旱地区，由于缺乏足够的雨量淋洗，此地区的土壤多属碱性，常年灌溉是此地带发展农业的必要条件。其灌溉需要指数（即灌溉水量与农作物需水量的比值）一般均大于50%～60%。排水是由于灌溉和防治土壤盐碱化要求所致，包括灌溉退水和降低灌区地下水位。

此地带可细分为两个亚区，Ⅰ西北内陆地区，包括青海、新疆、甘肃河西走廊和内蒙古阿拉善高原。Ⅱ黄河中上游地区，包括陕西、甘肃、宁夏、山西及内蒙古大部分地区。

2）不稳定灌溉地带（400mm＜年平均降雨量＜1000mm）。

这主要包括黄淮海地区和东北地区。由于受季风的强烈影响，降水时空变化很大，农作物对灌溉排水的要求很不稳定。

此地带可细分为两个亚区，Ⅰ黄淮海地区，包括河北、河南、山东、苏北、皖北和京、津二市。Ⅱ东北地区，包括辽西、吉林、黑龙江及内蒙古东部地区。

3）水稻灌溉地带（年平均降雨量＞1000mm）。

这包括长江中下游地区，珠、闽江地区以及西南地区。

此地带可细分为三个亚区，Ⅰ长江中下游地区，包括湖南、湖北、江西、浙江、上海及江苏、安徽的大部。Ⅱ珠闽江地区，包括广东、广西、福建和海南。Ⅲ西南地区，包括云南、贵州、四川和西藏。

我国降水量年内年际分配不匀，旱涝灾害频繁。大部分地区年内连续四个月降水量占全年的70%以上，连续丰水或连续枯水年较为常见。降水主要集中在夏秋的三四个月内，而且又往往集中于几次连续性的大雨、暴雨。

东南沿海年降水量超过1000mm。

西北的荒漠地区降水量不到200mm。

长江以南多雨地区丰水年降水量为少水年的1.5～2倍，多雨季节的4～7月间的降雨量约占全年的50%～60%。

华北地区和东北地区丰水年降水量一般为少水年的3～5倍，正常年份多雨季节的6～9月间的降雨量约占全年的70%～80%。

就全国而言，水资源南多北少，东多西少。

就新疆而言，水资源北多南少，西多东少。

3. 新疆水资源的主要特点

新疆共有大小河流570余条，山泉272处，主要发源于天山、昆仑山和阿尔泰山等山脉，河川径流总量882亿$m^3$。其中，国内产流794亿$m^3$，国外来水88.0亿$m^3$。新疆出国、出省总水量244亿$m^3$，其中出国水量240亿$m^3$，流入青海省4.0亿$m^3$。

新疆是我国著名干旱区，年平均降水只有147mm，年平均蒸发2000mm左右。

新疆是"荒漠绿洲，灌溉农业"，农业用水占总用水量97%。

新疆是我国最重要的商品棉生产基地和石油化工基地。

随着经济的发展，新疆工、农业生产用水、城市生活用水和地区生态用水矛盾日益尖锐。

4. 我国灌溉与排水历史发展的概况

夏商时期，黄河流域就出现了“沟洫”，即兼作灌溉排水的渠道。

公元前6世纪，楚国人民兴建了芍坡，利用洼地建筑了长约50km的水库。

公元前4世纪，魏国西门豹治邺时，创建了引障十二渠。

公元前3世纪，李冰在四川兴建了我国古代最大的灌溉工程——都江堰。

隋、唐、宋时期，中国农田水利进入巩固发展时期。太湖下游兴建圩田、水网，黄河中下游地区大面积放於；同时水利法规渐趋完备，唐有《水部式》，宋有《农田水利约束》等。

元、明、清时期，农田水利进一步发展，明天启年间，《农政全书》问世，书中记载了我国农田水利史；《泰西水法》为我国介绍西方水利技术的最早述著。

19世纪末，西方灌溉与排水技术在中国开始应用，20世纪30年代，陕西省建成泾惠、渭惠、梅惠等大型自流灌区。

5. 新中国农田水利建设成就

中华人民共和国成立后我国开展了大规模的水利建设，兴建了大量的水利基础设施。至2008年，中国大陆已建成各类水库86353座，水库总库容6924亿$m^3$。累计加固新修堤防27.87万km，全部堤防保护耕地面积65813万亩，初步形成了七大江河的防洪工程体系。

全国供水能力从1000多亿$m^3$增加到5800多亿$m^3$，其中城市供水量达到470亿$m^3$，供水普及率为96.8%。

万亩以上灌区5729处，万亩以上灌区有效灌溉面积37866万亩。农田有效灌溉面积从2.4亿亩发展到83851万亩，节水灌溉面积29164万亩，基本形成全国农田灌溉总体格局。水土流失治理面积89.71万$km^2$。

经过大规模的水利建设，兴修了一大批水利工程，对主要江河进行了初步治理和开发，提高了防御水旱灾害的能力。水利建设发挥了防洪、除涝、灌溉、供水、发电、航运、渔业、改善生态环境等综合效益。以仅占全球约6%的可更新水资源、9%的耕地，养活了占世界22%的人口，取得了举世瞩目的巨大成就。

6. 我国灌溉、排水事业发展中积累的经验和面临的任务

(1) 我国灌、排工程的建设和发展积累的经验和面临的任务。

1) 经验。①在大力发展灌溉的同时，充分重视排水，做到灌、排并重，蓄泄兼顾；②充分利用水资源，节约水资源；③因地制宜，针对不同地区的具体情况，采用不同的治理措施。

2) 面临的任务。水资源短缺，供需矛盾突出，现有耕地灌溉面积不到一半，灌、排工程配套不全，老化失修，抗旱除涝标准低等。不能适应今后农业生产和国民经济发展需要。

(2) 节水灌溉的重要性及其目标。

1) 大力发展节水农业，推广节水灌溉，形成节水型社会是我国一项长期的基本国策。

2) 从开源与节流两方面入手，解决水资源危机的问题。

3) 精量灌溉，是节约灌溉的最高目标。

4）借助现代化的电子测试手段、计算机技术与信息技术，实时预测预报。

5）三“S”技术在现代农业中的应用，使精量灌溉及精确调控大田的生产过程与资源投入已具有现实的应用前景。信息技术的迅速发展与更新，将对未来农业的发展产生不可估量的影响。

7. *存在问题*

（1）防洪能力低，洪涝灾害严重。我国是世界上洪涝灾害最严重的国家之一，全国70%的固定资产、44%的人口、1/3的耕地、数百座城市，以及大量的重要基础设施和工矿企业都位于大江大河的中下游地区，受洪水威胁严重。现有防洪工程体系仍然较为薄弱，江河防洪标准仍然偏低。拦蓄洪工程建设不足，且有40%的水库带病运行，非工程措施体系不健全，蓄滞洪区安全建设严重滞后，缺乏灵活运用的基本条件，启用困难。

（2）干旱缺水严重，水资源供需矛盾尖锐。我国降雨时空分布不均，人均占有水资源量少，水资源分布与耕地、人口、经济布局不相匹配，北方地区干旱缺水严重。由于投入不足、管理粗放等原因，供水工程建设严重滞后，部分地区水资源浪费与水污染严重，水供需矛盾不断加剧。目前，全国每年缺水量达400亿$m^3$。20世纪90年代以来，平均每年因旱受灾的耕地面积达3.7亿亩，年均减产粮食200多亿kg。2000年，我国发生大面积干旱，全国累计受旱耕地面积达6亿亩，粮食减产约450亿kg。灌溉工程管理工作也比较薄弱，重建轻管的问题尚未从根本上扭转，管理粗放。部分工程配套不齐全，有些工程老化失修严重，灌溉效益衰减。

（3）水土流失严重，水环境不断恶化。全国水土流失面积367万$km^2$，约占国土面积的38%。水土流失导致江河湖库淤积严重，土地贫瘠，生态环境恶化，工程效益衰减，加剧了洪涝干旱和风沙灾害。根据水质监测统计，全国废污水年排放量达600多亿t，其中近80%未经处理直接排入江河湖库水域。水污染加剧了水资源的紧缺；全国地下水超采严重，已形成了部分区域性地下水位下降漏斗，导致部分地区地面沉降、海水入侵。

### 二、世界灌溉发展的趋势

（1）灌溉方法仍以地面灌溉为主，高效节水灌溉面积会有较大发展。

（2）提高灌溉水利用系数，缓解水资源紧缺程度，渠道防渗，管道输水和非充分灌溉等技术将日益发展。

（3）改进灌溉管理，提高自动化程度。

（4）电子计算机、激光、红外线、遥感、遥控等新技术将广泛得到发展。

## 第二节　灌溉排水工程学的研究对象和基本内容

灌溉排水工程学是一门研究利用灌溉排水工程措施来调节农田水分状况及改变和调节地区水情，以消除水旱灾害，合理而科学地利用水资源，为发展农业生产服务的科学。

## 一、灌溉排水工程的研究对象

1. 调节农田水分状况

农田水分状况一般是指农田土壤水、地面水和地下水的状况及其相应的养分、通气热状况。

(1) 灌溉措施：补充水分不足。

(2) 排水措施：控水，排盐。

需要研究的内容：①农田水盐运动规律；②节水灌溉理论与技术；③灌排系统布置；④灌排系统管理；⑤水环境影响和经济评价。

2. 改变和调节地区水情

地区水情主要指地区水资源的数量、分布情况及其动态。

(1) 蓄水、保水措施：工程蓄水，田间蓄水。

(2) 调水、排水措施：区域间，流域间。

需要研究的内容：①制定水土资源规划；②水资源合理配置；③洪涝规律；④工程经济。

## 二、本课程特点、教学要求与学习方法

1. 课程特点

灌溉排水工程学是农业水利工程专业的主干必修专业课。主要任务是使学生掌握灌溉排水的基础理论与基本原理、灌排技术、灌排系统规划、设计的方法；了解灌排工程对水环境的影响及其评价；重视灌排管理工作；了解灌排系统管理现代化技术等。

本课程的特点是知识面广、实践性强，受到各地区自然地理特征的制约。在学习时要实事求是，从实际出发，有针对性。

2. 教学要求与学习方法

(1) 教学方法：有教师根据每章节的具体内容确定教学方法。

(2) 学习方法：通过教师引导、启发及学生自学和独立思考，逐渐培养自我获取知识的能力和分析问题、解决问题的能力。

# 复习思考题与习题

## 一、名词解释

1. 灌溉排水工程学

2. 农田水分状况、地区水情

## 二、填空题

1. 位于安徽省寿县城南的________是我国有历史记载的最早的蓄水灌溉工程。

2. 战国时昭襄王令蜀守________在四川主持兴建了我国古代最大的灌溉工程________。

3. 灌溉排水工程学主要研究________和________的变化规律及其调节措施。

4. 农田水分状况一般是指农田中的________和________及________的状况及与其相关的________、________和________状况。

5. 调节农田水分状况的水利措施主要有________和________。

6. 地区水情主要是指地区水资源的________、________及其________。

7. 调节和改变地区水情的措施，一般有________和________。

**三、简述题及问答题**

1. 试述我国水资源的特点。

2. 试论述灌溉排水在我国农业生产发展中的地位和作用。

3. 我国古代有哪些著名的灌溉工程？

4. 简述我国灌溉排水发展的历史。

5. 灌溉排水工程学的研究对象和基本内容是什么？

6. 调节农田水分状况的措施有哪些？

7. 调节和改变地区水情的措施有哪些？需要研究哪些问题？

8. 论述当前我国灌溉排水面临的问题及对策。

9. 灌溉排水工程学的任务是什么？

# 第二章　农田水分状况与土壤水运动规律

## 第一节　农 田 水 分 状 况

农田水分状况是农田灌排系统规划、设计和管理的基础。

【农田水分】　农田中的地表水、土壤水和地下水。

【地表水】　地表积水。

【土壤水】　土壤包气带中的水分。与作物生长最密切的便是这种土壤水。

【地下水】　土壤饱水带中的水分（可自由流动的水体）。

### 一、土壤水

1. 土壤水分形态

土壤水又可分为吸着水、毛管水和重力水等几种水分形态。

(1) 吸着水。

1) 吸湿水。

分子力、紧紧束缚在土粒表面、不能移动、分子状态水。吸湿水达到最大时的土壤含水率称为吸湿系数。

2) 膜状水。

分子力、束缚在土粒表面、可沿表面移动但不能脱离土粒表面的液态水膜。膜状水达到最大时的土壤含水率称为最大分子持水率。

(2) 毛管水。对于单个土粒，只能依靠分子力吸附水分，但对于由许多土粒集合而成的土壤，其连续不断的孔隙相当于毛细管，因此还存在一种毛管力，依靠毛管力保持在土壤中的水分称为毛管水。按水分供给情况不同，分悬着毛管水和上升毛管水。

1) 悬着毛管水。

灌溉或降雨后，在毛管力作用下保持在上部土层中的水分。土壤储存水的主要形式。当悬着毛管水达到最大时的土壤含水率称为田间持水率。

2) 上升毛管水。

在地下水位以上附近土层中，由于毛细管作用所保持的水分。上升毛管水达到根系，则可被作物吸收利用，但地下水位不允许上升到根系，以防渍害。盐碱地区应严格控制地下水位，以防发生次生盐碱化。

从薄膜水到田间持水率的土壤含水量是作物容易利用的有效水。

(3) 重力水（无效水或称过剩水）。土壤中超过田间持水率的那部分水为重力水。重力水以深层渗漏的形式进入更下的土层，或地下水。旱地应避免深层渗漏，以防止水的浪费和肥料的流失。水田保持适宜的深层渗漏是有益的，会增加根部氧分，有利于根系发育。

2. 土壤水分的有效性

土壤对水分的吸力：1000～0.0001MPa。作物根系对水分的吸力 1.5MPa 左右。(1MPa=9.87 大气压=100m 水柱)。

如果水分受土壤的吸力小于 1.5MPa，作物可吸收利用；如水分受土壤的吸力大于 1.5MPa，则作物不能吸收利用。1.5MPa 是有效水和无效水的分界点。

3. 水对作物生理及环境影响

(1) 水是作物进行光合作用，制造有机物的原料。

(2) 水能保持作物处于正常而稳定的状态。

(3) 土壤中作物营养元素只有溶解在水中才能被作物根系吸收，各种矿物质元素和有机质也只有通过水溶液才能输送到作物的各个部位。

(4) 水分是作物细胞原生质的重要成分之一。

(5) 水分可调节作物体温。

## 二、农田水分状况

1. 旱田适宜的农田水分状况

土壤适宜含水率：凋萎系数～田间持水率。凋萎系数一般为 0.6$\beta_{田}$。有盐碱威胁地区应严格控制地下水位以免发生盐碱化。

干旱：分大气干旱、作物生理干旱、土壤干旱。

大气干旱：由于大气温度过高和相对湿度过低，阳光过强或遇到干热风造成植物蒸腾耗水过大，使根系吸水速度不能满足蒸腾需要。

作物生理干旱：当植物根部从土壤中吸收的水分来不及补给叶面蒸腾时，植物体内水分不断减少，从而影响植物水分平衡和协调。

土壤干旱：土壤含水率过低，植物根系从土壤中所能吸取的水分难于满足叶面蒸腾的消耗而影响作物的生长，此现象称土壤干旱。

2. 水田适宜的农田水分状况

水稻是喜水作物，除适时晒田外，田面要经常维持一定的水层。但水层不能过深，否则会使根系缺氧，使根部发生无氧呼吸，有毒物质增加影响根系生长发育甚至烂根。目前多用浅水勤灌，适时晒田。缺水地区应推广控制灌溉技术。地下水位不宜过高，应保证一定的深层渗漏。适量的深层渗漏对水稻生长有利，可增加根部氧分。深层渗漏也不宜过大，会浪费水，流失肥料。

3. 农田水分状况的调节

农田水分状况并不是总处于适宜的水分状况，农田水分可能过多，也可能过少，水分过多和过少都对作物生长不利。下面分析农田水分过多的原因及调节措施。

(1) 农田水分过多的原因及措施。

1) 原因：降水量大；洪水泛滥；地下水位过高等。

2) 形成的灾害：

洪灾—河湖泛滥而形成的灾害。

涝灾—降水过多，积水难排，造成灾害。

渍害—土壤长期过湿，危害作物生长，造成灾害。

3）措施：

防洪—整治排洪河道，兴算修水库，加固堤防等。

防涝—开挖排水河道，修建排涝闸、站等。

防渍—开挖田间排水沟，防止过量灌溉等。

（2）农田水分过少（不足）的原因及调节措施。

1）原因：降雨少，土壤滞水能力差（山丘区）等。

2）措施：

灌溉—主要措施。

疏松土层—切断毛细管，减少土壤蒸发。

地表覆盖—用麦秸、地膜覆盖，阻止土壤蒸发。

化学抗旱—减少叶面蒸腾。

## 第二节　土壤水分运动

土壤水分运动的两种途径：毛管理论、水势理论。

毛管理论仅适用于对一些简单的问题分析。

水势理论则是根据在土壤水势基础上推导出的扩散方程，研究土壤的水分运动。这种方法理论严谨，适用于各种边界条件，因而具有广阔的应有前景。

### 一、土壤水运动基本方程

在一般情况下，达西定律同样适用于非饱和土壤水分运动。根据达西定律和质量守恒原则，可推导出土壤水运动基本方程。

### 二、入渗条件下土壤水分运动

降雨和灌水入渗是补给农田水分的主要来源。入渗速度、一定时段内的累计入渗量、入渗后水分在土壤剖面上的分布是确定灌水定额、制定灌溉制度的依据。

教材中针对地面已形成薄水层情况，推导了如下基本公式：

$$\theta(z,t)=\theta_0+\frac{\theta_s-\theta_0}{2}\left\{\operatorname{erfc}\left(\frac{z-Nt}{2\sqrt{Dt}}\right)+e^{\frac{Nz}{D}}\operatorname{erfc}\left(\frac{z+Nt}{2\sqrt{Dt}}\right)\right\} \qquad (1-2-1)$$

入渗速度公式为：

$$i=-K(\theta)\left(\frac{\partial h}{\partial z}-1\right)\bigg|_{z=0}=-\left[D(\theta)\frac{\partial\theta}{\partial z}-K(\theta)\right]\bigg|_{z=0} \qquad (1-2-2)$$

$$i=(\theta_s-\theta_0)\sqrt{\frac{Dt^{-\frac{1}{2}}}{\pi}}+K_s \qquad (1-2-3)$$

在时间 $t$ 内入渗的总水量计算公式为：

$$I=2(\theta_s-\theta_0)\sqrt{\frac{Dt}{\pi}}+K_st \qquad (1-2-4)$$

菲利普根据严格的数学推导，由一维土壤水运动方程，推导出了入渗速度的近似计算式以及 $t$ 时间内总入渗量计算公式为：

$$i = \frac{S}{2}t^{-\frac{1}{2}} + i_f \tag{1-2-5}$$

$$I = St^{\frac{1}{2}} + i_f t \tag{1-2-6}$$

我国习惯采用考斯加可夫经验公式计算入渗速度和入渗水量：

$$i = i_1 t^{-\alpha} \tag{1-2-7}$$

$$I = \int_0^t i\mathrm{d}t = \int_0^t \frac{i_1}{t^\alpha}\mathrm{d}t = \frac{i_1}{1-\alpha}t^{1-\alpha} \tag{1-2-8}$$

## 第三节　土壤—植物—大气连续体

### 一、水势

在土壤中、植物体内和大气中水分与其他物质一样，具有能量，能量有动能和势能两种形式。水在土壤和作物体内运行的速度较慢，因此动能可忽略不计。水的势能简称为水势。

水分总是从水势高的地方向水势低的地方运动。土壤中的水分运动以及水分从土壤到作物，再从作物到大气的运行都是水势作用的结果。重力起的作用相对很小，因此产生水势主要原因是毛管力和分子力。土壤、作物和大气中及某时刻测得一棵小树的水势如表1-2-1及表1-2-2所示。

**表1-2-1　　土壤、作物和大气中水分的水势大小**

| 土　　壤 | 作　　物 | 大　　气 |
|---|---|---|
| −0.05～−1.5MPa | 根系−0.2～−1.5MPa<br>茎每升高1m水势降低0.03～0.04MPa<br>叶−0.6～−2MPa | −10～−100MPa |

**表1-2-2　　某时刻测得一棵小树的水势**

| 项　　目 | 土壤 | 根 | 茎 | 叶 | 大气 |
|---|---|---|---|---|---|
| 水势（MPa） | −0.05 | −0.2 | −0.5 | −1.5 | −100 |

### 二、土壤—作物—大气连续体

田间水分运动是在水势梯度的作用下产生的，各环节之间是相互作用和相互制约的，为了完整地解决农田水分运动问题，必须将土壤—植物—大气作为一个连续体统一考虑，这一连续统一体称为SPAC（Soil-Plant-Atmosphere Continum）系统。

SPAC系统是一个物质和能量连续的系统，在这个系统中，水分运动受势能支配，水流总是从水势高的地方，向水势低的地方运动。水分运动速度由两点间水势差及水流阻抗决定。即：$q=-\Delta\Phi/R$。

在 SPAC 中，从土壤到作物，再到大气，水势由高低，从而保证作物水分吸收，以及叶面蒸腾。

思考：用上述理论解释为什么盐碱地上，或施肥过多，会使作物枯死？含水率相同的黏土和砂土靠在一起时，水会向哪一侧运动？为什么？为什么盛夏午间时分，作物叶片会出现暂性凋萎？

## 复习思考题与习题

### 一、名词解释

1. 吸湿系数，最大分子持水率，凋萎系数，田间持水率
2. 土壤水分特征曲线，薄膜水，重力水，渗透系数
3. 干旱，大气干旱，土壤干旱，生理干旱
4. 涝灾，渍害，土壤盐害，洪灾
5. 土壤水扩散度，土壤临界含水率
6. SPAC 系统

### 二、选择题

1. 土壤水分中与作物关系最密切的是（　　）。

A. 膜状水　B. 毛管水　C. 重力水　D. 吸湿水

2. 作物因缺水而产生凋萎，当作物产生永久性凋萎时的土壤含水率称（　　）。

A. 吸湿系数　B. 田间持水率　C. 最大分子持水率　D. 凋萎系数

3. 吸湿水最大时的土壤含水率称之为（　　）。

A. 吸湿系数　B. 田间持水率　C. 毛管持水率　D. 凋萎系数

4. 悬着毛管水达到最大时的土壤含水率称之为（　　）。

A. 最大分子持水率　B. 毛管持水量　C. 田间持水率　D. 饱和含水率

5. 土壤吸力小于（　　）的那部分称为可被作物吸收利用，称为有效水。

A. 1.5MPa　B. 2MPa　C. 2.5MPa　D. 3MPa

6. 由于降雨过大或降雨造成地下水位抬高、土壤含水量过大，形成的灾害称（　　）。

A. 洪灾　B. 涝灾　C. 渍灾　D. 洪涝灾害

7. 农田土壤水分存在的基本形式可分固态、液态和气态三种形态，液态水按其运动特性又可分为（　　）、（　　）和（　　）三类。

A. 吸湿水、毛管水和重力水　B. 吸着水、毛管水和重力水

C. 吸湿水、薄膜水和毛管水　D. 薄膜水亏毛管水和重力水

8. 土壤若含黏粒多、颗粒细，则土粒间的孔隙小，土粒的表面积大，对水分和养分的吸附就较（　　），保水、保肥能力就较（　　），但下雨时（　　）积水。

A. 大，弱，易　B. 大，强，易　C. 小，强，不易

### 三、问答题

1. 农田水分存在的形式有哪些？哪种形式与作物生长关系最密切？

2. 土壤水按照形态不同可分为哪几种类型？

3. 常见的土壤水分常数有哪几种？并分别说明其含义。

4. 简述各类土壤水分形态的有效性，能够被作物利用的土壤水是哪些？

5. 什么叫凋萎系数和田间持水率？各有什么重要的应用价值？

6. 根据干旱产生的原因不同，可分为哪几种类型？并分别说明其成因。

7. 土壤含水率的表示方法有哪些？

8. 什么是土壤水分特征曲线？在实践中有何应用？如何测定？

9. 作物吸收和运输水分的动力是什么？影响根系吸水的因素有哪些？

10. 作物是通过什么途径进行蒸腾的？气孔的开闭与水分状况的关系如何？

11. 旱作物根系层土壤的适宜含水率上、下限各是什么？盐碱地又有什么要求？

12. 水稻为什么要晒田？

13. 简述农田水分不足或过多的原因及调节措施。

14. 如何推导非饱和土壤水分运动方程式？

15. 考斯可加夫公式与菲利普公式的区别是什么？在生产实践中哪种更为常用？

16. 决定土壤蒸发强度的两个因素是什么？其大小取决于什么？

17. 土壤蒸发分为几个阶段？各阶段蒸发特点是什么？

18. 简述 SPAC 系统中水流运动的运动机理。

**四、填空题**

1. 农田水分状况指农田________、________和________的多少及其在时间上的变化。

2. 农田水分存在三种形式为________、________和________，其中________是与作物生长关系最密切的水分存在形式。

3. 旱作物田间允许平均最大含水率不应超过________，最小含水率不应小于________。

4. 吸着水包括________和________。

5. 土壤水分运动的研究包括________和________。

6. 田间水分运动是在________的作用下产生的。

7. SPAC 系统是一个________和________连续的系统。

8. 水流从水势________的地方向水势________的地方移动。

**五、思考题**

1. 作物生长对农田水分状况有何要求？

2. 何谓土壤水分有效性？处于有效水上限和下限之间的水分是否对作物具有同等的有效性？

3. 适宜土壤水分含水量的上、下限是什么？

4. 何谓土壤水分特征曲线？它在土壤水分研究中的作用是什么？

**六、计算题**

1. 某农田，1m 深以内土壤质地为沙壤土，其孔隙率为 47%，悬着毛管水的最大含水率为 30%，凋萎系数为 9.5%（以上各值均按占整个土壤体积的百分数计），土壤容重为

1.4g/cm³，地下水面在地面以下 7m 处，土壤计划湿润层深度为 0.8m。

【要求】计算土壤计划湿润层有效含水量的上、下限（分别用 m³/亩，m³/hm² 和 mm 水深三种单位表示有效含水量）。

2. 某土壤经试验测定，第一分钟末的入渗速度 $i_1$＝6mm/min，$\alpha$＝0.4。

【要求】运用土壤入渗（渗吸）经验公式计算 30min 内的入渗水量及平均入渗速度，以及第 30min 末的瞬时入渗速度。

3. 某农田土壤计划湿润层深度为 0.4m，土壤质地为中壤土，土壤容重为 1.48g/cm³，田间持水率为 25%，凋萎系数为 10%（以上含水率均以占土壤重量的百分数表示）。

【要求】

（1）计算土壤计划湿润层中有效含水量上、下限（分别以 m³/亩和 mm 水深两种单位表示计算结果）。

（2）计算土壤计划湿润层内的有效储水总量。

4. 已知土壤质地为砂壤土，计划湿润层深为 0.5m，计划湿润层内以重量百分数表示的土壤含水率为 22%，土壤干容重为 1.45g/cm³，孔隙率为 48%。

【要求】

（1）计算以体积百分数表示的土壤含水率。

（2）计算以孔隙百分数表示的土壤含水率。

5. 某均质土壤 1m 内初始含水率 $\theta_0$＝18%（占土壤体积百分比，下同），小于临界含水率 $\theta_c$，土壤蒸发处于蒸发强度递减阶段。测得土壤风干含水率 $\theta_a$＝6%，饱和含水率 $\theta_s$＝49.2%。当 $\theta$＜20%时，扩散率为 0.0589cm²/min。

【要求】

（1）计算不同时间 $t$ 的蒸发强度 $\varepsilon$，并绘制蒸发强度 $\varepsilon$ 与时间 $t$ 的关系曲线。

（2）计算 3d 后 1m 土层内的剩余水量。

# 第三章 作物需水量与灌溉用水量

## 第一节 作 物 需 水 量

**【作物需水量】** 是指作物在适宜的外界环境条件下（包括对土壤水分、养分充分供应）正常生长发育达到或接近达到该作物品种的最高产量水平所消耗的水量。

作物需水量的作用：是农业用水的主要组成部分，是整个国民经济中消耗水分的最主要部分；是水资源开发利用时的必备资料，也是灌排工程规划、设计、管理的基本依据；作物需水量以水汽形式散入大气，无法再利用。目前全世界的用水量不断增长，水资源不足日益突出，用此，对作物需水量的研究和估算，已成为一个重要课题。

### 一、作物田间水分的消耗

（三种途径：叶面蒸腾、棵间蒸发和深层渗漏）

**【叶面蒸腾】** 作物植株内水分通过叶面气孔散发到大气中的现象。

**【棵间蒸发】** 植株间土壤或水面（水稻田）的水分蒸发。

**【深层渗漏】** 土壤水分超过了田间持水率而向根系以下土层产生渗漏的现象。

棵间蒸发能增加地面附近空气的湿度，对作物生长环境有利，但大部分是无益的消耗，因此在缺水地区或干旱季节应尽量采取措施，减少棵间蒸发（如滴灌、局部灌溉、水田不建立水层）和地面覆盖等措施。

深层渗漏对旱田是无益的，会浪费水源，流失养分，地下水含盐较多的地区，易形成次生盐碱化。但对水稻来说，适当的深层渗漏是有益的，可增加根部氧分，消除有毒物质，促进根系生长，常熟、沙河、涟水等灌溉试验站结果都表明：有渗漏的水稻产量比无渗漏的水稻产量高 3.9%～26.5%。

叶面蒸腾量＋棵间蒸发量＝腾发量＝作物田间需水量

田间需水量＋渗漏量＝田间耗水量

由于水田不同土壤渗漏量大小差别很大，为了使不同土质田块水稻需水具有可比性，因此水稻的田间需水量不包括渗漏量，如计入渗漏量，则称为田间耗水量。

### 二、作物需水规律

1. 影响作物需水量的因素

（1）气象条件。主要因素，气温高、日照时间长、空气湿度低、风速大、气压低等使需水量增加。

（2）土壤条件。含水量大，砂性大，则需水量大（棵间蒸发大）。

（3）作物条件。水稻需水量较大，麦类、棉花需水量中等，高粱、薯类需水量较少。同一种作物品种，在不同的生育时段需水量也不相同。

（4）农业技术措施。地面覆盖、采用滴灌、水稻控灌等能减少作物需水量。在目前经济技术条件下，可分为人工可以加以调节控制因素和人工无法调节控制的因素。

2. 作物需水特性

（1）中间多，两头少；开花结实期需水量最大。

（2）需水临界期：在作物全生育期中，对缺水最敏感，影响产量最大的时期。

几种作物的需水临界期：①水稻—孕穗至开花期；②棉花—开花至幼铃形成期；③小麦—拔节至灌浆期。

了解作物需水临界期的意义：合理安排作物布局，使用水不至过分集中；在干旱情况下，优先灌溉正处需水临界期的作物。

### 三、经验公式法确定作物田间需水量

1. 全生育期作物田间需水量的确定

（1）$\alpha$ 值法（蒸发皿法）。如前所述，气温、日照、湿度、风速、气压等气象因素是影响作物需水量的最重要的因素，而水面蒸发正是上述各种气象因素综合作用结果，因此作物的田间需水量与水面蒸发量之间存在一定程度的相关关系。因此，可以用水面蒸发量作为参数来估计作物田间需水量。

$$ET = \alpha E_0 \quad 或 \quad E = aE_0 + b \tag{1-3-1}$$

式中 $ET$——全生育期作物田间需水量，mm；

$\alpha$——需水系数（或称蒸发系数），为作物需水量与水面蒸发量之比值。江苏中稻 $\alpha=1.15$；

$E_0$——与 $ET$ 同时段的水面蒸发量，mm，$E_0$ 一般采用 80cm 口径蒸发皿的蒸发值；

$a$、$b$——经验常数；

$\alpha$——适用于水稻。

（旱作物的 $E$ 与 $E_0$ 相关不显著）

（2）$K$ 值法（产量法）。实践表明作物的产量与田间需水量之间存在一定的相关关系，在一定范围内 $ET$ 随作物产量的提高而提高。因此可以用产量作为参数来估计作物的田间需水量。

$$ET = KY \tag{1-3-2}$$

式中 $ET$——需水量，$m^3$/亩；

$K$——需水系数，$m^3$/kg，由试验资料确定；

$Y$——作物产量，kg/亩。

由于 $ET$ 与 $Y$ 实际上并不是呈线性关系，因此有人对上式作了修正。

$$ET = KY^n + C \tag{1-3-3}$$

式中 $n$——经验指数；

$C$——经验常数。

$K$ 值法适用于旱作物。

2. 各生育阶段田间需水量的确定

有了全生育期田间需水量，可以借助需水模系数，把总需水量按各生育阶段进行分

配。需水模系数是作物某一生育阶段田需水量占全生育期需水量的百分比。

$$ET_i = K_i ET \tag{1-3-4}$$

式中　$ET_i$——第 $i$ 阶段作物田间需水量；

$K_i$——第 $i$ 阶段作物需水模系数。

3. 需水强度的确定

需水强度即为某一天的需水量。

单位：mm/d 或 $m^3$/（亩 d）

公式：

$$e_i = ET_i / t_i \tag{1-3-5}$$

式中　$e_i$——第 $i$ 阶段的需水强度；

$ET_i$——第 $i$ 阶段的需水量；

$t_i$——第 $i$ 阶段的天数。

### 四、彭曼法计算作物需水量

英国科学家彭曼于1949年首次提出，又于1963年简化了他的公式。联合国粮农组织推荐采用彭曼法计算作物需水量。彭曼法的特点是：理论基础可靠，计算精度较高；但计算较复杂，所需基础数较多。计算时分两步。

1. 计算出潜在需水量（参考作物需水量）

潜在需水量指：参考作物（如苜蓿、牧草）在供水充足条件下的需水量。

$$ET_0 = \frac{\frac{p_0}{p}\frac{\Delta}{\gamma}R_n + E_a}{1 + \frac{p_0}{p}\frac{\Delta}{\gamma}} \tag{1-3-6}$$

式中　$ET_0$——参考作物需水量，mm/d；

$\frac{\Delta}{\gamma}$——标准大气压下的温度函数；

$\frac{p_0}{p}$——海拔高度影响温度函数的改正系数，其中 $p_0$ 为标准大气压；

$R_n$——太阳净辐射；

$E_a$——干燥力，mm/d。

2. 计算实际作物的需水量

$$ET = K_C \times ET_0 \tag{1-3-7}$$

式中　$K_C$——作物系数。

## 第二节　作物灌溉制度

天然降雨可满足作物的部分需水要求，但降水不可能完全满足作物的需水要求。在干旱和半干旱地区更是如此，因此，为实现农业的高产稳产，必须进行灌溉。要灌溉就牵涉到什么时候灌、灌多少等问题。本节讨论的作物灌溉制度就是解决上述问题。

## 一、概述

**【灌溉制度】** 在一定的气候、土壤等自然条件下和一定的农业技术措施下，为了保证作物适时播种（或栽秧）和正常生长，通过灌溉向田间补充水量的灌溉方案。灌溉制度的内容包括灌水定额、灌水时间、灌水次数和灌溉定额。

**【灌水定额】** 一次灌水在单位面积上的灌水量。单位：水田可用 mm，旱田用 $m^3$/亩或 $m^3/hm^2$。换算：1mm＝0.667$m^3$/亩。

**【灌溉定额】** 生育期各次灌水的灌水定额之和。

**【总灌溉定额】** 播前灌水定额（或泡田定额）＋灌溉定额。

1. 为什么要制定灌溉制度

（1）为灌溉工程规划设计提供依据。

（2）为灌区用水管理提供依据。

2. 制定灌溉制度的方法

（1）总结群众丰产经验。

（2）进行灌溉试验。

（3）按水量平衡原理进行计算。

在生产实践中，常把上述三种方法结合起来使用。具体做法是：根据设计年份的气象资料和作物的需水要求，参照群众丰产经验和灌溉试验资料，根据水量平衡原理拟定作物灌溉制度。

## 二、充分灌溉条件下的灌溉制度

**【充分灌溉】** 作物各生育阶段所需的水分都能够得到要求，作物处于最佳水分条件，产量最高。

**【非充分灌溉】** 灌溉供水不足，不能充分满足作物各阶段的需水量要求，其实际腾发量小于充分灌溉条件下的需水量。

充分灌溉是目前使用最广泛的灌水方法，适于水源丰富地区。目前的灌溉制度、通常是充分灌溉条件下的灌溉制度。

1. 充分灌溉条件下灌溉制度的确定

（1）总结群众灌水经验。根据设计要求的干旱年份，调查不同作物不同生育阶段的需水量、灌水次数、灌水定额、灌溉定额等。

感性认识强，便于农民接受，较为实用。

水文年份和灌溉保证率的概念模糊，不易量化。

（2）根据灌溉试验资料制定。在有灌溉试验站的地区，可根据设计代表年的灌溉试验资料确定；

注意试验站的代表性。如：地理位置、气象、农作措施等。

（3）按照水量平衡法制定灌溉制度：

原理：

1）作物在一定的土壤含水量或水层深度范围内能够生长良好，如果超过该范围，生长和产量受到抑制和降低。合理的灌溉制度应使得作物土壤含水量或水层深度处于该范围内。适宜范围，是参考群众丰产经验或试验资料而得到。

2）任何时段内农田水分变化，等于该时段来水与耗水之间的消长。

2. 水稻的灌溉制度

水稻种植一般采取育秧移栽的方法。育秧的田块叫秧田。移栽的田块叫本田或大田。秧田育秧时间短，田块面积小，灌水量较少，因此下面主要讨论的是大田的灌溉制度。秧田的灌溉：先灌浅水，水深 10～20mm，苗高 3cm 后，增加水深至 20～40mm，苗高 10cm 后，排水落干，促进根系生长，拔秧前为便于拔秧，再深水浸泡。

本田插秧前需要泡田整田，便于插秧，并为秧苗返青创造条件。所以本田分为泡田期和插秧后的生育期。泡田期灌水定额称为泡田定额。

（1）泡田定额。

$$M_1 = 0.667(h_0 + S_1 + e_1 t_1 - P_1) \tag{1-3-8}$$

或者：

$$M_1 = 100a_1 + 10\ (S_1 + e_1 t_1 - P) \tag{1-3-9}$$

式中 $M_1$——泡田期灌溉用水量，$m^3$/亩或 $m^3/nm^2$；

$h_0$——插秧时田面所需的水层深度，mm；

$S_1$——泡田期的渗漏量，即开始泡田到插秧期间的总渗漏量，mm；

$t_1$——泡田期的日数；

$e_1$——$t_1$ 时期内水田田面平均蒸发强度，mm/d，可用水面蒸发强度代替；

$P_1$——$t_1$ 时期内的降雨量，mm。

泡田定额一般为 80～110$m^3$/亩。

（2）生育期灌溉制度。

1）水田水量平衡方程。某时段水量耗损：蒸发 $E$、渗漏 $S$、排水 $C$，水量补给：降雨 $P$、灌溉 $M$，设时段初水层深为 $h_1$，时段末水层深为 $h_2$，则

$$h_1 + P + M - ET - C = h_2$$

2）计算灌溉制度。

3）计算方法。

列表逐日计算。

编写电算程序，利用计算机计算。

3. 旱作物的灌溉制度

（1）播前灌水定额。播前灌水的作用：保证种子发芽出苗；储水。计算公式：

$$M_1 = W_{max} - W_0 = 667Hn\theta_{max} - 667Hn\beta_0 = 667Hn(\theta_{max} - \theta_0) \tag{1-3-10}$$

式中 $H$——计划湿润层深，即计划到调节与控制土壤水分的土层深度，播前灌水时 $H$=0.3～0.4m；

$n$——孔隙率；

$\theta_{max}$、$\theta_0$——灌水上限含水率和初始含水率（以水的体积占孔隙体积的百分数表示）。

（2）生育期内灌溉制度。水量平衡方程：

$$W_1 + P + W_T + K + M - ET - S - C = W_2 \tag{1-3-11}$$

式中 $W_1$、$W_2$——时段初、末计划湿润层内含水量；

$ET$——腾发量，即作物田间需水量；

$M$——灌水量；

$P$——降水量；

$C$——排水量（地表径流量）；

$K$——地下水补给量；一般地下水埋深大于 3m 时，取 $K=0$，地下水埋深小于 3m 时，$K$ 按试验资料取值；

$S$——深层渗漏；

$W_T$——因计划湿润层增加而增加的水量。

各变量单位均为 $m^3$/亩。

令 $P_0$ 为入渗雨量（$m^3$/亩），则

$$P_0 = P - C, C = \alpha P, P_0 = P - \alpha P = (1-\alpha), P = \sigma P \qquad (1-3-12)$$

式中　$P$——降雨量，$m^3$/亩；

$\alpha$——径流系数；

$\sigma$——降雨入渗系数，参考资料。

计划湿润层水量平衡方程变为：

$$W_1 + P_0 + W_T + K + M - E - S = W_2$$

各变量单位均为 $m^3$/亩。

(3) 计算灌溉制度的原理。

1) 计算各时段灌水上下限及田间持水量。

2) 推算灌溉制度。

(4) 列表法计算步骤。

1) 收集基本资料。

2) 计算生育期计划湿润层内含水量。

3) 计算各次降雨的入渗雨量及时段入渗雨量。

4) 计算因计划湿润层增加而增加的含水量 $W_T$。

5) 计算各时段地下水补给量。

6) 计算各时段田间需水量。

7) 逐日计算灌溉制度。

8) 校核各生育阶段及全生育期的计算结果。

a) 根据各旬的计划湿润层深度和作物要求的含水率上限、下限，计算出允许储水量上下限，绘于图中。$W_{max}=667\times n\times H\times\theta_{max}$，$W_{min}=667\times n\times H\times\theta_{min}$。

b) 绘制作物需水量累积曲线 $ET$、计划湿润层增加而增加的水量累积量 $W_T$、地下水累积补给量 $K$ 以及净耗水量曲线 $ET-W_T-K$。需水量累积曲线的斜率为日需水量，其他类推。

c) 根据降雨量计算次入渗水量 $P_0$，绘制累积曲线。多日降雨可在降雨中间日（或最大降雨日）一次增加。

d）自初始值 $W_0$ 逐旬减去 $ET-W_T-K$，即从起始点引平行线平行于 $ET-W_T-K$ 线，遇到降雨时加上 $P_0$ 即得计划湿润层实际储水量 $W$ 曲线。

e）若 $W$ 曲线接近于 $W_{min}$，即土壤含水率达到下限，开始灌水。灌水量为储水上下限之差。

f）如此反复计算，可得到灌水次数和灌溉定额。

棉花灌溉制度设计图如图 1-3-1 所示。

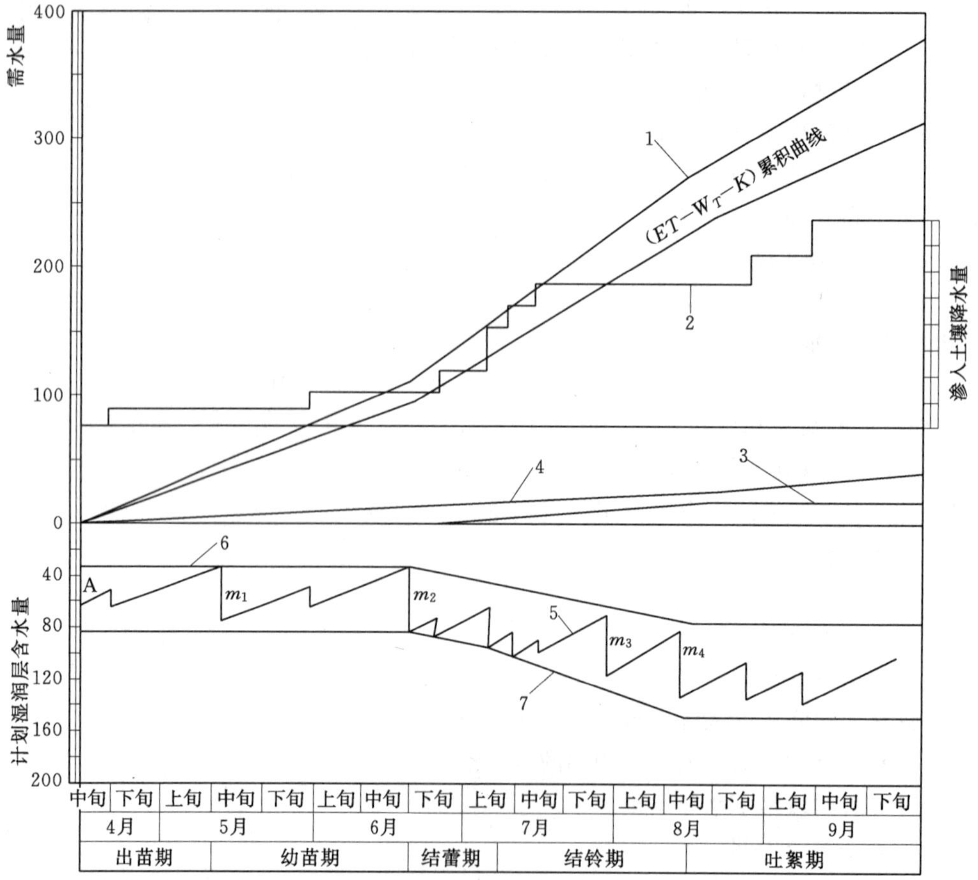


图 1-3-1　棉花灌溉制度设计图（单位：$m^3$/亩）

1—作物需水量 $ET$ 累积曲线；2—渗入土壤内的降雨量累积曲线；3—$W_T$ 累积曲线；4—$K$ 值累积曲线；5—计划湿润土层中的实际储水量 $W$ 曲线；6—计划湿润土层允许最小储水量 $W_{min}$ 曲线；7—计划湿润土层允许最大储水量 $W_{max}$ 曲线

## 三、非充分灌溉条件下的灌溉制度

1. 水分生产函数

作物产量与作物需水量之间的数量关系：

$$Y_a = Y_m[a + b + W - cW_2] \tag{1-3-13}$$

式中　$Y_a$、$Y_m$——作物的实际产量和潜在产量；

$W$——旱作物的需水系数；

$a$、$b$、$c$——回归系数，与不同地区的气候、土壤因素有关，由试验资料统计分析确定。

2. 作物一水模型

定义：作物生长过程中各阶段水分状况对产量影响的数学描述，用以预测水分亏缺对产量的定量影响。

$$Y_a/Y_m = \prod_{i=1}^{n}(ET_{ai}/ET_{mi})^{\lambda_i} \quad (1-3-14)$$

式中　$Y_a$——亏水处理作物实际产量；

$Y_m$——最大可能产量；

$ET_{ai}$——第 $i$ 个生育阶段的作物实际需水量；

$ET_{mi}$——最佳水分条件下第 $i$ 个生育阶段作物的最大可能需水量；

$\lambda_i$——第 $i$ 个生育阶段的水分敏感指数。

3. 非充分灌溉原理

**【非充分灌溉】**　灌溉水资源不足，无法满足各生育阶段需水量要求而采取的灌溉制度。

需水量 $ET$ 亏缺的灌溉（Evapotranspirstion deficit irrigation EDI），即 $ET_a<ET_m$。$ET_a$、$ET_m$ 为实际腾发量和潜在腾发量。在水源短缺地区，减少用水量及其相应生产费用（劳动力和燃料等），单位面积产量可能降低，但是由于费用降低，或者有限水量可以灌溉更多土地，使得总效益最高。

非充分灌溉制度原理：减少非关键期的灌水，保证关键期用水。主要通过作物一水模型的缺水敏感指数合理分配有限水量，或者采用其他优化方法在有限水量下获得最大收益。多用控制下限含水量的方法。常用非充分灌溉理论：调亏灌溉、控制性分根交替灌溉、水稻旱种技术等。

## 第三节　灌溉用水量和灌溉用水流量

前面介绍了灌溉制度，但还有两个问题未解决。第一水库兴利调节需要用水过程，因此存在一个如何确定灌区灌溉用水量的问题。第二设计抽水站、引水闸等，应以用水流量为依据，因此还存在一个如何确定灌区灌溉用水流量的问题。本节的任务就是讨论如何计算灌溉用水量和灌溉用水流量。

### 一、设计典型年选择

年灌溉用水量与降雨量有关，在规划灌溉工程时，需要选择特定的水文年份作为规划和设计依据。该特定水文年份称为设计典型年。设计典型年的灌溉用水量称为设计灌溉用水量。

**【灌溉设计保证率】**　某灌溉工程在长期使用工程中灌溉用水得到保证的年数占总年数的百分数。$P=50\%$（平水年）、75%中等干旱年。

**【频率计算】**　列出历年的降雨量资料（年降雨量或灌溉季节降雨量、灌溉用水量），进行频率分析，确定不同干旱程度的典型年份。根据设计标准（如设计灌溉保证率），选择合适的典型年。

例如，灌溉设计保证率为75%，则选择降雨（或用水量）频率为75%的年份作为设计典型年。相同或相近降雨量的年份可能有多个，这时应选择降雨分配对作物生长不利年份作为设计典型年。

## 二、典型年灌溉用水量及用水过程线

影响灌用水量的因素：灌溉面积、作物种植比例、土壤、水文和气象等。灌溉用水量影响灌溉工程规模。

1. 直接计算法

净灌溉用水量：某作物一次灌水灌到田间的水量：

$$W=m\times A \tag{1-3-15}$$

式中 $A$——作物面积；

$m$——灌水定额。

可得到某种作物和灌区总的用水过程线。

毛灌水量和毛用水过程线。

灌溉水利用系数：净灌溉用水量于毛灌溉用水量之比。

$$\eta_{水}=W_{净}/W_{毛} \tag{1-3-16}$$

将净用水量换成毛用水量即得到毛用水过程线。

该过程线是确定灌溉工程规模的依据。

2. 间接法

利用综合灌水定额来计算，综合灌水定额：是某一时段内各种作物灌水定额的面积加权平均值，称为该时段的综合灌水定额。

$$m=\alpha_1 m_1+\alpha_2 m_2+\cdots+\alpha_n m_n \tag{1-3-17}$$

式中 $\alpha_1$、$\alpha_2$、$\alpha_3$、$\alpha_n$——各种作物的种植比（之和为1）；

$m_1$、$m_2$、$m_n$——第 $i$ 时段各种作物的灌水定额。

某时段的灌溉用水量：

$$W_i=\frac{m_{综i}A}{\eta_{水}} \tag{1-3-18}$$

它是衡量全灌区用水状况的一个综合指标；若全灌区种植比例相似，可用综合灌水定额方便地计算出某一局部的灌溉用水量；在供水水源有限的情况下，可用综合灌水定额计算保灌面积，即间接法适用于大中型灌区。

## 三、多年灌溉用水量和灌溉用水频率曲线

计算方法：配线法、PⅢ型曲线。

步骤：收集多年降雨资料和作物资料；计算每年的灌溉用水量；进行灌溉用水量频率计算；选择设计频率的灌溉用水量。

## 四、灌溉用水流量

1. 直接法

直接根据灌溉制度或灌溉用水量计算。

$$Q_i = \frac{W_i}{T \times t \times 3600} = \frac{\sum_{j=1}^{k} m_{ij} A_j}{T t \eta_w \times 3600} \tag{1-3-19}$$

式中　$T$——时段内天数；

$t$——一天灌水时数，自流为 24h，提灌为 18～22h。适用于小型灌区。

2. 间接法

利用灌水模数计算。思考为什么要引入灌水模数？

**【灌水模数】** 灌区单位面积上所需的灌溉净流量。用 $q$ 表示，单位为（$m^3/s$）/万亩。第 $i$ 次灌水，第 $j$ 种作物的灌模数为：

$$q_{ij} = \frac{\frac{m_{ij} A_j \times 10^4}{T_{ij} t \times 3600}}{A} = \frac{m_{ij} A_j \times 10^4}{T_{ij} t A \times 3600} = \frac{\alpha_j m_{ij}}{0.36 \times T_{ij} t} \tag{1-3-20}$$

式中　$\alpha_j$——第 $j$ 种作物的种植比例。

由上式可见，$T$ 短，对作物有利（灌水及时），但流量大，工程大；$T$ 长，对作物不利，但流量小，工程小。因此应慎重选定 $T$。教材中给出了我国万亩以上灌区的灌水延续时间，可供参考。为直观起见及修正灌水模数的方便，需绘出灌水模数图。

修正的原因：渠道流量大小悬殊，供水断断续续，不利于设计和运行管理；水位频繁升降可能造成坍塌、冻胀危害；造成闸门的频繁开闭，不利于管理；水位衔接困难。

修正方法：调整灌水时间（消除“大小悬殊”及“断断续续”）

修正后灌水率图见图 1-3-2。

注意：以不影响作物生长为原则；尽量不要改变需水临界期的灌水时间；调整灌水时间以前移为主；最小灌水模数应不小于最大灌水模数的 40%；在修正后的灌水模数图中，可取图中延续时间达 20 天的最大灌水模数为设计灌水模数。若按短暂的最大灌水模数设计工程，可能是不经济的。

（1）计算流量过程线。

第 $i$ 时段的灌溉用水流量为：

$$Q_i = \frac{q_i A}{\eta_w} \tag{1-3-21}$$

式中　$q_i$——第 $i$ 时段的灌水模数。

（2）计算设计流量。有些情况下，不需计算流量过程，只需计算设计流量，这时可由设计灌水模数计算 $Q_{设}$。根据设计灌水模数计算设计流量：

$$Q_{设} = \frac{q_{设} A}{\eta_{水}} \tag{1-3-22}$$

间接法适用于大中型灌区。

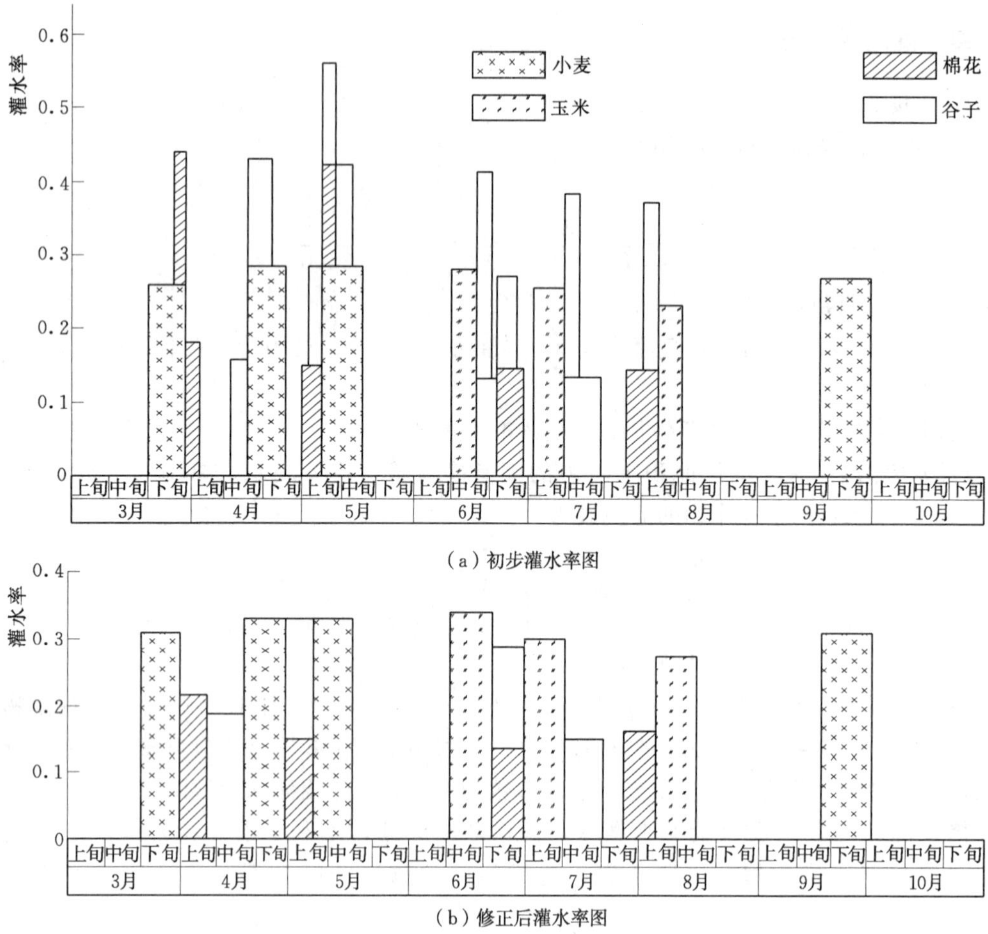


图 1-3-2　初步和修正后灌水率图［灌水率单位：$m^3$/（s·万亩）］

## 复习思考题与习题

### 一、名词解释

1. 植株蒸发，株间蒸发，深层渗漏
2. 作物需水量，需水量模比系数
3. 田间耗水量
4. 作物需水临界期
5. 参照作物需水量
6. 灌溉制度，灌水定额，灌溉定额
7. 土壤计划湿润层
8. 有效降雨量
9. 非充分灌溉
10. 作物水分生产函数

11. 综合净灌水定额，灌水率（灌水模数）

## 二、选择题

1. 作物需水量是指（　　）。

A. 植株蒸腾量

B. 植株蒸腾量＋深层渗漏量

C. 植株蒸腾量＋棵间蒸发量

D. 植株蒸腾量＋棵间蒸发量＋深层渗漏量

2. 以水面蒸发量为参数的需水系数法一般适用于（　　）作物需水量的估算。

A. 小麦　　B. 玉米　　C. 水稻　　D. 棉花

3. 以产量为参数的需水系数法一般适用于（　　）作物需水量的估算。

A. 土壤水分充足的小麦　　B. 水稻

C. 土壤水分不足的玉米　　D. 浅湿灌溉的早稻

4. 影响作物需水量的最主要的因素是（　　）。

A. 作物种类　　B. 气象条件　　C. 土壤特性　　D. 耕作措施

5. 作物需水临界期是指（　　）。

A. 作物最需要灌水的生长时期

B. 作物生长最关键的生育阶段

C. 对作物产量影响最大的生长阶段

D. 水分亏缺对作物产量影响最敏感、最严重的时期

6. 作物需水的模比系数是指（　　）。

A. 作物各生育阶段需水量的大小

B. 作物全生育阶段需水量的大小

C. 作物各生育阶段的需水规律

D. 作物各生育阶段的需水量占全生育期总需水里的百分比

7. 土壤计划湿润层深度是指实施灌水时，计划调节和控制土壤水分状况的土层深度，生产实践中一般取（　　）。

A. 作物的根系深度　　B. 40～80cm

C. 作物的主要根系活动层深度　　D. 40～100cm

8. 作物的灌溉制度是指（　　）。

A. 作物播前及全生育期内的灌水次数、每次的灌水日期、灌水定额及灌溉定额的总称

B. 作物全生育期灌溉的时间表

C. 某一次灌水单位面积上的灌水量

D. 作物全生育期各次灌水定额之和

9. 作物水分生产函数是指（　　）。

A. 在农业水平基本一致的条件下，作物所消耗的水量与作物产量之间的函数关系

B. 作物产量与灌溉水量之间的函数表达式

C. 作物产量的数学表达方式

D. 全生育期消耗利用的水量总和

10. 非充分灌溉是一种（　　）。

A. 低效灌溉　　B. 经济灌溉　　C. 补偿灌溉

11. 典型年灌溉用水量的计算方法有（　　）。

A. 直接推算法和作物参照推算法

B. 直接推算法和间接推算法

C. 直接推算法和综合推算法

12. 灌区的灌水率是指灌区（　　）。

A. 单位面积上灌溉用水量　　B. 单位面积灌水定额

C. 单位面积上所需灌溉的净流量　　D. 灌溉净流量

## 三、问答题

1. 农田水分消耗的途径有哪些？

2. 什么是作物需水量？其影响因素有哪些？

3. 什么是作物需水临界期？了解作物需水临界期有何意义？

4. 作物需水量的计算方法有哪些？举例说明各种方法的优缺点及适用条件？

5. 简述用能量平衡法计算作物需水量的原理与步骤。

6. 什么是参照作物需水量？如何计算？

7. 什么是作物的灌溉制度？制定作物灌溉制度的方法有哪些？

8. 分别写出水田和旱田的水量平衡方程。

9. 试述用水量平衡方法制定水稻灌溉制度的方法和步骤。

10. 试述用水量平衡方法制定旱作物灌溉制度的方法和步骤。

11. 什么是非充分灌溉？试述确定非充分灌溉制度的原理与方法？

12. 什么是作物水分生产函数？

13. 综合灌水定额有何应有价值？

14. 什么是灌水率？有什么用途？

## 四、填空

1. 田间水分消耗的途径包括________、________和________。

2. ________和________合称为腾发，两者消耗的水量称为腾发量，通常又把腾发量称为________。

3. 对于水稻田，田间需水量与田间渗漏量之和，称为________。

4. 目前计算作物需水量的方法可归纳为两类，一是________，二是________。

5. 充分灌溉条件下的灌溉制度的制定方法有________、________和________。

6. 为了保证作物的正常生长，土壤含水率应控制在适宜范围内，则旱作物土壤含水率应该在________和________范围内。

7. 典型年灌溉用水量的计算方法有________和________。

8. 水分生产函数是指在作物生长发育过程中，________与________之间的数量关系。

9. 国内外应用最普遍的作物生育阶段水分生产函数是________。

## 五、思考题

1. 用水量平衡方法制定灌溉制度有何优点？需要哪些基本资料？

2. 了解非充分灌溉条件下的灌溉制度，它与充分灌溉条件下的灌溉制度有何不同？

3. 试述旱作区水量平衡方程各要素的含义及用图解法确定旱作物灌溉制度步骤。

4. 水分亏缺对作物生长有哪些不利和有益作用？

5. 灌区年灌溉用水量及年用水过程线的计算方法。

6. 灌水率的含义。在灌溉工程规划设计中，什么条件下需对灌水率图进行修正。修正的原则与方法是什么？试述灌水率的计算方法。

## 六、计算题

1. 用“以水面蒸发为参数的需水系数法”求水稻耗水量。

【基本资料】

（1）根据某地气象站观测资料，设计年 4～8 月用 80cm 口径蒸发皿的蒸发量（$E_0$）的观测资料见表 1-3-1。

【要求】根据上述资料，推求该地水稻各生育阶段及全生育期的耗水量。

【提示】用公式先计算出各生育阶段的 $E$ 值（注意：取同期的 $E_0$ 值计算）然后加上同期的渗漏量，即为各生育阶段的耗水量，将各生育阶段的耗水量累加，即为全生育期的耗水量。

**表 1-3-1　某地蒸发量（$E_0$）的观测资料**

| 月　份 | 4 | 5 | 6 | 7 | 8 |
|---|---|---|---|---|---|
| 蒸发量 $E_0$（mm） | 182.6 | 145.7 | 178.5 | 198.8 | 201.5 |

（2）水稻各生育阶段的需水系数 $\alpha$ 值及日渗漏量见表 1-3-2。

**表 1-3-2　水稻各生育阶段的需水系数及日渗漏量**

| 生育阶段 | 返青期 | 分蘖期 | 拔节育穗期 | 抽穗开花期 | 乳熟期 | 黄熟期 | 全生育期 |
|---|---|---|---|---|---|---|---|
| 起止日期（月-日） | 04-26～05-03 | 05-04～05-28 | 05-29～06-15 | 06-16～06-30 | 07-01～07-10 | 07-11～07-19 | 04-26～07-19 |
| 天数（d） | 8 | 25 | 18 | 15 | 10 | 9 | 85 |
| 阶段需水系数 | 0.784 | 1.060 | 1.341 | 1.178 | 1.060 | 1.133 | |
| 日渗漏量（mm/d） | 1.5 | 1.2 | 1.0 | 1.0 | 0.8 | 0.8 | |

2. 用 $\alpha$ 值法计算水稻耗水量。

【基本资料】

根据某地气象资料，设计年 5～10 月 80cm 口径蒸发皿的蒸发量见表 1-3-3。水稻各生育阶段的需水系数值及日渗漏量见表 1-3-4。

**表 1-3-3　80cm 口径蒸发皿的蒸发量观测资料**

| 月　份 | 5 | 6 | 7 | 8 | 9 | 10 |
|---|---|---|---|---|---|---|
| 蒸发量（mm） | 138.5 | 110.7 | 100.8 | 108.8 | 110.5 | 95.9 |

表 1-3-4　水稻各生育阶段的需水系数及日渗漏量

| 生育阶段 | 返青期 | 分蘖期 | 拔节育穗期 | 抽穗开花期 | 乳熟期 | 黄熟期 | 全生育期 |
|---|---|---|---|---|---|---|---|
| 起止日期（月-日） | 05-21～05-28 | 05-29～07-12 | 07-13～08-12 | 08-13～08-22 | 08-23～09-21 | 09-22～10-06 | 05-21～10-06 |
| 天数（d） | 8 | 45 | 31 | 10 | 30 | 15 | 139 |
| 阶段需水系数 | 0.758 | 1.050 | 1.265 | 1.156 | 1.054 | 1.146 | |
| 日渗漏量（mm/d） | 1.6 | 1.3 | 1.0 | 1.0 | 0.8 | 0.5 | |

【要求】计算该地区水稻各生育阶段耗水量和耗水强度。

3. 用“以产量为参数的需水系数法”求棉花需水量。

【基本资料】

（1）棉花计划产量：籽棉 300kg/亩。

（2）由相似地区试验资料得，当产量为籽棉 300kg/亩时，棉花需水系数 $K=1.37\text{m}^3/\text{kg}$。

（3）棉花各生育阶段的需水量模比系数见表 1-3-5。

表 1-3-5　棉花各生育阶段的需水量模比系数

| 生育阶段 | 苗期 | 现蕾期 | 开花结铃期 | 吐絮期 | 全生育期 |
|---|---|---|---|---|---|
| 起止日期（月-日） | 04-10～06-09 | 06-10～07-07 | 07-08～08-23 | 08-24～10-30 | 04-10～10-30 |
| 天数（d） | 61 | 28 | 49 | 67 | 205 |
| 需水量模比系数（%） | 13 | 20 | 49 | 18 | 100 |

【要求】计算棉花各生育阶段需水累积值，以备在用图解法制定灌溉制度时绘制需水量累计曲线之用。

【提示】首先求出全生育期总需水量，然后用模比系数法求各生育阶段的需水量，将阶段需水量逐阶段累加，即可得各生育阶段的累积需水量。

4. 用 $K$ 值法计算棉花需水量。

【基本资料】

某地棉花计划产量为籽棉 350kg/亩。根据相似地区灌溉试验资料，棉花的需水系数 $K$ 为 $1.37\text{m}^3/\text{kg}$。棉花各个生育阶段的需水量模比系数见表 1-3-6。

表 1-3-6　棉花各个生育阶段的需水量模比系数

| 生育阶段 | 苗期 | 现蕾期 | 开花结铃期 | 吐絮期 | 全生育期 |
|---|---|---|---|---|---|
| 起止日期（月-日） | 04-10～06-09 | 06-10～07-07 | 07-08～08-23 | 08-24～10-30 | 04-10～10-30 |
| 天数（d） | 61 | 28 | 49 | 67 | 205 |
| 需水量模比系数（%） | 14 | 19 | 50 | 17 | 100 |

【要求】

（1）计算棉花各个生育阶段需水量和需水强度。

（2）绘制棉花累计需水量曲线。

5. 冬小麦播前灌水定额计算。

【基本资料】

(1) 土壤最大计划湿润层 $H=0.80$m。

(2) 土壤孔隙率 $n=41.3\%$（占土体）。

(3) 土壤田间持水率 $\theta_{max}=75.0\%$（占空隙体积的%）。

(4) 播前土壤天然含水率 $\theta_0=48.0\%$（占空隙体积的%）。

【要求】计算播前灌水定额。

6. 冬小麦播前灌水定额计算。

【基本资料】

播前灌是为了保证作物种子发芽和出苗所必需的土壤含水量或储水于计划湿润层土壤中以供作物生育后期之用。冬小麦播前土壤最大计划湿润层深度为 0.6m，土壤平均孔隙率为 42.5%（占土壤体积百分数），土壤田间持水率为 70%（占孔隙体积百分数）。播前土壤含水率为 45.0%（占孔隙体积百分数）。

【要求】计算冬小麦的播前灌水定额。

7. 用水量平衡方程式估算冬小麦全生育期的灌溉制度。

【基本资料】

某灌区冬小麦全生育期田间需水量 $ET=380\text{m}^3$/亩，降雨量 $P=150$mm，降雨有效利用系数 $\sigma=0.8$，全生育期地下水补给量 $K=30\text{m}^3$/亩。生育初期土壤计划湿润层的深度为 0.3m，生育后期取 0.8m。土壤孔隙率 $n=48\%$（占土体），田间持水率 $\theta_{田}=70.0\%$（占空隙体积的%）。在冬小麦播前进行灌溉，灌后使土壤最大计划湿润层范围内的含水率皆达到田间持水率，收割时可使土壤含水率降至田间持水率的 80%。

【要求】用水量平衡法，估算冬小麦全生育期的灌水定额 $M_2$。

8. 用图解法设计春小麦灌溉制度。

【基本资料】

西北内陆某地，气候干旱，降雨量少，平均年降雨量 117mm，其中 3～7 月降雨量 65.2mm，每次降雨量多属微雨（5mm）或小雨（10mm）且历时短；灌区地下水埋藏深度大于 3m，且矿化度大，麦田需水全靠灌溉。土壤为轻、中壤土，土壤容重为 1.48t/m³，田间持水量为 28%（占干土重的百分数计）。春小麦地在年前进行秋冬灌溉，开春解冻后进行抢墒播种。春小麦各生育阶段的田间需水量、计划湿润层深度、计划湿润层增深土层平均含水率及允许最大、最小含水率（田间持水量百分数计），见表 1-3-7。据农民的生产经验，春小麦亩产达 300～350kg 时，生育期内需灌水 5～6 次，灌水定额为 50～60m³/亩。抢墒播种时的土壤含水率为 75%（占田间持水量百分数计）。

【要求】用图解法设计春小麦灌溉制度。

9. 北方地区棉花灌溉制度设计——图解法。

【基本资料】

(1) 设计年为中等干旱年，在棉花生长期渗入土壤内的降雨量，如表 1-3-8。

**表 1-3-7　　春小麦灌溉制度设计资料表**

| 生育阶段 | 播种～分蘖 | 分蘖～拔节 | 拔节～抽穗 | 抽穗～成熟 |
|---|---|---|---|---|
| 起止日期（月-日） | 03-21～04-30 | 05-01～05-20 | 05-21～06-08 | 06-09～07-14 |
| 天数（d） | 41 | 20 | 19 | 36 |
| 需水量（$m^3$/亩） | 24 | 81 | 83 | 112 |
| 允许最大含水率（%） | 100 | 100 | 100 | 90 |
| 允许最小含水率（%） | 55 | 55 | 60 | 55 |
| 计划湿润层深度（m） | 0.4 | 0.4～0.6 | 0.6 | 0.6 |
| 计划湿润层增深土层平均含水率（%） | | | 65 | |

**表 1-3-8　　棉花生长期渗入土壤内的降雨量**

| 月份 | 5 | | | 6 | | | 7 | | | 8 | | | 9 | | | 合计 |
|---|---|---|---|---|---|---|---|---|---|---|---|---|---|---|---|---|
| 旬 | 上 | 中 | 下 | 上 | 中 | 下 | 上 | 中 | 下 | 上 | 中 | 下 | 上 | 中 | 下 | |
| $P_{渗}$(mm) | 9.0 | 1.2 | 22.5 | | | 4.8 | | 52.5 | 45 | 97.5 | 34.5 | | | 21.5 | | 331.2 |

（2）计划籽棉产量为 120kg/亩，农业技术条件能满足丰产要求。据试验分析，需水系数 $K=2.67m^3/kg$，棉花各生育阶段计划湿润层深度及需水模比系数如表 1-3-9 所示。

**表 1-3-9　　棉花各生育阶段计划湿润层深度及需水模比系数**

| 生育阶段 | | 幼苗期 | 现蕾期 | 结铃期 | 吐絮期 |
|---|---|---|---|---|---|
| 起止日期（月-日） | | 04-01～06-15 | 06-16～07-13 | 07-14～08-26 | 08-27～10-31 |
| 计划湿润层深度 $H$（mm） | | 0.5 | 0.5～0.6 | 0.6～0.7 | 0.7 |
| 需水量模比系数（%） | 阶段值 | 10.5 | 31.0 | 46.5 | 12.0 |
| | 累积值 | 10.5 | 41.5 | 88.0 | 100.0 |

（3）表层土壤为黏壤土，肥力一般，经测定 0～70cm 土层内平均容重为 $1.49t/m^3$，空隙率为 42.5%（占土壤体积的%），田间持水率为空隙体积的 75%；田间适宜含水率以田间持水率为上限，以田间持水率的 60%为下限。播前土壤天然含水率约为空隙体积的 50%，播种前灌水达 $\theta_{田}$ 至播种时土壤含水率已降至 $0.9\theta_{田}$。因计划湿润层加深所增加的水量，按 $0.9\theta_{田}$ 计算土壤含水量。

（4）灌区内有排除地下水的排水沟，在棉花生育期内地下水面以下 2.5m 处，故地下水补给量较小，可忽略不计。

【要求】

（1）计算播前灌水定额。

（2）根据上述资料，按土壤水分平衡原理，用图解分析法设计棉花灌溉制度。

10. 棉花灌溉制度设计。

【基本资料】

设计年为中等干旱年，在棉花生长期渗入土壤内的降雨量，见表 1-3-10。计划籽棉产量为 300kg/亩，农业技术条件能族满足丰产要求。根据当地生产经脸，需水系数

$K=1.8m^3/kg$，棉花各个生育阶段计划湿润层深度及需水模比系数见表 1-3-11。

表层土土壤为黏壤土，土壤肥力一般，经测定 0～80cm 土层内平均土壤密度为 $1.45g/cm^3$，孔隙率为 44.5%（占土壤体积百分比），田间持水率占孔隙体积的 70%，田间适宜含水率以田间持水率为上限，以田间持水率的 60%为下限。播前土壤天然含水率约为孔隙体积的 50%，播前灌土壤含水率已经达到田间持水率，至播种时土壤含水率已经降到田间持水率的 90%。因计划湿润层增加所增加的水量，按田间持水率的 90%计算土壤含水率。

灌区内有排除地下水的排水沟，在棉花生育期内地下水面在地面以下 4.0m 处，故地下水补给量较小，可忽略不计。

【要求】

(1) 计算播前灌水定额。

(2) 用图解法或列表法设计棉花的灌溉制度。

**表 1-3-10　棉花生育期降水量**　　单位：mm

| 月份 | 4 | | | 5 | | | 6 | | | 7 | | | 8 | | | 9 | | | 10 | | | 合计 |
|---|---|---|---|---|---|---|---|---|---|---|---|---|---|---|---|---|---|---|---|---|---|---|
| 旬 | 上 | 中 | 下 | 上 | 中 | 下 | 上 | 中 | 下 | 上 | 中 | 下 | 上 | 中 | 下 | 上 | 中 | 下 | 上 | 中 | 下 | |
| $P_{渗}$ | | | | 9 | 3 | 25 | | | 5 | | 53 | 48 | 98 | 35 | | | 19 | | | | | 295 |

**表 1-3-11　棉花生长期渗入土壤内的降水量**　　单位：mm

| 生育阶段 | | 幼苗期 | 现蕾期 | 开花期 | 结铃期 | 吐絮期 |
|---|---|---|---|---|---|---|
| 起止日期（月-日） | | 04-25～06-10 | 06-11～07-05 | 07-06～08-07 | 08-08～09-24 | 09-25～10-26 |
| 计划湿润层深度（m） | | 0.5 | 0.5～0.6 | 0.6～0.7 | 0.7～0.8 | 0.8 |
| 需水模比系数（%） | 阶段值 | 10.5 | 26.0 | 15.0 | 37.0 | 11.5 |
| | 累计值 | 10.5 | 36.5 | 51.5 | 88.5 | 100.0 |

11. 南方湿润地区早稻灌溉制度设计——列表计算法。

(1) 根据该地区灌溉试验站多年观测资料，早稻各生育阶段需水量、田间允许水层深度及渗漏强度，见表 1-3-12。

**表 1-3-12　早稻各生育阶段需水量、田间允许水层深度及渗漏强度**

| 生育阶段 | 复苗 | 分蘖前 | 分蘖后 | 孕穗 | 抽穗 | 乳熟 | 黄熟 | 全生育期 |
|---|---|---|---|---|---|---|---|---|
| 起止日期（月-日） | 04-25～05-04 | 05-05～05-14 | 05-15～06-01 | 06-02～06-16 | 06-17～06-26 | 06-27～07-06 | 07-07～07-14 | 04-25～07-14 |
| 天数（d） | 10 | 10 | 18 | 15 | 10 | 10 | 8 | 81 |
| 阶段需水量（mm） | 31.3 | 35.8 | 71.6 | 107.4 | 98.5 | 62.7 | 40.3 | 447.6 |
| 田间允许水层深度（mm） | 10～30～50 | 10～40～80 | 10～40～80 | 20～50～80 | 20～50～80 | 10～40～50 | 湿润 | |
| 渗漏强度（mm/d） | 1.8 | 1.5 | 1.5 | 1.3 | 1.3 | 1.1 | 1.4 | |

(2) 根据当地气象站资料，中等干旱年（相应的降雨频率为 75%）即 1972 年早稻生育期的降雨量分布，见表 1-3-13。

表 1-3-13　　1972 年早稻生育期降雨量表

| 日期（月-日） | 04-30 | 05-04 | 05-05 | 05-07 | 05-08 | 05-12 | 05-13 |
|---|---|---|---|---|---|---|---|
| 降雨量（mm） | 4.0 | 4.5 | 0.5 | 10.9 | 0.5 | 0.5 | 7.1 |
| 日期（月-日） | 05-16 | 05-17 | 05-18 | 05-19 | 05-20 | 05-21 | 05-26 |
| 降雨量（mm） | 3.1 | 46.4 | 54.0 | 9.9 | 1.0 | 8.3 | 0.7 |
| 日期（月-日） | 06-09 | 06-10 | 06-15 | 06-16 | 06-18 | 06-19 | 06-23 |
| 降雨量（mm） | 6.2 | 0.1 | 0.3 | 6.6 | 0.7 | 37.9 | 0.3 |
| 日期（月-日） | 06-25 | 06-28 | 06-29 | 06-30 | 07-04 | 07-05 | 07-06 |
| 降雨量（mm） | 0.8 | 0.6 | 12.9 | 6.5 | 0.1 | 4.2 | 0.9 |

（3）根据当地气象资料，1972 年 80cm 口径蒸发皿月蒸发量，见表 1-3-14。

表 1-3-14　　1972 年 80cm 口径蒸发皿月蒸发量

| 月　份 | 4 | 5 | 6 | 7 | 8 |
|---|---|---|---|---|---|
| 蒸发量（mm） | 192.2 | 154.5 | 189.5 | 175.0 | 219.0 |

【要求】根据以上资料用列表法设计中等干旱年该地区早稻生育期的灌溉制度及排水制度。

12. 水稻灌溉制度设计。

【基本资料】

根据南方某地区灌溉试验站多年观测资料，早稻设计年各个生育期阶段需水量，以及田间允许水层深度及渗漏强度见表 1-3-15。根据当地气象资料，设计年（1998 年）早稻生育期降雨量见表 1-3-16，80cm 口径蒸发皿月水面蒸发量情况见表 1-3-17。

表 1-3-15　　早稻各个生育期阶段需水量、田间允许水层深度及渗漏强度

| 生育阶段 | 返青期 | 分蘖前期 | 分蘖后期 | 孕穗期 | 抽穗期 | 乳熟期 | 黄穗期 | 全生育期 |
|---|---|---|---|---|---|---|---|---|
| 起止日期（月-日） | 04-27～05-06 | 05-07～05-15 | 05-16～06-03 | 06-04～06-18 | 06-19～06-27 | 06-28～07-08 | 07-09～07-18 | 04-27～07-18 |
| 天数（d） | 10 | 9 | 19 | 15 | 9 | 11 | 10 | 83 |
| 阶段需水量（mm） | 30.3 | 34.8 | 71.6 | 107.8 | 97.5 | 64.7 | 40.1 | 446.8 |
| 渗漏强度（mm/d） | 1.7 | 1.5 | 1.5 | 1.4 | 1.4 | 1.2 | 1.1 | |
| 田间允许水层深度（mm） | 10～30～50 | 10～40～80 | 10～40～80 | 20～50～80 | 20～50～80 | 10～40～50 | 湿润 | |

表 1-3-16　　1998 年早稻生育期降雨量

| 日期（月-日） | 04-29 | 05-07 | 05-08 | 05-10 | 05-11 | 05-14 | 05-15 |
|---|---|---|---|---|---|---|---|
| 降雨量（mm） | 6.0 | 6.5 | 2.0 | 12.5 | 1.5 | 2.5 | 8.5 |
| 日期（月-日） | 05-17 | 05-18 | 05-19 | 05-20 | 05-21 | 05-22 | 05-27 |
| 降雨量（mm） | 4.5 | 45.6 | 56.4 | 10.9 | 2.0 | 8.8 | 1.0 |

续表

| 日期（月-日） | 06-05 | 06-09 | 06-14 | 06-15 | 06-17 | 06-18 | 06-22 |
|---|---|---|---|---|---|---|---|
| 降雨量（mm） | 7.5 | 0.5 | 0.8 | 7.0 | 1.0 | 39.5 | 0.5 |
| 日期（月-日） | 06-24 | 06-27 | 06-28 | 06-29 | 07-02 | 07-03 | 07-04 |
| 降雨量（mm） | 1.5 | 1.2 | 13.5 | 6.0 | 4.0 | 4.8 | 1.5 |

**表 1-3-17　1998 年 80cm 口径蒸发皿月水面蒸发量**

| 月　份 | 4 | 5 | 6 | 7 | 8 |
|---|---|---|---|---|---|
| 蒸发量（mm） | 205.2 | 168.5 | 192.5 | 189.0 | 249.0 |

【要求】采用列表法设计中等干旱年该地区早稻生育期灌溉制度。

13. 水库灌区灌溉用水量计算。

【基本资料】

某灌区需从水库引水，灌溉面积 40 万亩，种植小麦、棉花等作物，复种指数 1.40，各种作物种植面积如下：冬小麦 18 万亩，棉花 8 万亩，春玉米 8 万亩，夏玉米 6 万亩，其他杂粮 6 万亩。中等干旱年各种作物净灌水定额，见表 1-3-18。全灌区灌溉水利用系数 $\eta_水$ 为 0.6。

**表 1-3-18　中旱年各种作物净灌水定额统计表**

| 作物 | 灌水次数 | 灌水时间 | 净灌水定额（$m^3$/亩） | 作物名称 | 灌水次数 | 灌水时间 | 净灌水定额（$m^3$/亩） |
|---|---|---|---|---|---|---|---|
| 冬小麦 | 播前 | 9 月下旬 | 60 | 夏玉米 | | | |
| | 1 | 11 月下旬 | 60 | | 1 | 6 月中旬 | 50 |
| | 2 | 3 月上旬 | 50 | | 2 | 7 月上旬 | 40 |
| | 3 | 4 月上旬 | 40 | | 3 | 7 月下旬 | 45 |
| | 4 | 4 月下旬 | 45 | | 4 | 8 月下旬 | 45 |
| | 5 | 5 月中旬 | 45 | | | | |
| 棉花 | 播前 | 3 月下旬 | 60 | 其他杂粮 | 冬灌 | 12 月上旬 | 60 |
| | 1 | 4 月下旬 | 40 | | 1 | 4 月中旬 | 50 |
| | 2 | 5 月下旬 | 40 | | 2 | 5 月上旬 | 40 |
| | 3 | 6 月下旬 | 40 | | 3 | 6 月上旬 | 40 |
| | 4 | 7 月下旬 | 40 | | 4 | 6 月下旬 | 40 |
| 春玉米 | 冬灌 | 12 月上旬 | 60 | | | | |
| | 1 | 5 月中旬 | 40 | | | | |
| | 2 | 6 月上旬 | 40 | | | | |
| | 3 | 6 月下旬 | 40 | | | | |
| | 4 | 7 月中旬 | 40 | | | | |

14. 引水灌区灌水率图的制定。

【基本资料】

(1) 某灌区灌溉面积为 10 万亩，主要种植冬小麦、棉花、玉米及谷子等旱作物。各种作物的生育期、种植面积的百分比及设计的灌溉制度见表 1-3-19。

表 1-3-19　某灌区各种作物的生育期、种植面积的百分比及设计的灌溉制度

| 作物 | 生育期（月-日） | 种植面积（%） | 灌水次序 | 灌水定额（$m^3$/亩） | 修正前 | | | | 灌溉定额（$m^3$/亩） |
|---|---|---|---|---|---|---|---|---|---|
| | | | | | 灌水时间（月-日） | | | 灌水延续天数（d） | |
| | | | | | 起 | 止 | 中间日 | | |
| (1) | (2) | (3) | (4) | (5) | (6) | (7) | (8) | (9) | (10) |
| 冬小麦 | 09-23～05-16 | 50 | 1 | 50 | 09-11 | 09-22 | 09-17 | 12 | 235 |
| | | | 2 | 50 | 11-21 | 12-02 | 11-27 | 12 | |
| | | | 3 | 45 | 03-04 | 03-13 | 03-09 | 10 | |
| | | | 4 | 45 | 04-19 | 04-28 | 04-24 | 10 | |
| | | | 5 | 45 | 05-07 | 05-16 | 05-12 | 10 | |
| 玉米 | 06-06～09-04 | 50 | 1 | 45 | 06-08 | 06-17 | 06-13 | 10 | 120 |
| | | | 2 | 40 | 06-30 | 07-09 | 07-05 | 10 | |
| | | | 3 | 35 | 08-01 | 08-10 | 08-06 | 10 | |
| 棉花 | 04-21～11-10 | 25 | 1 | 40 | 05-01 | 05-08 | 05-05 | 8 | 110 |
| | | | 2 | 35 | 06-20 | 06-27 | 06-24 | 8 | |
| | | | 3 | 35 | 07-22 | 07-31 | 07-27 | 10 | |
| 谷子 | 04-25～08-14 | 25 | 2 | 45 | 05-01 | 05-10 | 05-06 | 10 | 85 |
| | | | 2 | 40 | 06-20 | 06-29 | 06-25 | 10 | |

（2）灌区为有坝取水的自流灌区。根据设计年河流来水分析，渠首能引取的流量，见表 1-3-20。灌溉水利用系数为 0.7。

表 1-3-20　设计年渠首能引取的流量

| 月份 | 1 | 2 | 3 | 4 | 5 | 6 | 7 | 8 | 9 | 10 | 11 | 12 |
|---|---|---|---|---|---|---|---|---|---|---|---|---|
| 流量（$m^3$/s） | 0.8 | 0.8 | 4.7 | 5.2 | 4.8 | 4.8 | 7.0 | 10.0 | 7.5 | 6.0 | 2.4 | 2.0 |

【要求】编制灌区灌水率图，按经济合理的要求并考虑水源来水流量是否够用进行修正。应完成计算说明书一份，包括修正前、后的灌水率图。

# 第四章 灌 水 方 法

## 第一节 灌水方法的评价标准、分类及使用条件

### 一、评价指标

**【田间灌溉水利用率】** 应用某种灌水方法或某项灌水技术灌溉后，储存于计划湿润层内的水量与实际灌入田间的总水量的比值（%）。

**【田间灌溉水储存率】** 应用某种灌水方法或某项灌水技术灌溉后，储存于计划湿润层作物根系土壤区内的水量与灌溉前计划湿润层作物根系土壤区所需要的总水量的比值（%）。

**【田间灌水均匀度】** 应用灌水方法、灌水技术实施灌水后，田间灌溉水湿润作物根系土壤区的均匀程度，或者田间灌溉水下渗湿润作物计划湿润土层的均匀程度，或者表征为田间灌溉水在田面上各点分布的均匀程度。

**【田间灌水质量综合有效利用率】** 有效入渗水量（即作物蒸腾量）与有效入渗水量、深层渗漏水量、田间灌水径流流失量、土壤蒸发量和水分漂移损失水量及灌水不足区域所欠缺水量的总合的比值。

其他评价指标：和农业措施的结合，施肥、喷药、调节气候等；劳动生产率高；水平畦田灌溉、机械化程度；地形适应性；管理与基建费用低；占地少。

### 二、灌水方法分类

**【灌水方法】** 是指灌溉水以什么样的形式去湿润土壤，使灌溉水转化为土壤水，以满足作物对水分的要求（或指灌溉水进入田间或作物根区土壤内转化为土壤肥力水分要素的方法，亦即灌溉水湿润田面或田间土壤的形式）。

**【灌水技术】** 是指在一定的灌水方法下，为使供给作物的水分适时适量和均匀一致，所必须采取的一系列科学技术措施（或指相应于某种灌水方法所必须采取的一系列科学技术措施）。

1. 全面灌溉

（1）地面灌溉。①畦灌；②沟灌；③淹灌（水稻）；④漫灌（牧草）。

（2）喷灌。利用专门设备将有压水输送至灌溉地段，喷射到空中，以降雨方式进行灌溉。

优点：均匀、地形适应性强、可调节湿度和温度、机械化程度高。

缺点：造价高、受风影响大。打击强度过大可能伤害幼苗。

2. 局部灌溉

特点：只湿润作物周围局部土壤，其他远离作物根系的土壤保持干燥。亦称为微灌，通常需要专门的管道系统和灌水器，将水和养分输送至根系附近。

优点：节水、节能、均匀、适应性强、可结合施肥。可提高作物的品质和产量，利用劣质水源灌溉。

局部灌溉的种类：

(1) 渗灌：利用地下管道将水引至作物根系层，借助毛管作用自下而上湿润土壤。亦称地下灌溉（滴灌亦可埋入地下）。

优点：蒸发少、占地少、压力低。

缺点：地面湿润差、容易堵塞、造价高。

(2) 滴灌：管道中灌溉水通过特制滴头直接滴在作物根部，然后渗入土壤。

特点：节水、自动化程度高、地形适应能力强、作物可处于最佳水分状态。

缺点：易堵塞、造价高。

(3) 微喷灌：称为微型喷灌。用小喷头将水喷洒在土壤表面，水流在空中消能。可以是局部灌溉，也可以是全部灌溉。湿润面积较大，所用的灌水器少，抗堵塞性能好，可创造良好生长环境。它与喷灌的区别：工作压力低（喷灌一般高于 15m），流量小，水源像其他滴灌和渗灌一样需要过滤。

(4) 涌灌：或称为涌泉灌溉。通过位于根附近的小管涌出的小水流（地面放置）或小涌泉将水灌至地面（地下放置）。

涌流灌溉出水口流量一般较大，超过土壤渗吸速度，有径流产生，需要在地面形成水洼控制水量分布。

特点：工作压力低、抗堵塞。尤其适于地势平坦的果树灌溉。

(5) 膜上灌：灌溉水流在地膜上流动，通过地膜上的出苗孔或者灌水孔借助重力渗入土壤。

特点：水流沿地膜运动，深层渗漏容易控制，可以增加畦田（沟）长度。无效蒸发减少。目前在新疆地区应用较多。

(6) 膜下滴灌：地膜覆盖与滴灌结合。将滴头铺设在地膜下，可以减少棵间蒸发。可以利用劣质水灌溉。抑制盐分在根系层中累积。以色列应用较多。在我国，新疆兵团大面积推广应用。

(7) 蒸馏灌溉：利用太阳能将污水蒸发，经冷凝后流向作物根系，可以防止污水中的有害成分在土壤中累积。

疑问：造价如何？防范措施能否过关？

各种灌水方法适用条件见表 1-4-1。

**表 1-4-1　　各种灌水方法适用条件简表**

| 灌水方法 | | 作　物 | 地　形 | 水　源 | 土　壤 |
|---|---|---|---|---|---|
| 地面灌溉 | 畦灌 | 密植作物（小麦、谷子等）牧草、某些蔬菜 | 坡度均匀，坡度不超过 0.2% | 水量充足 | 中等透水性 |
| | 沟灌 | 宽行作物（棉花、玉米、等）、某些蔬菜 | 坡度均匀，坡度不超过 2%～5% | 水量充足 | 中等透水性 |
| | 淹灌 | 水稻 | 平坦或局部平坦 | 水量丰富 | 透水性小、盐碱土 |
| | 漫灌 | 牧草 | 较平坦 | 水量充足 | 中等透水性 |

续表

| 灌水方法 | | 作　物 | 地　形 | 水　源 | 土　壤 |
|---|---|---|---|---|---|
| 喷灌 | | 经济作物、蔬菜、果树 | 各种坡度均可，尤其适用于复杂地形 | 水量较少 | 适用于各种透水性，尤其是透水性大的土壤 |
| 局部灌溉 | 渗灌 | 根系较深的作物 | 平坦 | 水量缺乏 | 透水性较小 |
| 局部灌溉 | 滴灌 | 果树、瓜类、宽行作物 | 较平坦 | 水量极其缺乏 | 适用于各种透水性 |
| 局部灌溉 | 微喷灌 | 果树、花卉、蔬菜 | 较平坦 | 水量缺乏 | 适用于各种透水性 |

# 第二节　地面灌水方法

## 一、概述

中国有90%以上采用地面灌溉技术。地面灌溉的优点：投入少、管理费用低、技术要求低。

地面灌溉是通过灌溉水在田面上流动与向土壤中下渗同时完成的。通常、水流进入田间后，沿田面的纵向推进，并形成一个明显的湿润前锋（水流推进的前缘）。水流边向前推进，边向土壤中下渗。地面灌溉水流推进、消退与下渗是一个随时间变化的复杂过程。

地面灌溉水流运动特性，常采用地面灌溉田间试验和理论分析两类方法确定。

各种灌水方法优缺点见表1-4-2。

**表1-4-2　各种灌水方法优缺点对比表**

| 滴水方法 | | 水的利用率 | 灌水均匀性 | 不破坏土壤的团粒结构 | 对土壤透水性的适应性 | 对地形的适应性 | 改变空气湿度 | 结合施肥 | 结合冲洗盐碱土 | 基建与设备投资 | 平整土地的土方工程量 | 田间工程占地 | 能源消耗量 | 管理用劳力 |
|---|---|---|---|---|---|---|---|---|---|---|---|---|---|---|
| 地面灌溉 | 畦灌 | ○ | ○ | — | ○ | — | ○ | ○ | ○ | ○ | — | — | ＋ | — |
| 地面灌溉 | 沟灌 | ○ | ○ | ○ | ○ | — | ○ | ○ | ○ | ○ | — | — | ＋ | — |
| 地面灌溉 | 淹灌 | ○ | ○ | — | — | — | ○ | ○ | ＋ | ○ | — | — | ＋ | |
| 地面灌溉 | 浸灌 | — | — | — | — | — | ○ | — | ○ | ＋ | ＋ | ○ | ＋ | |
| 喷灌 | | ＋ | ＋ | ＋ | ＋ | ＋ | ＋ | ○ | — | — | ＋ | ＋ | — | ○ |
| 局部灌溉 | 渗灌 | ＋ | ＋ | ＋ | — | ○ | — | ○ | — | — | ○ | ＋ | ○ | ＋ |
| 局部灌溉 | 滴灌 | ＋ | ＋ | ＋ | ＋ | ○ | — | ＋ | — | — | ○ | ＋ | ○ | ＋ |
| 局部灌溉 | 微喷灌 | ＋ | ＋ | ＋ | ＋ | ○ | ＋ | ＋ | — | — | ○ | ＋ | ○ | ＋ |

**注**　符号：＋优，—差，○一般。

（1）地面灌水田间试验。采用小区或大区对比试验方法。

（2）地面灌溉理论分析。描述地面灌溉水流运动的数学理论主要有以下几种模型。

1）流体动力学理论模型。这是一个非恒定二维（两个方向）变化的运动方程，需用高等数学等特殊方法求解，在理论上较完善，精度较高，但计算复杂。

2）零位惯性量模型。这是流体动力学理论模型通过简化后得到的模型，可以利用数值解法求解，并事先绘制一些查算图表，或利用电子计算机求解，较方便，广泛用于畦灌法设计中。

3）运动波理论模型。这是依据波动传播理论建立起来的，其实质属于均匀流理论模型，只有在某些特殊情况下，计算结果才能达到所要求的精度。

4）水量平衡理论模型。这简单、直观，便于应用，目前在地面灌水方法中普遍采用它确定其灌水技术要素和进行设计。计算精度不如流体动力学等理论模型高。

## 二、畦田灌溉

**【畦灌】** 是用临时修筑的土埂将灌溉土地分隔成一系列的长方形田块，即灌水畦，又称畦田。灌溉水从输水垄沟或直接从田间毛渠引入畦田后，在畦田田面上形成很薄的水层，沿畦长度方向均匀流动，在流动过程中主要借助重力作用以垂直下渗方式逐渐湿润土壤的灌水方法。

适宜作物：窄行密植作物或牧草、蔬菜等。

畦田规格：长 30～100m，宽 2～4m。

灌水技术要素：畦田长度、宽度、单宽流量、畦田坡度、灌水延续时间、改水成数等。

灌水技术要素确定：

$$m = K_0 t^{1-\alpha}; t = \left(\frac{m}{K_0}\right)^{\frac{1}{1-\alpha}} \quad (1-4-1)$$

1. 灌水延续时间

每点的入渗时间若超过 $t$，出现深层渗漏，否则灌水不足。由于水流运动过程的复杂性，很难使得各点的入渗时间一致。为此需要采用及时封口的方法。

2. 畦田水量平衡

$$3600qt = mL \quad (1-4-2)$$

灌水时间由灌水定额确定。由于存在深层渗漏，田间灌水量一般要比设计灌水定额大。

提高地面灌水质量的措施：合理控制入畦单宽流量；确定合理的畦田规格；控制灌水时间（和入田流量有关）；提高地面平整程度。

## 三、沟灌

在作物行间开挖灌水沟，水流入沟后，在流动过程中主要借助毛管作用湿润土壤。它与畦灌相比，不会破坏作物根系的土壤结构，不容易板结，适于宽行作物，如棉花、烟草等。

1. 技术参数

沟长、（坡度）和入沟流量。

2. 水量平衡方程

计划灌水定额等于 $t$ 时间（灌水延续时间）内入渗水量加上沟中蓄水量。

$$maL = (b_0 h + p_0 \overline{k_t} t)L \quad (1-4-3)$$

因此

$$h = \frac{ma - p_0 \overline{k_t} t}{b_0} = \frac{ma - p_0 H_t}{b_0}; H_t = \overline{k_t} t \quad (1-4-4)$$

式中　$m$——灌水定额（深度）；

　　$a$——沟间距；

$L$——沟长；

$h$——沟内水深；

$b_0$——平均水面宽度；

$p_0$——湿周；

$k_t$——平均入渗水深。

3. 沟长度与沟坡度的关系

$$l=\left(\frac{h_2-h_1}{i}\right) \tag{1-4-5}$$

4. 灌水时间确定

$$t=\frac{mal}{3.6q} \tag{1-4-6}$$

上述时间仅能够保证定量灌溉，无法保证灌溉质量。提高灌溉质量（如均匀度），主要在于控制各点入渗时间的一致，需要合理选择沟灌技术参数，即沟长和入沟流量的组合，使水流推进曲线与消退曲线尽可能平行。

### 四、沟灌新技术

1. 尾水回收系统

原理：灌水后沟中难以蓄水、部分水从尾部流走。这部分水流可以由集水系统回收后供灌溉之用。适于透水性差、大坡度沟灌。

系统构成：集水沟、蓄水池、提水系统、输水系统。

2. 波涌灌溉

间歇向沟中灌水。当水流推进到沟中一段距离后，停止灌水，间隔一定时间后再灌水。

原理：水流消退过程中形成致密层。类似于板结。减少入渗速率，以较小的水量可以推进更远的距离。适于入渗速率大、畦田坡度小的田块。

方法：间歇向沟中灌水。当水流推进到沟中一段距离后，停止灌水，间隔一定时间后再灌水。分二、三次灌，每次推进 1/2 或 1/3 沟长时停水一段时间。可以用于畦田灌溉。土壤颗粒消解、下沉、黏性土膨胀、降低导水率和糙率下层气体封闭，减少水力传导，减少入渗速率。

## 第三节　喷　灌　技　术

**【喷灌】** 是利用水泵和管道系统，在一定的压力下把水喷到空中，粉碎成细小的水滴，均匀降落在田间，供给作物水分的一种灌水方法。

### 一、喷灌的特点

1. 喷灌的优点

(1) 省水。喷灌的灌溉水利用系数可以达到 0.75 以上，比传统的地面灌溉节水 30％～40％。

(2) 保土。即保护土壤结构不被破坏和保持土壤肥力。

(3) 增加农作物产量、提高产品品质。增产10%～20%，省地7%～15%。

(4) 节省劳动力。

(5) 适应性强。

2. 喷灌的缺点

(1) 风和湿度对喷灌质量产生很大影响，风不但会将喷洒的水滴吹到远处，且明显改变了各方向的射程和水量分布，影响灌水质量，甚至产生漏喷现象，一般风力大于3级时不宜进行灌溉。

(2) 要求较高的投资，喷灌系统工作压力较高，对设备的耐压要求也高，投资较高。

(3) 耗能高。

## 二、喷灌系统的组成和分类

1. 喷灌系统的组成

根据喷灌系统的工作要件，喷灌系统可分为水源、机泵、管道系统及田间喷灌设备四大部分。

2. 喷灌分类型

喷灌系统可按不同方法分类。

(1) 按系统获得的压力方式分：

1) 机压喷灌系统。

2) 自压喷灌系统。

(2) 按系统设备组成可分为：

1) 管道式喷灌系统。

2) 机组式喷灌系统。

(3) 按喷洒特征可分为：

1) 定喷施喷灌系统。

2) 行喷式喷灌系统。

(4) 按系统中主要组成部分是否移动和移动的程度可分为：

1) 固定式喷灌系统。

2) 移动式喷灌系统。

3) 半固定喷灌系统。

## 三、喷灌的主要灌水质量指标

喷灌在灌水质量方面有其特殊的要求，一般以喷灌强度，喷灌均匀度和水滴打击强度三项表示。

1. 喷灌强度

单位时间内喷洒在单位面积土地上的水量，亦即单位时间内喷洒在灌溉土地上的水深。用mm/h或mm/min。

技术要求：与土壤的透水特性相适应，即喷灌强度不应超过土壤的渗吸速度，不致在地表形成积水和径流。

(1) 点喷灌强度 $\rho_i$：指在一定时间 $\Delta t$ 内喷洒到某一点土壤表面的水深 $\Delta h$ 与 $\Delta t$ 的比值即：

$$\rho_i = \frac{\Delta h}{\Delta t} \tag{1-4-7}$$

(2) 平均喷灌强度：指在一定喷灌面积上各点在单位时间内的喷灌水深的平均值，以平均喷灌水深与相应时间 $t$ 的比值表示：

$$\bar{\rho} = \frac{\bar{h}}{t} \tag{1-4-8}$$

单喷头全圆喷洒时的平均喷灌强度可用下式计算：单位（mm/h）

$$\bar{\rho}_{全} = \frac{1000q\eta}{A} = \frac{1000q\eta}{\pi R^2} \tag{1-4-9}$$

对于扇形喷洒时的平均喷灌强度可用下式计算：单位（mm/h）

$$\bar{\rho}_{扇} = \frac{1000q\eta}{A} \times \frac{360°}{\alpha} \tag{1-4-10}$$

式中　$q$——为喷头的喷水量，$m^3/s$；

$A$——在全圆转动时一个喷头的湿润面积，$m^2$；

$\eta$——喷灌水的有效利用系数，即扣去喷灌水滴在空中的蒸发和漂移损失，一般为0.8～0.95；

$\alpha$——扇形喷灌范围的中心角；

$R$——喷头射程，m。

在喷灌系统中，各喷头的湿润面积有一定重叠，实际的喷灌强度要比上式计算的高些，为准确起见，可以将有效湿润面积 $A_{有效}$ 来代替上式中的 $A$ 值：

$$A_{有效} = S_l S_m \tag{1-4-11}$$

式中　$S_l$——在支管上喷头的间距，m；

$S_m$——支管的间距，m。

2. 喷灌均匀度

喷灌均匀度是指在喷灌面积上水量分布的均匀程度，它是衡量喷灌质量好坏的主要指标之一。

影响因素：与喷头结构、工作压力、喷头布置形式、喷头间距、喷头转速的均匀性、竖管的倾斜度、地面坡度和风速、风向等有关。

(1) 喷洒均匀系数（克里斯琴森系数）：

$$C_u = 100\left(1.0 - \frac{|\Delta h|}{h}\right)(\%);\quad h = \frac{\sum_{i=1}^{n} h_i}{n};\quad |\Delta h| = \frac{\sum_{i=1}^{n} |h_i - h|}{n} \tag{1-4-12}$$

式中　$h$——整个喷灌面积上的平均喷灌灌水深，mm；

$\Delta h$——点喷灌水深平均离差，mm；

$h_i$——点喷灌水深，mm。

当测点所代表的面积不等时

$$\overline{h}=\frac{\sum_{i=1}^{n}s_ih_i}{\sum_{i=1}^{n}s_i};\quad |\Delta h|=\frac{\sum_{i=1}^{n}s_i|h_i-\overline{h}|}{\sum_{i=1}^{n}s_i} \tag{1-4-13}$$

如果在喷灌面积上的水量分布得越均匀，那么 $\Delta h$ 值越小，亦即 $C_u$ 值越大。$C_u$ 值一般不应低于 70%～80%。在工程设计中；一般要求 $C_u$=70%～90%。

（2）水量分布图（喷洒范围内的等水量图）。喷洒范围内的等水量图。用这种图来衡量喷灌均匀度比较准确、直观，它和地形图一样标示出喷洒水量在整个喷洒面积内的分布情况，但是没有指标，不便于比较。

3. 水滴打击强度

就是单位喷洒面积的水滴对作物和土壤的打击动能。表示方法：

（1）水滴的直径。

（2）雾化指标 $H/d$。

$H/d$ 指喷头的工作压力与主喷嘴直径之比。

水滴打击强度的影响因素：喷头孔嘴大小，工作压力，喷嘴结构。

## 四、喷头

喷头是喷灌机与喷灌系统的重要组成部分，它的作用是把有压水流喷射到空中，散成细小的水滴，并均匀喷洒在灌溉土地上。因此，喷头的性能、结构形式及制造质量的好坏将直接影响喷灌的质量。

1. 喷头按其结构分类

（1）旋转式喷头。包括：反作用式、叶轮式、摇臂式。

（2）固定式喷头。包括：离心式、缝隙式、折射式。

（3）管孔式喷头。包括：多列孔管、单列孔管。

2. 喷头按其工作压力和射程的大小分类

（1）近射程喷头。

（2）中射程喷头。

（3）远射程喷头。

3. 影响射程的其他因素

流量、喷头自转速度、喷射仰角、喷管结构。

## 五、喷灌系统辅助设施

1. 管道

1）固定式管道，常用管材：钢管、塑料管、聚氯乙烯管即 PVC 管，聚乙烯管即 PE 管，铸铁管等。

2）移动式管道，常用管材：薄壁铝合金管、镀锌薄壁管、胶管、塑料软管等。

2. 快速接头

便于管道快速移动，移动管道各段间采用快速接头连接，常用的快速接头的结构形式有以下几种：杠杆紧扣式（或称球形连接）、搭扣式、弹簧锁紧式、暗销式、偏心扣式等。

3. 管道附件

（1）给水栓。

（2）其他附件和管件，包括：阀门、逆止阀、过滤器、安全阀、空气阀、三通、弯头、堵头、流量调节器、压力调节器等。

## 六、喷灌的主要技术参数及其确定方法

主要技术参数有：喷头水量分布图形、喷头沿支管的间距、支管间距、喷头组合方式（矩形或三角形）和支管方向等。常把前两项统称为喷头组合形式。

1. 确定喷头组合间距的方法

（1）组合原则：在保证喷洒均匀、不留空白的情况下，使喷头和支管的距离应尽量的大一些。

（2）组合形式有：

1）几何组合法、（正方形、矩形、正三角形、三角形和扇形等）。

2）修正几何组合法：$R_{设}=KR$。

（3）经验系数法。

2. 支管方向的确定

对于支管的布置方向，除了考虑地形的因素外（在平地上与地边平行，在坡地上最好与坡度方向平行或垂直），一般就是考虑风向的影响。现在普遍的看法认为，有风时湿润面由圆形变成椭圆形，平行于风的方向顺风拉长，逆风方向变短，可以互相补充；而垂直于风的方向两侧都缩小，所以间距要小一些，因此从经济的观点出发，支管最好与风向垂直。

3. 喷头组合方式的选择

喷头组合方式是矩形的好还是三角形的好，目前还没有定论，只是用在几何组合法或修正组合法时三角形布置的喷灌系统要比矩形的经济一些。因为正三角形布置时的单喷头有效控制面积是正方形的 1.3 倍，对于同样的面积就可以少布置一些喷点，支管间距也略为大一些。

## 七、喷灌工程的规划与设计

1. 规划设计原则

（1）喷灌工程规划应纳入农业区划及水利规划，三者必须统一考虑。

（2）喷灌工程规划必须有充分的经济论证，进行可行性分析。

（3）规划中应注意节约能源，在有自然水头可以利用的地方，应尽量发展自压喷灌或部分自压喷灌。

（4）尽量使喷灌设备综合利用，使其发挥最大经济效益。

（5）贯彻实事求是的原则，从实际出发，量力而行，循序渐进，讲求实效。

2. 设计任务书阶段提出的文件

（1）设计任务书的主要内容：

1）灌区基本情况。

2）喷灌可行性分析。

3）喷灌系统类型的选择。

4）投资概算和经济效益分析。

（2）系统规划布置图。在地形图上绘出灌区范围、水源工程和主要管（渠）系统的初步布置。

（3）设计说明书的主要内容。

1）基本资料。内容与设计任务书阶段同，但应进一步具体化。

2）系统选型。如在设计任务书阶段已充分论证，本阶段可以不做。

3）拟定作物灌溉制度及计算灌溉用水量、用水过程。

4）水源分析及水源工程规划。根据设计标准列出水源流量、水位等特征值并分析水质。拟定水源工程规划及水质处理方案。

5）系统平面布置。根据系统布置原则，确定管（渠）分级并布置，统计各级管（渠）道的长度。

6）喷头选型及组合。在满足喷头组合喷灌强度、均匀度及雨滴打击强度要求的前提下，选定喷头的型号、规格及性能参数，确定喷头组合形式及间距。

7）确定喷灌工作制度及轮灌方式。

8）管材及管径选择。选择管材并根据各级管道流量进行水力计算，确定各级管道的经济管径。

9）管道纵断面设计及系统结构设计。确定各级固定管道在立面上的位置并说明管道埋深、坡度、闸阀、节制阀、排气阀、泄水阀以及镇墩等的设置。

10）水泵及动力选配。确定系统设计流量和扬程，选定水泵及配套动力规格型号及各项性能参数，校核水泵安装高程，确定泵站的结构形式。

（4）设计图纸要求：

1）工程平面布置图。

2）管（渠）的纵剖面图。

3）管道结构示意图。

4）工程建筑设计图。

3. 喷灌工程技术设计

（1）灌溉制度的拟定及用水量计算。

1）设计灌水定额：

$$m = 100\gamma h(\beta_1 - \beta_2)/\eta \qquad (1-4-14)$$

式中　$m$——设计毛灌水定额，mm；

$\gamma$——土壤容重，$kg/cm^3$；

$h$——计划湿润层深度，cm；

$\beta_1$、$\beta_2$——适宜土壤含水量上、下限的重量百分比，%；

$\eta$——喷洒水利用系数（无实测资料时，可根据气候条件选取：当风速低于 3.4m/s 时，$\eta$=0.8～0.9；当风速为 3.4～5.4m/s 时，$\eta$=0.7～0.8。湿润地区取大值，干旱地区取小值）。

2）设计灌水周期。

灌水周期是指在连续无雨条件下，某种作物需水临界期的允许最大灌水间隔时间，灌水周期一般采用下式计算：

$$T_{设} = \frac{m}{e}\eta \tag{1-4-15}$$

式中 $T_{设}$——设计灌水周期，d；

$e$——作物日耗水量，mm/d。

3）一次灌水所需时间：

$$t = \frac{m_{设}}{\overline{\rho_{系统}}}(\mathrm{h}) \tag{1-4-16}$$

式中 $t$——一次灌水所需的时间；

$\overline{\rho_{系统}}$——喷灌系统的平均喷灌强度。

（2）计算同时工作的喷头数和支管数。

1）同时工作的喷头数：

$$N_{喷头} = \frac{A}{S_m S_l} \times \frac{t}{T_{设}\ C} \tag{1-4-17}$$

式中 $N_{喷头}$——同时工作的喷头数；

$A$——整个喷灌系统的面积，$\mathrm{m}^2$；

$C$——一天中喷灌系统的有效工作小时数，h；

其余符号同前。

2）同时工作的支管数：

$$N_{支} = \frac{N_{喷头}}{n_{喷头}} \tag{1-4-18}$$

式中 $n_{喷头}$——一根支管上的喷头数。

4. 确定支管的轮灌方式

（1）两根支管从地块的一头齐头并进。

（2）两根支管由地块两端向中间交叉前进。

（3）两根支管由地块中间向两端交叉前进。

（4）三根支灌同时工作时。

5. 水源工程规划

（1）水源来水量分析。

（2）确定水源蓄水工程形式及规模。

（3）水源蓄水或提水工程的选址及其结构。

6. 喷灌工程的布置方案及形式选择

（1）管道系统布置的一般原则。

（2）管网的布置形式。

（3）选择喷灌系统的形式。

7. 管材和管径的选择

（1）管材选择。

（2）输配水管管径的计算。从经济的角度出发，遵循投资和年费用最小原则，一般用经验公式计算：

$$Q < 120\text{m}^3/\text{h 时}，\quad d = 13\sqrt{Q}$$

$$Q \geqslant 120\text{m}^3/\text{h 时}，\quad d = 11.5\sqrt{Q} \tag{1-4-19}$$

式中 $Q$——管道的设计流量，$\text{m}^3/\text{h}$；

$d$——管道的内径，mm。

（3）支管管径的计算。

8. 管道水力计算

管道水力计算主要是计算管道沿程水头损失以及弯头、三通、闸阀、变径管等处的局部水头损失，沿程水头损失可按下式计算：

$$h_f = f\frac{LQ^m}{d^b} \tag{1-4-20}$$

式中 $h_f$——沿程水头损失，m；

$f$——沿程摩阻系数；

$L$——管长，m；

$Q$——流量，$\text{m}^3/\text{h}$；

$d$——管内径，mm；

$m$——流量指数，与摩阻损失有关；

$b$——管径指数，与摩阻损失有关。

各种管材的 $f$、$m$、$b$ 查有关表。

在喷灌系统中，沿支管安装许多喷头，支管的流量自上而下逐渐减少，应逐段计算两喷头之间管道沿程损失。但为了简化计算，常以进口最大流量和管道全长由式（1-4-20）计算 $h_f$，然后乘以一个多口系数（$F$）修正，得多口管道实际沿程损失，即：

$$h' = h_f F \tag{1-4-21}$$

计算多口系数的近似公式为：

$$F = \frac{N\left(\dfrac{1}{m+1} + \dfrac{1}{2N} + \dfrac{\sqrt{m-1}}{6N^2} - 1 + x\right)}{N - 1 + x} \tag{1-4-22}$$

式中 $N$——喷头或孔口数目；

$m$——流量系数；

$x$——支管入口至第一个喷头（或孔口）的距离与喷头（或孔口）间距之比。

局部水头损失（$h_j$）一般可按下式计算：

$$h_j = \xi\frac{V^2}{2g} \tag{1-4-23}$$

式中 $\xi$——局部阻力系数，可查水力学手册；

$V$——管道流速，m/s。

9. 选择水泵和动力

为了选择水泵和动力，首先要确定系统的设计流量和扬程，系统流量为同时工作的喷头流量之和。当各喷头流量相等时：

$$Q = N_{头}\, q \qquad (1-4-24)$$

式中　$N_{头}$——喷头数量；

$q$——单喷头流量，$m^3/h$；

$Q$——水泵设计流量，$m^3/h$。

水泵扬程：

$$H = H_1 + h_w + h'_w + \Delta Z \qquad (1-4-25)$$

式中　$H_1$——支管入口压力，m；

$h_w$——支管以上水头损失，m；

$h'_w$——吸水管水头损失，m；

$\Delta Z$——典型喷头高程与水源水面高差，m；

$H$——水泵设计扬程，m。

10. 技术设计阶段提出的文件

(1) 收集规划所需资料。

(2) 水量平衡计算。

(3) 选择喷灌系统的形式。

(4) 选择喷头及确定喷头的组合形式。

(5) 布置干、支管。

(6) 拟定喷灌工作制度。

(7) 管网水力学计算。

(8) 图纸绘制。

(9) 材料统计。

(10) 工程预算。

(11) 效益分析。

(12) 施工。

## 第四节　微灌技术与设施

### 一、微灌技术及其特点

1. 微灌技术

微灌即是按照作物生长所需的水和养分，利用专门的设备或自然水头加压，再通过低压管道系统末级毛管上的孔口或灌水器，将有压水流变成细小水流或水滴，直接送到作物根区附近，均匀、适量地施于作物根层所在部分土壤的灌水方法。微灌包括滴灌、微喷灌、涌泉灌等。

2. 微灌的特点

微灌的特点是灌水流量小，每次灌水时间长，是以微小的流量湿润作物根区附近的土壤，以满足作物的需水要求，不同于全面湿润的地面灌溉和喷灌，属于局部灌水技术。微灌具有以下优缺点。

(1) 优点：

1) 节水。微灌一般比地面灌溉节水 30%～50%，比喷灌节水 15%～25%。

2) 省工。①微灌灌溉水量小，运行费用相应降低，且微灌不需平整土地，装有自动运行设备，劳动力费用也随之降低。②微灌田块的大部分土壤表面保持干燥，减少了杂草，相应清除杂草的劳力和除草剂的费用减少。同时，因在作物行间的土地仍然是干的，方便田间作业。③微灌时，肥料、杀虫剂等能注入灌溉水中，随灌溉施入田间，不需另外耗费劳力进行喷施，从而大大节省了劳动力。

3) 工作压力低，节约能源。

4) 灌水均匀。微灌系统能够有效地较精确地控制各个灌水器的出水流量，灌水均匀度高，一般可达 80%～90%。

5) 增产。微灌较其他灌水方法一般可增产 30%左右。

6) 对土壤和地形的适应性强。

7) 可用咸水灌溉。

(2) 缺点：

1) 堵塞问题。堵塞问题是微灌系统存在的主要问题，也是目前必须解决的关键问题。

2) 盐分积累。微灌可能造成盐分在湿润表层的边缘积聚起来，并且少量的降水可能将这些盐分冲到作物根区而引起盐害。

3) 限制根系的发展等其他危害。

4) 成本高。由于微灌系统需要大量的管道，用于净化水的过滤设施和水处理设施较多，所以投资造价较高。

5) 微灌输水系统的水头损失较大，尤其是滴灌系统。

## 二、微灌系统组成及分类

1. 微灌系统的组成

微灌系统通常由水源工程、首部枢纽、输配水管网和灌水器四部分组成。

2. 微灌系统的分类

(1) 按灌水水流出流方式分类。微灌按灌水水流出流方式不同，可分为滴灌、微喷灌和小管出流灌（涌泉灌）等。

1) 滴灌。滴灌是利用滴头、滴灌带（滴头与毛管制成一体）等灌水器，使水以水滴或细流形式湿润土壤的一种灌水方法。通常毛管和灌水器放在地面上，有时为方便田间作业，防止毛管损坏或丢失，也可将其埋在地下 30～40cm，又称为地下滴灌。

2) 微喷灌。微喷灌是利用微喷头将水喷洒，以湿润土壤的一种灌水方法。微喷灌时，空气有助于其水量分布。

3) 渗灌。渗灌又称土表下灌溉或土表下滴灌，是指灌溉水以滴渗方式湿润作物根系层，实现对作物灌溉。是通过埋在地下作物根系活动层（约 20～50cm）的滴灌带上的滴头或渗头将水灌入土中的灌水方式。

4）涌灌。涌灌又称为涌泉灌溉、小管灌溉，是通过从开口小管涌出的小水流将水灌入土壤的灌水方式。由于灌水流量较大（但一般不大于 220L/h），有时需筑沟埂在地表来控制灌水。

5）雾灌。雾灌又称迷雾灌溉，与微喷灌很相似，只是工作压力较高（可达到 200～400kPa），喷出的水滴极细，灌水时形成水雾以调节田间空气湿度，如全日照喷雾育苗就要采用雾灌。

（2）按管道可移动程度分类：

1）固定式微灌系统。固定式微灌系统的各个组成部分在整个灌溉季节固定不动，干、支管埋入地下，毛管有的埋在地下，有的放在地表或悬挂在离地面几十米高的支架上。

2）半固定式微灌系统。半固定式微灌系统是系统的干、支管在灌溉季节固定不动，毛管连同其上的灌水器可按设计要求移动，一条毛管可在多个位置工作。

3）移动式微灌系统。移动式微灌系统是系统的各个组成部分在灌水季节都可按要求进行移动。

4）间歇式微灌系统（脉冲式微灌系统）。

灌水器流量比普通的大 4～10 倍，每隔一定时间出流一次，孔口大，减少了堵塞，避免了径流和深层渗漏。其灌水器工艺要求较高。

（3）按压力源分类：

1）自压微灌系统：一般是水源的水面高程高于灌区的地面高程，用压力管道引水到灌区就具有一定的压力，如此压力已能满足灌区内输水水头损失与灌水器工作压力的要求，就可不另外加压而构成自压灌溉管道系统。

2）泵压（机压）式微灌系统：在水源的水面高程低于灌区的地面高程，或虽然略高一些但不足以形成灌区所需要的压力。这时就要利用水泵加压，以形成足够的压力。

## 三、微灌技术产品分类及性能参数

### 1. 微灌专用设备

微灌设备大致由首部加压机泵、过滤器、施肥装置以及控制、量测、保护装置，管道和管件、灌水器等组成。

（1）微灌灌水器。灌水器又称配水器，其作用是消杀或分散有压管道输送来的集中水流中的能量，均匀而稳定地向作物的根区土壤配水，以满足作物生长的需要。灌水器的质量好坏直接影响到微灌系统是否工作可靠及灌水质量。对其要求如下：

1）出水量小。灌水器出水量的大小取决于工作水头高低、过水流道断面大小和出流受阻的情况。微灌用的灌水器的工作水头一般为 5～15m，过水流道直径或孔径一般在 0.3～2.0mm 之间，出水流量在 2～200L/h 范围内。

2）出水均匀、稳定。

3）抗堵塞性能好。

4）制造精度高。为了保证微灌灌水质量，要求灌水器的制造偏差系数一般应控制在

0.03～0.07之间。

5）结构简单，便于制造安装。

6）坚固耐用，价格低廉。

（2）微灌灌水器的分类。微灌用灌水器种类很多，按结构和出流形式可分为滴头、滴灌带、微喷头、渗头、涌水器等五类。

1）滴头。滴头的作用是消杀经毛管输送来的有压水流中的能量，使其以稳定的速度一滴一滴地滴入土壤。按结构来分，滴头有以下几种：

a）长流道型滴头。靠水流与流道壁之间的摩阻消能来调节出水量的大小，如微管滴头、内螺纹管式滴头等。

b）孔口型滴头。靠孔口出流造成的局部水头损失来消能和调节出水量的大小。

c）涡流型滴头。靠水流进入灌水器的涡室内形成涡流来消能和调节出水量的大小。

d）压力补偿型滴头。利用水流压力压迫滴头内的弹性体（片）使流道（或孔口）形状改变或过水断面面积发生变化，从而使出流量自动保持稳定，同时还具有自清洗功能。

2）滴灌带。滴头与毛管制造成一整体，兼具配水和滴水功能，按结构可分为：

a）内镶式滴灌带。

b）薄壁滴灌带。

3）微喷头。微喷头即微型喷头，作用与喷灌的喷头基本相同。只是微喷头一般工作压力较低，湿润范围较小，对单喷头射程范围内的水量分布要求不如喷灌高。

a）射流旋转式微喷头。一般由旋转折射臂、支架、喷嘴构成。

b）折射式（雾化）微喷头。其主要部件有喷嘴、折射锥和支架。

c）离心式微喷头。其特点是工作压力低，雾化程度高，一般形成全圆的湿润面积，由于在离心室内能消散大量能量，所以在同样流量的条件下，孔口较大，从而大大减小了堵塞的可能性。

d）缝隙式微喷头。一般由两面部分组成，下部为底座，上部是带有缝隙的盖。

4）渗头（或渗灌管）。作为地表下渗灌的灌水器，其作用是使水直接渗入作物根区土壤，有多孔瓦管（罐）、海绵渗头等。

2. 微灌水技术要求

（1）滴灌。滴灌是一种局部灌溉，所以不要求在整个灌水的面积上水量分布均匀，而要求每一棵作物灌到的水量是均匀的。

1）滴头的灌水均匀系数：

$$E_u = 100\left[1 - \frac{1.27F_v}{\sqrt{e}}\right]\frac{q_{\min}}{q_0} \tag{1-4-26}$$

式中 $q_{\min}$——根据正常流量压力关系曲线计算的与最小压力相对应的流量，L/h；

$e$——每株作物最少的滴头数目。

一般要求 $E_u$ 值大于等于94%，在任何情况下也不得低于90%。

2）灌水效率（灌溉水的利用系数）。

表示灌溉水的有效利用的程度，定义为净灌溉用水量 $m_{净}$ 与毛灌溉用水量 $m_{毛}$ 之比，也可用下式计算：

$$\eta_{水} = K_s E_u \quad (1-4-27)$$

式中　$K_s$——蒸腾灌水比，是在灌水最少处蒸腾水量与总灌水量之比，其数值取决于管理水平，非常好的管理 $K_s$ 在干旱地区可达 0.95，在湿润地区可达 1.0，一般设计值取 0.90。

对于滴灌有时考虑到要附加 10%的灌溉用水量，以补偿淋洗的需要，毛灌溉用水量就可以用下式计算：

$$m_{毛} = \frac{1.10m}{\eta_{水}} \quad (1-4-28)$$

(2) 微喷灌。微喷灌的主要灌水质量指标包括单喷头的喷灌强度、灌水均匀度和灌水效率等。

1) 喷灌强度。喷灌强度是微灌系统的一个主要设计参数，是指单位时间内喷洒在单位面积土地上的水量。

2) 灌水均匀度。灌水均匀度是指在灌水面积上水量分布的均匀程度，是评价微喷头的一项重要指标。单喷头灌水均匀度可由喷洒均匀系数和喷洒水量分布图来表示。

3) 灌水效率和灌水均匀系数与滴灌相似。

(3) 渗灌。渗灌系统技术参数包括管道埋深，灌水定额，管道埋设间距，管道长度等。

1) 渗灌管埋设深度。渗灌管埋设的深度取决于土壤性质、耕作条件、作物种类等条件。

2) 灌水定额。渗灌灌水定额应以相邻两条渗灌管之间的土层得到足够湿润，要以不发生深层渗漏为准。

3) 渗灌管间距的确定。渗灌管间距的大小主要决定于土壤性质、供水压力大小和作物种植条件。

4) 管道供水压力及管道长度确定（管道的坡度和长度）。

供水压力和渗灌管长度直接影响灌水均匀性。适应管道压力应根据所选渗灌管的技术参数确定。同时应考虑作物所在地地形坡度 $i$，$i=1/1000 \sim 5/1000$。管道长度的确定应使管道首尾两端土壤能湿润均匀。

### 四、微灌系统辅助设施

1. 管道连接件

(1) 对微灌用管与连接件的基本要求。

1) 能承受一定的内水压力。微灌管网为压力管网，各级管道必须能承受设计工作压力，才能保证安全输水与配水。

2) 耐腐蚀抗老化性能强。微灌系统中灌水器孔口很小，因此，微灌管网要求所用的管道与连接件应具有较强的耐腐蚀性能和抗老化性能。

3) 规格尺寸与公差必须符合技术标准。

4) 价格低廉。

5) 安装施工容易。各种连接件之间及连接件与管道之间的连接要简单、方便、牢固、且不漏水。

（2）微灌管道的种类。常用的塑料管材有聚乙烯（PE）管，聚氯乙烯管（PVC）。

1）聚乙烯管（PE管）。聚乙烯管分为高压低密度聚乙烯管和低压高密度聚乙烯管两种。低压高密度聚乙烯管为硬管，管壁较薄。高压聚乙烯管为半软管，管壁较厚，对地形的适应性比低压高密度聚乙烯要强。

2）聚氯乙烯管（PVC管）。聚氯乙烯管是以聚氯乙烯树脂为主要原料，与稳定剂、润滑剂等配合后经挤压成型的。它具有良好的抗冲击和承压能力，刚性好。

3）微灌管道连接件的种类：

连接件是连接管道的部件，亦称管件。有内接式和外接式两大类。常见的管件有如下几种。

a）接头。接头的作用是连接管道。根据两个被连接管道的管径大小，分为同径和异径连接接头。

b）三通。三通是用于管道分叉时的连接件。与接头一样，三通有同径和异径两种。

c）弯头。在管道转弯和地形坡度变化较大之处就需要使用弯头连接。其结构也有内插式和螺纹式两种。一般按转弯中心角的大小采用90°或45°。

d）堵头。堵头是用来封闭管道末端的管件，有内插式、螺纹式。

e）旁通。用于支管与毛管间的连接。

f）插杆。用于支撑微喷头，使微喷头置于规定高度，有不同的形式和高度。

g）密封紧固件。用于内接式管件与管连接时的紧固。

2. 微灌技术的配套设备

（1）首部枢纽设备（可与灌溉管道系统综合考虑）：

1）泵站。泵站由动力设备（柴油机或电动机）和离心泵、深井泵或潜水泵组成。

2）肥料和化学药品注入设备。肥料和化学药品注入设备被用来将肥料和化学药品直接注入微灌系统。

目前常用的施肥装置有以下几种：

a）压差式施肥罐。

b）开敞式肥料罐自压施肥装置。

c）文丘里注入器。

d）注射泵。根据驱动水泵的动力来源又可分为水驱动和机械驱动两种形式。

3）水质净化装置。水质净化装置是为了清除掉水源中可能造成灌水器堵塞的污染物。这有：沉淀池，过滤器，常用的有筛网过滤器、砂石过滤器、旋流式水砂分离器、叠片式过滤器等。

## 五、微灌工程规划与设计

1. 微灌工程规划

微灌工程规划设计包括以下基本内容。

（1）规划任务。

1）勘测和收集基本资料。

2）论证工程的可行性。

3）根据当地水资源状况和农业生产、乡镇企业、人畜饮水等用水的要求，确定工程的规模。

4）根据水源、气象、地形、土壤、作物种植、社会经济、生产管理水平等条件，因地制宜选用滴灌、微喷灌、涌泉灌等微灌方式。

5）微灌工程规划包括水源工程、首部枢纽和管网布置。规划布置成果应绘制在不小于1/5000的地形图上，并提出工程概算。

（2）规划原则。

1）微灌工程的规划，应与其他的灌溉工程统一安排。

2）微灌工程规划应考虑多目标综合利用。

3）微灌工程规划要重视经济效益。

4）因地制宜、合理地选择微灌形式。

5）近期发展与远景规划相结合。

6）微灌工程设计保证率应根据自然条件和经济条件确定。灌溉水的利用系数：滴灌不低于0.90，微喷灌不低于0.85。

（3）基本资料的收集。

1）地理位置与地形资料。

2）土壤与工程地质资料。

3）农业与灌溉资料。

4）水文与气象资料。

5）其他资料：社会经济状况，现有水利设施等。

（4）水源分析与用水计算。

1）规划必须对水源的水量、水位和水质进行分析。

2）以水量丰富的江、河、水库、湖泊为水源时，可不作供水量计算，但必须进行年内水位变化和水质分析。

3）以小河、山溪、塘坝为水源时，应根据调查资料并参考地区性水文手册或图集，分析计算设计水文年的径流量和年内分配过程线。

4）以井、泉为水源时，应根据已有资料分析确定可供水量。无资料时，应对水井作抽水试验；对泉水进行调查，实测出流量来确定可供水量。

5）微灌水质除必须符合GB5084《农田灌溉水质标准》的规定。

6）微灌用水量应根据设计水文年的降雨、蒸发、作物种类及种植面积等因素计算确定：

a）有微灌试验资料时，应由试验资料计算确定。

b）无试验资料时，可根据当地的气象资料，按照彭曼或蒸发皿法求得需水量，然后再计算出微灌的用水量。也可参照邻近相似的灌溉试验资料计算确定。

（5）水量平衡计算。

1）在水源供水流量稳定且无调蓄时，用下式确定微灌面积：

$$A=\frac{\eta Qt}{10I_{\alpha}} \qquad (1-4-29)$$

$$I_\alpha = E_\alpha - P_0$$

式中　$A$——可灌面积，$hm^2$；

$Q$——可供流量，$m^3/h$；

$I_\alpha$——设计供水强度，mm/d；

$E_\alpha$——设计耗水强度，mm/d；

$P_0$——有效降雨量，mm/d；

$t$——水源每日供水时数，h/d；

$\eta$——灌溉水利用系数。

2）在水源有调蓄能力且调蓄容积已定时，可按下式确定微灌面积

$$A = \frac{\eta KV}{10\sum I_i T_i} \tag{1-4-30}$$

式中　$K$——塘坝复蓄系数，$K$=1.0～1.4；

$\eta$——蓄水利用系数，$\eta$=0.6～0.7；

$V$——蓄水工程容积，$m^3$；

$I_i$——灌溉季节各月的毛供水强度，mm/d；

$T_i$——灌溉季节各月的供水天数，d。

3）在灌溉面积已定，需修建调蓄工程时，可用式1-4-30确定调蓄容积$V$，需要确定设计流量时可用式1-4-29计算流量$Q$。

（6）管网布置。微灌管网布置应遵循下列原则：

1）符合微灌工程总体要求。

2）使管道总长度最短，尽量少穿越其他障碍物。

3）满足各用水单位需要，能迅速分配水流，管理维护方便。

4）输配水管道沿地势较高位置布置，支管垂直于作物种植行布置，毛管顺作物种植行布置。

5）管道的纵剖面应力求平顺。

2. 微灌工程设计参数的确定

（1）作物需水量。微灌属局部灌溉，故作物需水量可不考虑棵间蒸发量。

（2）设计耗水强度。设计耗水强度采用设计年灌溉季节月平均耗水强度峰值，并由当地试验资料确定，在无实测资料时可通过计算或按表1-4-3选取。或按教材中相关公式计算。

**表1-4-3　　设计耗水强度**　　单位：mm/d

| 作　物 | 滴　灌 | 微喷灌 | 作　物 | 滴　灌 | 微喷灌 |
|---|---|---|---|---|---|
| 果树 | 3～5 | 4～6 | 蔬菜（露地） | 4～7 | 5～8 |
| 葡萄、瓜类 | 3～6 | 4～7 | 粮、棉、油等作物 | 4～6 | 5～8 |
| 蔬菜（保护地） | 2～3 | — | | | |

注　干旱地区宜取上限值。

（3）微灌的土壤湿润比。微灌的土壤湿润比，是指被湿润土体占计划湿润层总土体的

百分比，通常以地面以下 20～30cm 处湿润面积占总灌溉面积的百分比来表示。可按教材中相关公式计算。

(4) 微灌的灌水均匀度。为了保证灌水质量，微灌灌水均匀度应达到一定要求，《微灌工程技术规范》(SL103—95) 规定不应低于 0.8。

微灌的灌水均匀度可以用克里斯琴森 (Christiansen) 均匀系数 $E_u$ 来表示，并由下式计算：

$$E_u = 1 - \frac{\overline{\Delta q}}{\bar{q}}; \quad \overline{\Delta q} = \frac{1}{n}\sum_{i=1}^{n}|q_i - \bar{q}| \tag{1-4-31}$$

式中 $E_u$——微灌均匀系数；

$\overline{\Delta q}$——灌水器流量的平均偏差，L/h；

$q_i$——各灌水器流量，L/h；

$\bar{q}$——灌水器平均流量，L/h；

$n$——所测的灌水器数目。

(5) 灌水器流量和工作水头偏差率。

$$q_v = \frac{q_{max} - q_{min}}{q_d} \times 100\% \tag{1-4-32}$$

$$h_v = \frac{h_{max} - h_{min}}{h_d} \times 100\% \tag{1-4-33}$$

式中 $q_v$——灌水器流量偏差率，%；其值取决于均匀系数 $C_u$，两者关系为：当 $C_u$＝98%、95%、92%时，$q_v$＝10%、20%、30%，微灌灌水器的设计允许流量偏差率应不大于 20%；

$q_{max}$——灌水器最大流量，L/h；

$q_{min}$——灌水器最小流量，L/h；

$q_d$——灌水器设计流量，L/h；

$h_v$——灌水器工作水头偏差率，%；

$h_{max}$——灌水器最大工作水头，m；

$h_{min}$——灌水器最小工作水头，m；

$h_d$——灌水器设计工作水头，m。

灌水器工作水头偏差率与流量偏差率之间的关系可用下式表示：

$$H_v = \frac{q_v}{x}\left(1 + 0.15\frac{1-x}{x}q_v\right) \tag{1-4-34}$$

式中 $x$——灌水器流态指数。

(6) 灌水器设计工作水头。灌水器设计工作水头应取所选灌水器的额定工作水头。没有额定工作水头的灌水器，应由灌水器水头与流量关系曲线确定，但不宜低于 2m。

(7) 过滤器设计进口与出口压力差：

$$\Delta h = \Delta h_0 + \Delta h_{max} \tag{1-4-35}$$

式中 $\Delta h$——过滤器设计进口与出口水头差，m；

$\Delta h_0$——过滤器通过洁净水流时进口与出口间的水头差，m；

$\Delta h_{max}$——过滤器工作时允许进口与出口增加的水头差（此值不宜大于3.0m），m。

3. 微灌系统的设计

（1）微灌系统的布置。微灌系统的布置通常是先在地形图上作初步布置，然后将初步布置方案带到实地与实际地形作对照，并进行必要的修正。微灌系统布置所用的地形图比例尺一般为1/2000～1/500。

1）首部枢纽位置的确定。

2）毛管和灌水器的布置。

a）滴灌时毛管和灌水器的布置方式有：单行毛管直线布置；单行毛管带环状管布置；双行毛管平行布置；单行毛管带微管布置等。

b）微喷灌时毛管和滴水器的布置方式有：单向半圆微喷；双向微喷；窄行密株距作物全圆微喷和单喷头微喷等。

（2）微灌灌溉制度的确定。微灌系统的灌溉制度微灌系统作物的灌溉制度是指作物全生育期内的灌水次数，每次的灌水日期和灌水定额以及灌溉定额。灌水定额是指一次灌水单位灌溉面积上的灌水量，各次灌水定额之和是灌溉定额。灌水定额和灌溉定额是灌区规划设计和管理的重要依据。

1）设计灌水定额 $m$：

可根据试验资料按下式计算确定。

$$m=0.1\gamma p\left(\theta_{max}-\theta_{min}\right)/\eta \tag{1-4-36}$$

$$m=0.1\gamma p\left(\theta'_{max}-\theta'_{min}\right)/\eta \tag{1-4-37}$$

式中　$m$——设计灌水定额，mm；

$\gamma$——土壤容重，$g/cm^3$；

$p$——微灌设计土壤湿润比，%；

$\theta_{max}$、$\theta_{min}$——适宜土壤含水率上下限，占干土重量的百分比；

$\theta'_{max}$、$\theta'_{min}$——适宜土壤含水率上下限，占土壤体积的百分比；

$\eta$——灌溉水利用系数。

2）设计灌水周期 $T$：

$$T=\left(\frac{m}{E_a}\right)\eta \tag{1-4-38}$$

式中　$T$——设计灌水周期，d。

3）一次灌水延续时间 $t$：

$$t=\frac{m s_e s_t}{q} \tag{1-4-39}$$

式中　$t$——一次灌水延续时间，h；

$q$——灌水器流量，L/h。

对于成龄果树，一株树安装 $n$ 滴头时：

$$t=\frac{m s_r s_t}{nq} \tag{1-4-40}$$

4）确定灌水次数和灌溉定额。

（3）微灌系统工作制度的确定。

微灌系统的工作制度有续灌和轮灌两种主要情况。

1）续灌。续灌是对系统内全部管道同时供水，灌区内全部作物同时灌水的一种工作制度。

2）轮灌。轮灌是支管分成若干组，由干管轮流向各组支管供水，而各组支管内部同时向毛管供水。

3）确定轮灌区数目。按照作物的需水要求，对于固定式微灌系统，轮灌区数目由下式确定：

$$N \leqslant \frac{CT}{t} \tag{1-4-41}$$

式中　$N$——轮灌区数目；

$C$——每天工作小时数，一般为12～20h；

$t$——一次灌水延续时间，h；

$T$——灌水周期，d。

对于移动式微灌系统，则轮灌组数目为：

$$N \leqslant \frac{CT}{n_{移}\ t} \tag{1-4-42}$$

式中　$n_{移}$——一条毛管在控制面积内移动的次数。

4）确定灌溉控制面积。

每条毛管控制的灌溉面积，对于固定式微灌系统，毛管固定在一个位置上，控制面积大小为：

$$f = 0.0015 S_L L \tag{1-4-43}$$

对于移动式微灌系统毛管在灌水周期内移动次数越多，则控制面积越大，可用下式计算：

$$f = 0.0015 n_{移}\ S_{移}\ L \tag{1-4-44}$$

式中　$f$——一条毛管控制的灌溉面积，$hm^2$；

$S_L$——毛管间距，m；

$L$——毛管长度，m；

$S_{移}$——每次毛管移动的距离，m；

$n_{移}$——毛管在灌水周期内移动的次数。

系统控制灌溉面积。在供水量已知的条件下，微灌面积为：

$$A = 15KfN \tag{1-4-45}$$

式中　$A$——微灌系统控制的灌溉面积，$hm^2$；

$K$——同时工作的毛管条数，$K=Q/Q_{毛}$，$Q$为供水量，L/h；

$Q_{毛}$——毛管输水流量，L/h；

$N$——轮灌组数。

4. 微灌系统管道水力计算

微灌系统管道水力计算，是在已知所选灌水器的工作压力和流量以及微灌工作制度情况下确定各级管道通过的流量，通过计算输水水头损失，来确定各级管道合理的内径。

（1）管道流量的确定：

1）毛管流量计算。

毛管流量是毛管上灌水器流量的总和，即：

$$Q_{毛} = \sum_{i=1}^{n} q_i \tag{1-4-46}$$

当毛管上灌水器流量相同时：

$$Q_{毛} = n \times q_d \tag{1-4-47}$$

式中 $Q_{毛}$——毛管流量，L/h；

$n$——毛管上同时工作的灌水器个数；

$q_i$——第 $i$ 个灌水器或出水口的流量，L/h；

$q_d$——流量相同时单个灌水器的设计流量，L/h。

2）支管流量计算。支管流量是支管上各条毛管流量的总和，即：

$$Q_{支} = \sum_{i=1}^{n} Q_{毛i} \tag{1-4-48}$$

式中 $Q_{支}$——支管流量，L/h；

$Q_{毛i}$——毛管的流量，L/h。

3）干管流量计算。由于支管通常是轮灌的，有时是两条以上支管同时运行，有时是一条支管运行。故干管流量是由干管同时供水的各条支管流量的总和，即：

$$Q_{干} = \sum_{i=1}^{n} Q_{支i} \tag{1-4-49}$$

式中 $Q_{干}$——干管流量，L/h 或 $m^3/h$；

$Q_{支i}$——不同支管的流量，L/h 或 $m^3/h$。

当一条干管控制若干个轮灌区，在运行时各轮灌区的流量不一定相同，计算干管流量时，对每个轮灌区要分别予以计算。

（2）各级管道管径的选择。为了计算各级管道的水头损失，必须首先确定一套管网各级管道的预估计算管径。

1）允许水头偏差的分配。

2）毛管管径的初选。

按毛管的允许水头损失值，初步估算毛管的内径 $d_{毛}$：

$$d_{毛} = \sqrt[b]{\frac{KFfQ_{毛}^{m} L}{[\Delta h]_{毛}}} \tag{1-4-50}$$

式中 $[\Delta h]_{毛}$——允许的毛管水头偏差，m；

$d_{毛}$——初选毛管内径，mm；

$K$——考虑到毛管上管件或灌水器产生的局部水头损失而加大的系数，其取值范围一般在 1.1～1.2 之间；

$f$——摩阻系数；

$Q_{毛}$——毛管流量，L/h；

$L$——毛管长度，m；

$m$——流量指数；

$b$——管径指数；

$F$——多口系数，$F=\frac{1}{m+1}\left(\frac{N+0.48}{N}\right)^{m+1}$；

$N$——多孔管总孔数。

由于毛管的直径一般均大于8mm，上式中，各种管材的 $f$、$m$、$b$ 值，可按有关表格选用。

3）支管管径的初选：

对于平坦地形，毛管进口未设调压装置时，支管管径的初选：

$$d_{支}=\sqrt{\frac{KFQ_{支}^{m}Lf}{0.45[h_v]h_d}} \tag{1-4-51}$$

式中 $K$——考虑到支管管件产生的局部水头损失而加大的系数，$K$ 通常的取值范围在1.05～1.1之间；

$L$——支管长度，m；

由于此时设计允许的水头差，均分配给了毛管，支管应按经济的水力比降来初选其管径 $d_{支}$：

$$d_{支}=b\sqrt{\frac{KFQ_{支}^{m}L}{100i_{支}}} \tag{1-4-52}$$

式中 $i_{支}$——支管的经济水力比降，一般为0.01～0.03；

$L$——长度，m。

另外，支管管径也可按管道经济流速确定：

$$d_{支}=1000\sqrt{\frac{4Q_{支}}{3600\pi v}} \tag{1-4-53}$$

式中 $d_{支}$——支管内径，mm；

$Q_{支}$——支管进口流量，$m^3/h$；

$v$——塑料管经济流速，m/s，一般取 $v=1.2$～1.8m/s。

4）干管管径的初选。

干管管径可按毛管进口安装调压装置时，支管管径的确定方法进行计算确定。在上述三级管道管径均计算出来后，还应根据塑料管的规格，最后确定实际各级管道的管径。必要时还需根据管道的规格，进一步调整管网的布局。

（3）管道水头损失计算。有压管道沿程水头损失计算，管道中由于液流内部摩阻力的存在必然要克服摩擦做功，产生沿程水头损失。有压管道沿程水头损失的计算公式可用达西－韦斯巴赫（Dacy－Weisbach）公式

$$H_f=\lambda\frac{L}{d}\frac{v^2}{2g} \tag{1-4-54}$$

式中 $H_f$——沿程水头损失，m；

$\lambda$——沿程阻力系数；

$v$——管道过水断面平均流速，m/s；

$g$——重力加速度；

$L$——管道长度，m；

$d$——管道内径，m。

多口出流管道沿程水头损失计算。在微灌系统中，支管或毛管均为沿程等距离均匀泄流，沿程流量不断减少，而以上计算沿程损失的达西公式要求流量不变，因此计算多口出流管道沿程水头损失时须乘以一多口系数 $F$ 值来加以修正。多口系数 $F$ 值计算公式为：

$$F=\frac{N\left(\frac{1}{m+1}+\frac{1}{2N}+\frac{\sqrt{m-1}}{6N^2}\right)-1+x}{N-1+x} \tag{1-4-55}$$

式中　$F$——多口系数；

$N$——出口数目；

$m$——流量指数；

$x$——进口增至第一个出水口的距离与孔口间距之比。

则多口出流管道沿程水头损失：

$$H_t=H_fF \tag{1-4-56}$$

式中　$H_t$——多口管沿程损失，m；

$H_f$——无多口出流的沿程损失，m。

在实际工程中，为了节省管材，减少工程投资，通常按照多口出流管道内流量自上而下减少将管径也设计成自上而下逐渐减小。

管道局部水头损失计算。在微灌系统中，各种连接管件、接头、弯头、三通、旁通、阀门和灌水器、过滤器等装置都会产生局部水头损失，其大小可由下式计算得出：

$$h_j=\xi\frac{v^2}{2g} \tag{1-4-57}$$

式中　$h_j$——局部水头损失，m；

$v$——管内断面平均流速，m/s；

$g$——重力加速度；

$\xi$——局部水头损失系数，其值可查阅相关资料。无资料时，局部水头损失可按沿程水头损失的一定比例计算，支管为5%～10%，毛管为10%～20%。

(4) 系统首部设计水头的推求。

微灌系统的设计水头，应在最不利轮灌条件下按下式计算：

$$H=Z_p-Z_b+h_0+\sum h_f+\sum h_j \tag{1-4-58}$$

式中　$H$——系统的设计水头，m；

$Z_p$——典型毛管进口的高程，m；

$Z_b$——系统水源的设计水位或管道进口的高程差，m；

$h_0$——典型毛管进口的设计水头，m；

$\sum h_f$——系统至典型毛管进口的管道沿程水头损失之和，m；

$\sum h_j$——系统至典型毛管进口的管道局部水头损失之和，m。

5. 机泵选型配套及工程结构设计

机泵选配。微灌系统的机泵选配，主要依据系统设计扬程、流量和水源取水方式而定。

1）系统设计扬程。系统设计扬程，是根据枢纽首部设计水头和首部管道进口与水源设计水位之间的高差，由下式计算确定：

$$H_{设} = H + h_1 + \sum h_{f泵} + \sum h_{j泵} \quad (1-4-59)$$

式中　$H_{设}$——配套机泵的设计扬程，m；

$H$——灌溉系统设计水头，m；

$h_1$——水源设计水位与系统进口管轴线间的高差，m；

$\sum h_{f泵}$——设计水位至系统进口段管道的沿程水头损失，m；

$\sum h_{j泵}$——设计水位至系统进口段管道的局部水头损失，m。

2）系统设计流量。为最不利条件下，系统同时运行的支管入口流量之和，即：

$$Q_{设} = \sum_{i=1}^{n} Q_{支} \quad (1-4-60)$$

式中　$Q_{设}$——系统设计流量，L/h 或 $m^3/h$；

$n$——同时运行的支管数；

$Q_{支}$——支管入口流量，L/h 或 $m^3/h$。

3）初选机泵。根据设计扬程和流量，就可以从水泵型谱或水泵性能表中选取适宜的水泵。

## 复习思考题与习题

### 一、名词解释

1. 灌水方法
2. 畦灌
3. 沟灌
4. 地面灌溉
5. 条田，格田
6. 淹灌，漫灌
7. 膜上灌溉，膜孔灌，膜缝灌
8. 波涌灌溉

### 二、选择题

1. 为保证灌水均匀，灌水时改水成数应根据（　　）等条件确定。

A. 灌水定额

B. 灌水定额、土壤性质

C. 地面坡度、畦长

D. 灌水定额、土壤性质、地面坡度、畦长和单宽流量

2. 采用沟灌法灌水沟的规格主要是指（　　）。

A. 灌水沟的间距

B. 灌水沟的长度

C. 灌水沟的断面结构

D. 灌水沟的间距、灌水沟的长度和灌水沟的断面结构

3. 细流沟灌就是灌水停止后沟中（　　）。

A. 不形成积水　　B. 形成积水　　C. 都不对

4.（　　）宜采用畦灌。

A. 水稻　　B. 小麦　　C. 玉米　　D. 棉花

5. 棉花等宽行作物宜用（　　）灌。

A. 畦　　B. 淹　　C. 沟　　D. 漫

6.（　　）宜采用畦灌。

A. 水稻　　B. 小麦　　C. 玉米　　D. 谷子

7. 入渗能力较高的轻质土壤与入渗能力较低的重质土壤相比，灌水沟间距应（　　）。

A. 大　　B. 小　　C. 或大或小

8. 当灌水沟纵向坡度较大，土坡入渗能力较低时，沟长可以取（　　）。

A. 长些　　B. 短些　　C. 或长或短些

9. 土壤入渗能力较低时，灌水沟沟长可以取（　　）。

A. 长一些　　B. 短一些　　C. 或长或短些

10. 淹灌时，灌溉水主要借助（　　）作用下渗。

A. 毛管力　　B. 重力　　C. 分子力　　D. 渗流

## 三、填空题

1. 灌水方法分为________和________。

2. 地面灌溉可分为________、________、________和________。

3. 局部灌溉可分为________、________、________、________和________等五种。

4. 沟灌的技术要素主要有________和________。

5. 喷灌的主要灌水指标有________、________和________。

6. 表征喷灌均匀度的方法主要有________和________。

7. 喷头按工作压力可分为________、________、________，按结构形式可分为________、________、________。

8. 影响喷灌水量分布的因素有________、________和________。

9. 影响喷灌灌水质量的主要技术参数有________、________、________、________、________等。

10. 喷头组合方式有________、________、________三种。

11. 滴头与毛管的布置方式有________、________、________、________。

12. 滴灌系统的管道分为________、________和________三级。

13. 微喷灌的主要灌水质量标准是________、________和________。

14. 微喷头按照喷洒图形可分为________和________，按工作原理可分为________、

________、________和________。

15. 淹灌也称为________，适用于________和________等作物。

16. 淹灌主要技术要素是________和________。

**四、问答题**

1. 何谓灌水方法和灌水技术？灌水方法有哪几类？各适用什么作物？试比较其优缺点。

2. 对灌水方法的基本要求是什么？评估灌水质量的指标主要有哪几项？

3. 影响畦灌和沟灌技术参数的因素有哪些？如何选择畦、沟灌的技术参数（要素）？

4. 什么叫地面灌溉？地面灌溉有哪些基本类型？

5. 什么叫畦灌、沟灌、地面灌溉？

**五、计算题**

1. 畦灌设计

【基本资料】

作物为冬小麦，采用畦灌，灌水定额为 $50m^3$/亩。畦田宽为 3m，畦田长为 70m。土壤为中黏壤土，透水性中等。经测试，第一个单位时间末土壤的渗吸速度为 75mm/h，土壤的入渗指数为 0.5。

【要求】

(1) 计算灌水时间。

(2) 计算入畦单宽流量。

2. 沟灌设计

【基本资料】

作物为棉花、采用沟灌，灌水定额 $45m^3$/亩。第一小时末土壤渗吸速度为 180mm/h，时间指数为 0.4。拟定沟长为 40m，灌水沟间距为 0.5m，沟底宽为 10cm，边坡系数为 1，灌水沟纵坡为 0.003。灌水停止后沟中平均水深为 0.04m。

【要求】

(1) 计算灌水时间。

(2) 计算灌水沟灌水流量。

3. 沟灌设计

【基本资料】

某地种植玉米，用沟灌法灌溉，土壤透水性中等，顺沟灌方向的地面坡度 $J=0.003$，采用灌水定额 $m=40m^3$/亩。

【要求】

(1) 确定灌水沟的间距、长度和流量。

(2) 计算沟灌的灌水时间。

4. 某灌区种植小麦，灌水定额 $m=50m^3$/亩，土壤透水性中等，由土壤渗吸试验资料得知：第 1 小时内平均渗吸速度 $i_0=150$mm/h，$\alpha=0.5$，地面坡度（畦田纵方向）为 0.002。

【要求】

（1）计算灌水时间（h）。

（2）选择畦田长度和宽度（m）。

（3）计算入畦单宽流量（L/s·m）。

5. 已知某喷头流量为 $4m^3/h$，射程为 18m，喷灌水利用系数取 0.8。

【要求】

（1）求该喷头作全圆喷洒时的平均喷灌强度。

（2）求该喷头作 240°扇形喷洒时的平均喷灌强度。

（3）若各喷头呈矩形布置，支管间距为 18m，支管上喷头间距为 15m，组合平均喷灌强度又是多少？

6. 小麦拔节期需进行喷灌，已测得小麦地计划湿润层深度 40cm 土层内的平均田间持水率为 24%（重量含水量），土壤容重为 $1.35g/cm^3$，灌前土壤含水率为 17%，此时小麦每日耗水量为 6mm/d。现拟在 200 亩面积上安装固定式管道喷灌系统，选择喷头的流量为 $4.5m^3/h$，射程为 20m，喷头组合形式为正三角形全圆喷洒，每天喷洒有效工作时间为 10h。

【要求】

（1）计算本次喷灌的灌水定额和设计灌水周期。

（2）确定喷头间距与支管间距。

（3）计算一次灌水所需的时间。

（4）确定同时工作的喷头数和支管数（设每支管上安装 4～8 个喷头）。

7. 某蔬菜地拟建滴灌系统，已知滴头流量为 4L/h，毛管间距为 1m，毛管上滴头间距为 0.7m，滴灌土壤湿润比为 80%，土壤计划湿润层深度为 0.3m，土壤有效持水率为 15%（体积含水量），需水高峰期日平均耗水强度为 6mm/d。

【要求】

（1）计算滴灌设计灌水定额。

（2）计算设计灌水周期。

（3）计算滴头一次灌水的工作时间。

# 第五章 灌溉渠道系统

灌溉渠道系统：指从水源取水、经过渠道和建筑物向农田供水，并由田间工程进行灌溉的工程系统。按输水方式的不同可分渠道灌溉系统和管道灌溉系统两大类。

组成：渠首工程（取水枢纽）；输配水工程（渠道）；田间工程。

## 第一节 灌排渠系规划布置

### 一、灌排渠系的组成及布置原则

1. 灌排渠系的组成

（1）灌溉系统。

1）渠首工程。

2）灌溉渠道：干、支、斗、农渠等固定渠道，有些情况下可能多于或少于四级。

3）渠系建筑物。

4）田间渠系工程：毛渠（临时渠道）、灌水沟畦等。

（2）退水、泄水渠道。主要用于保证渠系安全运行。一般在干、支渠末端应设置退水渠。

（3）排水系统：

1）田间排水工程：毛沟、小沟、墒沟等。

2）排水沟：干、支、斗、农沟。

3）排水建筑物：排水闸、涵、站等。

4）排水容泄区：河流、湖泊、大江、大湖、大海等。

2. 灌排渠系的布置原则

（1）干渠布置在高处，以控制较大面积。对于局部高低存在的情况，可以考虑采用其他灌水方法解决。

（2）布置使得工程量和工程费用最低。渠道顺直、减少建筑物数量和规模。渠道填方和挖方量尽可能接近。大部分需要进行方案比较才能确定。

（3）考虑行政区划，尽可能用水单位和渠道独立。

（4）斗渠、农渠满足机械化耕作要求；各级渠道相互垂直，间距适宜。

（5）考虑水资源的综合利用。发电、养殖、工业和城镇供水等。

（6）灌溉渠系布置必须和排水系统布置相结合。尽量利用原有的水系。尽量避免沟、渠交叉，减少交叉建筑物。

（7）土地利用与规划相结合。渠道布置考虑道路、林带、居民点位置，减少拆迁费用。

## 二、丘陵山区灌排渠系的规划布置

1. 干渠的两种布置形式

(1) 干渠沿等高线布置。

(2) 干渠垂直于等高线布置。

2. 支、斗、农渠布置

支渠垂直于干渠，其间距由地形条件决定。斗渠间距一般为：400～800m；农渠间距一般为100～200m。两种布置形式：

(1) 灌排相邻，适用于单一坡向地形。

(2) 灌排相间，适用于平坦，或有微起伏。

山丘区渠道可采用“长藤结瓜”式布置。

## 三、平原区干支渠布置

干渠多大致沿等高线布置，处于较高位置；并非严格平行等高线；支渠大体和等高线垂直。

## 四、圩区

圩区特点：地势低洼，在最高洪水位和最低于洪水位之间；排水是主要问题；一般中间低，四周高。干、支渠布置：干渠多沿圩堤布置；灌溉系统级别较少。

## 五、斗渠和农渠规划

斗农渠规划要求：适于管理和机械耕作；便于配水；有利于灌水和耕作措施的配合；土地平整工程量小。

1. 斗渠布置

长度3～5km，控制面积3000～5000亩。

2. 农渠布置

布置要求：满足机耕要求；平原地区长度500～1000m，间距200～400m；有地下水控制地区，农渠间距取决于农沟间距。

3. 渠道和排水沟配合

灌排相邻布置；适用条件：单一坡度；单向控制。

灌排相间布置：适用条件：平原地区。

优点：控制范围较大，沟渠数量少；双向控制。

4. 渠系规划步骤

(1) 查勘。

(2) 纸上定线。

(3) 定线测量。

## 六、渠系建筑物规划

渠系建筑物指与渠道或排水沟配套的水闸、涵洞、桥梁、渡槽、倒虹吸、跌水、陡坡等建筑物。

1. 渠系建筑物选型与布置的原则

(1) 满足使用要求。如渠道切断了道路，那么该处需设涵洞或桥梁；渠道水位不够则需建节制闸抬高水位。

(2) 尽量采用联合枢纽布置的形式。目的是为节省投资和管理方便。如闸与桥常联合修建，分水闸与节制闸常联合修建。如总渠枢纽和江都水利枢纽。

(3) 尽量采用定型设计和装配式建筑物。由于渠系建筑物数量很多，同一类建筑物工作条件常相近。如斗农渠上的分水闸，因此采用定型设计和装配式结构，对简化设计，加速施工进度非常有利。

(4) 尽量考虑采用当地材修建。如在山丘区建渡槽、农桥可用砌石建筑，在平原地区则宜用钢筋混凝土排架渡槽。

(5) 多作经济比较，选择最优方案。如渠道穿过河流时，有时可在技术上和满足使用要求上可采用渡槽，也可采用倒虹吸，这时就需要进行经济比较。选择较经济合理的方案。有时同一建筑物可采用不同的施工方案，这时也可通过经济比较来选择较合理的施工方案。

2. 渠系建筑物的类型与布置

(1) 引水建筑物。

1) 渠首进水闸门，控制流量（自流沟渠）。

2) 有坝引水：拦水坝、进水闸、冲沙闸等。

3) 提水灌区的泵站。

4) 水库。

(2) 配水建筑物。

1) 分水闸：控制向下级渠道配水流量，包括支渠分水闸和斗门、农门。

2) 节制闸：抬高上游水位或阻止水流下行。

节制闸使用条件：

a) 需要抬高水位时在上级渠道水位不能保证下级渠道正常引水时，需在上级渠道建节制闸抬高水位，保证下级渠引水。

b) 需要轮灌时在轮灌组分界处需设节制闸。

c) 建筑物、渠段或城市需要保护时，配合退水闸使用。

(3) 交叉建筑物。

渠道与河流、道路交叉时应布置交叉建筑物。交叉建筑物主要的三种：渡槽、倒虹吸、涵洞。

1) 隧洞：遇到山冈或绕行费用过大时。

2) 渡槽：渠道穿过沟道、道路时，若渠道底部高于沟道洪水位和满足交通要求时采用，若不满足，可利用倒虹吸。

3) 倒虹吸：利用压力管道代替渠道从沟或路下穿过。

适用条件：渠道水位高于路面或沟、河水位，但渠道底部低于路面或沟、河洪水位时；渠底高于路面，但是净空无法满足交通要求。

4）涵洞：渠道与道路交叉，渠水位低于路面，且流量较小时。

5）桥梁：渠道与道路相交，渠道水位低于路面，流量较大时采用。上述交叉建筑物可以根据具体地形结合使用。

（4）衔接建筑物。

1）跌水：水位落差小于3m时，宜建跌水。

2）陡坡：水位落差大于3m时，宜建陡坡。这时建跌水不安全。

（5）泄水建筑物。

1）退水闸：布置在较大的干支渠末端，以排泄渠中余水（防止滋生杂草和蚊虫）。

2）泄水闸：与节制闸联合修建，保护重要建筑物和险工渠段。

（6）量水建筑物。

1）利用闸、涵、渡槽等量水。在干支渠上量水一般利用这些渠系建筑物量水。

2）利用特殊设计量水设备量水。如三角堰、梯形堰、巴歇尔量水槽、量水仪表、喷嘴等。一般斗、农渠上可采用特设量水设备。

量水堰是灌区计划用水和按方收费的基础，量水堰示意图如图1-5-1所示。

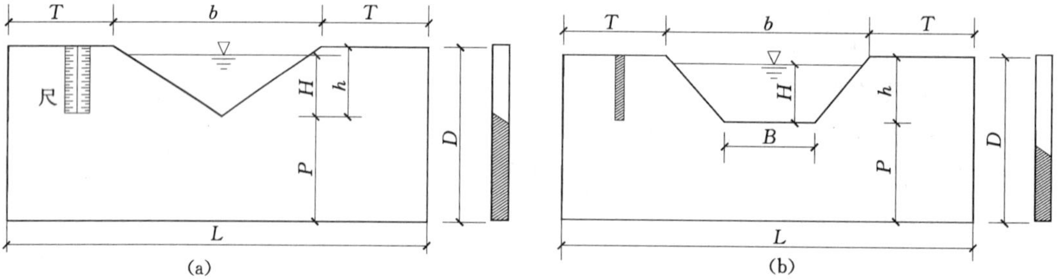


图1-5-1　量水堰示意图

（a）等腰三角形量水堰图；（b）梯形量水堰图

## 第二节　田间工程规划

**【田间工程】** 最末一级固定渠道和固定沟道中间的条田范围内的农田建设工程，临时渠道、排水小道、田间道路、小型建筑物（进、排水口）、土地平整等。

### 一、田间工程的规划（原则）要求

（1）有完善的田间灌排系统，做到灌排配套，消灭串灌串排，并能控制地下水位。

（2）田面平整，灌水时土壤湿润均匀，排水时田面不留积水。

（3）田块的形状和大小能适机械化需要，有利开提高土地利用率。

（4）田间工程规划是农田基本建设规划的重要内容，必须在农业发展规划和水利建设规划基础上进行。

（5）田间工程规划必须着眼长远，立足当前，既要充分考虑农业现代化发展要求，又要满足当前农业生产发展的实际需要，全面规划，分期实施，当年增产。

（6）田间工程规划因地制宜，讲求实效，要有严格的科学态度，注重调查研究，走群众路线。

(7) 田间工程规划要以治水改土为中心，实行山、水、田、林、路综合治理，创造良好的生态环境，促进农、林、牧、副、渔全面发展。

## 二、条田规划

条田：末级固定灌溉渠道（农渠）和末级固定沟道（农沟）之间的田块。

综合考虑排涝、机械化耕作和田间用水管理方面要求，条田的一般规格为：宽度100～200m，长度400～800m。

## 三、旱地田间渠系布置

田间渠系：指条田内部的灌溉网，包括毛渠、输水垄沟和灌水沟、畦等。

有纵向布置与横向布置两种布置形式。

1. 影响条田设计的基本因素

(1) 灌溉对条田的要求。

(2) 排水对条田设计的要求。

(3) 农田防护林带与条田的关系。

(4) 机耕对条田的要求。

2. 条田内部的田间渠系布置

(1) 纵向布置。

1) 水流流向：农渠→毛渠→输水垄沟→灌水沟、畦。

2) 特点：毛渠，灌水沟、畦（即毛渠方向与灌水沟方向一致）。

3) 布置规格。

a) 纵向布置时，输水垄沟间距等于灌水沟、畦的长度，一般为30～50m。

b) 输水垄沟的长度等于毛渠的间距，一般为50～70m。

c) 毛渠的间距等于输水垄沟的长度，若毛渠双向控制，则毛渠的间距是输水垄沟长度的两倍。

d) 毛渠的长度与条田宽度相近。

(2) 横向布置。

1) 水流：农渠→毛渠→灌水沟、畦。

2) 特点：无输水垄沟；毛渠⊥灌水沟、畦面垂直。

3) 布置规格：灌水沟、畦长度一般为30～50m。单向控制时，毛渠间距等于灌水沟、畦的长度，双向控制时，毛渠的间距是灌水沟、畦长度的两倍。毛渠长度与条田宽度相近。

(3) 纵向布置与横向布置选择方法。

1) 灌水沟、畦尽量垂直于等高线（便于灌水）；作物行向一般为南北方向（通风光照条件好），由此确定灌水沟、畦的方向。

2) 若灌水沟、畦垂直于农渠，采用纵向布置；若灌水沟、畦平行于农渠，则采用横向布置。

## 四、水田格田

水田灌溉不需毛渠，灌溉水直接从农渠灌入水稻格田。

格田规划要点：

（1）水稻格田长度与宽度的确定应考虑到有利灌溉，以及有利于提高机耕、机收的效率，一般长约100～150m，宽约15～20m。

（2）在山丘区坡地上布置格田，一般格田长边方向与等高线平行（有利于减少修筑梯田的工程量），此时农渠垂直于等高线、顺坡布置。

（3）在平原地区，格田方向以南北向为好，利于作物通风采光。

（4）消灭串灌串排。

（5）田面平整，便于采用浅水勤灌或其他节水灌溉方法。

（6）与旱作田块相邻时，应开设隔水沟。

## 五、田、林、路、居民点等的规划布置

1. 道路和林园规划

（1）道路规划。道路规划要使交通方便，少占土地，节约投资。布置要与渠系及渠系上建筑物规划相结合。

（2）渠、沟、林、路相互关系的基本形式。

1）沟—路—渠。

2）路—沟—渠。

3）沟—渠—路。

（3）林带规划。

1）林带规划的原则：

a）既要经济利用土地又不降低防护效能。

b）设计规格和树种配置上即要达到防风固沙，保护农田，生物排水、美化，同时要根据具体条件配置经济树种，增加生产效益。

c）树种的选择上要适应性强，生长快，防风效能好，病虫害少。

d）要长远规划和近期规划相结合（成林树和幼苗树搭配开）。

2）农田防护林的设计与标准：

a）农田防护林的作用。防风、生物排水、降低地下水位、改良土壤、改善田间小气候等。

b）防护林的宽度。

c）树种的问题。

d）林带布置形式和结构。

2. 居民点的规划布置

1）居民点规划布置原则。

a）必须在农田基本建设统一规划基础上进行，使两者紧密结合，避免重复建设。

b）必须与农业机械化生产水平相适应。

c）旧村改建与新村建设结合起来。

d）居民点规模应与改善环境卫生等结合考虑。

2）居民点的规模。

居民点大小要根据恰当的生产半径确定，而生产半径大小与农业机械化水平有关。平原地区居民点可适当集中，生产半径1～2km。

尽量提高土地利用率，居民点占地一般不超过其经营范围内可耕地面积的2%～3%；耕地面积要在80%～85%以上；园林面积应不低于10%。

3）居民点的位置。

要尽可能少占或不占好地。

a）位于中心位置，以便从事生产劳动。

b）交通方便。

c）地势较高，干燥、向阳、利于排水。

d）有良好的水源、特别注意水质条件，防止污染。

e）离铁路、公路应有100～200m距离，以利安全。

f）地下水位较低，没有盐、碱危害，不受山洪、河流泛滥等威胁。

## 第三节 灌溉渠道系统设计

### 一、渠道设计流量

**【设计流量】** 设计年份灌水期间渠道需要通过的最大流量。一般用Q表示。单位为$m^3/s$。或正常条件下渠道需要通过的最大流量，因此设计流量也叫正常流量。

一般已知渠道的净流量，求设计流量（毛流量）。

**【最小流量】** 在灌溉设计标准条件下，渠道在工作过程中输送的最小流量。

用修正灌水模数图上最小灌水模数值和灌溉面积计算。

$$Q_{min} = q_{min} \times A \tag{1-5-1}$$

根据灌水模数图上的最小灌水模数计算：

$$Q_{min} = q_{min} A / \eta_{水}$$

$$或\ Q_{min} = (40\% \sim 50\%) Q_{设} \tag{1-5-2}$$

**【加大流量】** 考虑在灌溉工程运行过程中可能出现一些难以准确估计的附加流量，把设计流量适当放大后所得到的安全流量。即是渠道运行过程中可能出现的最大流量。

$$Q_{加大} = J Q_{设} \tag{1-5-3}$$

式中 $J$——加大系数，取值范围为1.10～1.35，是设计堤顶高程的依据。

### 二、渠道输水损失的估算

输水损失。水面蒸发可以忽略不计。

漏水损失。加强管理可避免。

渗水损失。主要的不可避免的输水损失。

影响渠道输水损失的因素有：土壤性质、地下水位状况和渠道施工质量等。

1. 自由渗流情况下的渗水损失

不受地下水位顶托的渠道渗流（地下水位未达到渠底）。发生条件：地下水埋深较深（渗水未到达地下水）或地下水出流较好（渗水到达地下水，但地下水位没有上升到渠底）估算方法：

按经验公式

$$\sigma = \frac{A}{Q_n^m}(\%) \tag{1-5-4}$$

式中　$\sigma$——每公里长渠道渗水损失占净流量的百分数；

$A$——土壤渗水系数；

$m$——渗水指数。

直接计算 $Q_损$：

$$Q_损 = \frac{\sigma Q_n L}{100} \tag{1-5-5}$$

令 $s$ 为每公里渗水损失，则

$$s = \frac{\sigma Q_n \times 1000}{100} = 10\sigma Q_n = 10AQ_n{}^{1-m} \tag{1-5-6}$$

$$Q_损 = \frac{sL}{1000}(\mathrm{m^3/s}) \tag{1-5-7}$$

式中　$L$——渠道长度，km。

2. 顶托渗流情况下的渗水损失

顶托渗漏情况下的渗水损失小于自由渗流条件下的渗水损失。

$$\sigma_顶 = \gamma\sigma \quad 或 \quad s_顶 = \gamma s \tag{1-5-8}$$

$\gamma$ 校正系数（小于 1）。

3. 采取防渗措施后的渗水损失

估算公式：

$$\sigma_防 = \alpha\sigma; s_防 = \alpha s$$

式中　$\alpha$——减小系数（小于 1），查有关表。

## 三、水的利用系数

1. 渠道水利用系数

$$\eta_渠 = \frac{Q_净}{Q_毛}; \eta_{干渠} = \frac{Q_{干净}}{Q_{干毛}}; \eta_{支渠} = \frac{Q_{支净}}{Q_{支毛}}; \eta_{渠系} = \eta_干 \times \eta_支 \times \eta_斗 \times \eta_农 \tag{1-5-9}$$

反映某一渠道的水的利用率。(由各级渠道组成的渠系可以用渠系水利用系数来描述其水的利用率。)

2. 渠系水利用系数

渠系：由干、支、斗、农四级固定渠道组成。毛渠是临时渠道，属田间渠系，或田间工程。渠系的净流量为：同时工作的农渠净流量之和。渠系的毛流量为：干渠的毛流量。渠系水利用系数是反映渠系的水的利用效率。

$$\eta_{渠系}=\frac{\sum Q_{农净}}{Q_{干毛}} \tag{1-5-10}$$

3. 田间水利用系数

一般为0.9～0.98。

4. 灌溉水利用系数

$$\eta_{水}=\frac{A_{灌区}m_{综净}}{W_{毛}} \tag{1-5-11}$$

## 四、渠道的工作制度

渠道的工作制度就是渠道的输水工作方式，分为轮灌和续灌两种。轮灌：同级渠道分组依次轮流灌溉；续灌：上级渠道同时向其下级渠道分水灌溉，称各下级渠续灌。

轮灌的优点：输水时间短，输水损失小；缺点：渠道断面大，工程量大。

续灌的优点：工程量小；缺点：输水损失大。

一般干、支渠续灌，斗、农渠轮灌。

# 第四节 渠道纵横断面设计

## 一、渠道纵、横断面设计的原理

合理的渠道纵横断面是两满足与两稳定（即满足水位控制，满足输水能力；纵向稳定和平面稳定）。

设计原理：用明渠均匀流原理，采用试算法。

横断面设计：确定渠道边坡、底宽、水深等。

纵断面设计：确定推算水位、确定渠底线、堤顶高程线等。

## 二、横断面计算方法

1. 计算底宽$b$和设计水深$h$

（1）试算法。拟定$b$试算确定$h$。拟定$\beta$，试算求出$h$、$b$。

（2）图解法。利用水力学教材上的诺莫图（梯形矩形断面正常水深$h_0$求解图）来求解。

（3）直接计算法：

$$h=\left[\frac{Q_n(\beta+2\sqrt{1+m^2})^{\frac{2}{3}}}{(\alpha+m)^{\frac{5}{3}}\sqrt{i}}\right]^{\frac{3}{8}} \tag{1-5-12}$$

计算$h$，再由$b=\beta h$算得$b$。

优点：比试算法简便，比图解法精度更高。

2. 计算加大水深和最小水深

$$A=\left(\frac{nQ_{加大}}{\sqrt{i}}\right)^{0.6};B=2\sqrt{1+m^2} \tag{1-5-13}$$

初拟$h_{加大}$为$h_1$（略大于$h_{设}$）代入下式

$$h_2 = \frac{A(b + Bh_1)^{0.4}}{b + mh_1} \tag{1-5-14}$$

若$|h_1 - h_2| >$允许误差，则以 $h_2$ 代替 $h_1$，计算新的 $h_2$。

若$|h_1 - h_2| <$允许误差，则 $h_2$ 即为所求的 $h_{加大}$。

一般需 2～3 次迭代即可得到满意的结果。

## 三、设计参数的确定

1. 渠底比降 $i$

2. 渠床糙率 $n$

3. 边坡系数 $m$

梯形断面图如图 1-5-2 所示。

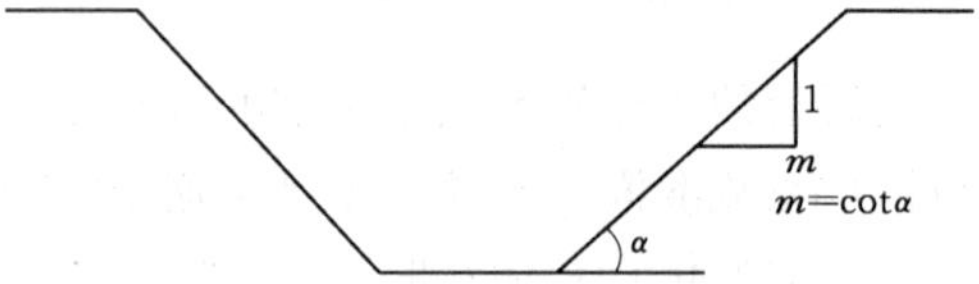


图 1-5-2　梯形断面

4. 宽深比 $\beta$（渠道底宽与设计水深之比）

（1）水力最优断面宽深比：

$$\beta_{最优} = 2(\sqrt{1 + m^2} - m) \tag{1-5-15}$$

特点：断面窄深，适用于小型渠道。

（2）满足相对稳定的宽深比。相对平稳：不冲不淤或冲淤平稳。

对于一般渠道：

$$\beta = 3Q^{\frac{1}{4}} - m \tag{1-5-16}$$

多沙河流上引水的渠道：

$$Q = 1.5 \sim 50\text{m}^3/\text{s} \quad \beta = 2.6Q^{1/4} - m \tag{1-5-17}$$

（3）实用经济断面宽深比。水力最优断面，虽然过水断面小，但由于其断面比较窄深，对大型渠道并不适用。为克服最优水力断面的缺点（加大底宽，减小水深），同时又使过水断面面积接近于最优水力断面的断面面积，因而提出实用经济断面宽深比。

拟定偏离系数 $\alpha$：$\alpha = A_{经}/A_{优}$；$\alpha$ 一般取 1.01～1.04。

计算 $\gamma$：$\gamma$ 为 $h_{经}$ 与 $h_{优}$ 之比；$\gamma = \alpha^{\frac{5}{2}} - \sqrt{\alpha(\alpha^4 - 1)}$　(1-5-18)

计算宽深比 $\beta$：$\beta = \frac{\alpha}{\gamma^2}(2\sqrt{1 + m^2} - m) - m$　(1-5-19)

**例**　已知某渠道设计流量为 20.3m³/s，渠底比降 $i = 1/5000$，沿线土质为黏壤土，$m = 1$。分别计算最优水力断面、实用经济断面、相对稳定断面的设计水深和底宽。

**解**　（1）最优水力断面：

$$\beta_{最优} = 2(\sqrt{1 + m^2} - m) = 0.828$$

最优水力断面水深计算公式为

$$h_{优} = 1.189\left[\frac{nQ}{2(\sqrt{1 + m^2} - m)\sqrt{i}}\right]^{\frac{3}{8}} = 4.88$$

$$b = 0.828 \times 4.88 = 4.04(\text{m})$$

（2）实用经济断面：

取 $\alpha = 1.04$，则 $\gamma = \alpha^{5/2} - \sqrt{\alpha(\alpha^4 - 1)} = 1.04^{5/2} - \sqrt{1.04 \times (1.04^4 - 1)} = 0.683$

$$\beta = \frac{\alpha}{\gamma^2}(2\sqrt{1+m^2}-m)-m$$

$$= \frac{1.04}{0.683^2}\times(2\sqrt{1+1^2}-1) = 3.08$$

$$h = \left[\frac{Qn(\beta+2\sqrt{1+m^2})^{2/3}}{(\alpha+m)^{5/3}\sqrt{i}}\right]^{3/8} = 2.48(\text{m})$$

$$b = 3.08\times 2.48 = 7.64(\text{m})$$

(3) 相对稳定断面：

$$\beta = 3Q^{\frac{1}{4}} - m = 5.37$$

$$h = \left[\frac{Q_n(\beta+2\sqrt{1+m^2})^{\frac{2}{3}}}{(\partial+m)^{\frac{5}{3}}\sqrt{i}}\right]^{\frac{3}{8}} = 2.04(\text{m})$$

$$b = 5.37\times 2.04 = 10.95(\text{m})$$

最优水力断面水深最大，实用经济断面次之。相对稳定断面最小。

5. 渠道不冲流速、不淤流速

为保证不冲不淤，流速不能过小，也不能过大。即

不淤流速＜渠道流速＜不冲流速

不冲流速

$$V_{不冲} = Kq^{0.1} \tag{1-5-20}$$

式中 $K$——不冲流速系数；

$q$——渠道设计流量，$m^3/s$。

不淤流速

$$V_{不淤} = C\sqrt{R}$$

式中 $C$——不淤流速系数；

$R$——水力半径，m。

## 四、横断面设计步骤

(1) 拟定或估算各设计参数（$i$、$n$、$m$、$b$ 等）。

(2) 计算设计水深和底宽（$h$、$b$），校核不冲不淤。

(3) 计算最小水深和加大水深。

(4) 确定安全超高、堤顶宽。

(5) 绘制渠道横断面图。

## 五、渠道的纵断面设计

灌溉渠道不仅要满足输送设计流量的要求，还要满足控制水位的要求。横断面设计通过水力计算确定了能通过设计流量的断面尺寸，满足了前一个要求。纵断面设计的任务是根据灌溉水位要求确定渠道的空间位置，先确定不同桩号的设计水位高程，再根据设计水位确定渠底高程、堤顶高程，最小水位等。

1. 灌溉渠道水位的推算

为了满足自流灌溉的要求，各级渠道入口处都应具有足够的水位。

水位是根据灌溉面积上控制点的高程加上各种水头损失，自下而上逐级推算而得，水位公式如下：

$$H_{进} = A_0 + \Delta h + \sum Li + \sum \varphi \tag{1-5-21}$$

2. 渠道纵断面设计中的水位衔接

渠道纵断面的水位衔接是处理渠道与建筑物、渠道上下段和上下级之间的水位关系问题。

（1）不同渠段间的水位衔接。

（2）建筑物前后的水位衔接。

（3）上、下级渠道的水位衔接。

在渠道分水口处，上、下级渠道的水位应有一定的落差，以满足分水闸的局部水头损失。

在渠道设计实践中通常采用的做法是：

以设计水位为标准，上级渠道的设计水位高于下级渠道的设计水位，以此确定下级渠道的渠底高程。如果水源水位较高或上级渠道比降较大，也可以最小水位为配合标准，抬高上级渠道的最小水位。

分水闸上游水位的升高可用两种方式来实现。抬高渠道水位，不变渠道比降；不变渠道水位，减缓上级渠道比降。

3. 渠道纵断面图的绘制

渠道纵断面图包括：沿渠地面高程线、渠道设计水位线、渠道最低水位线、渠底高程线、堤顶高程线、分水口位置、渠道建筑物位置及其水头损失等。

渠道纵断面图按以下步骤绘制：

（1）绘地面高程线。

（2）标绘分水口和建筑物的位置。

（3）绘渠道设计水位线。

（4）绘渠底高程线。

（5）绘制渠道最小水位线。

（6）绘渠顶高程线。

（7）标注桩号和高程。

（8）标注渠道比降。

根据渠道纵、横断面图可以计算渠道的土方工程量，也可以进行施工放样，渠道纵断面图如图 1-5-3 所示。

## 六、渠道设计说明书的编写

在渠道纵横断面设计之后，要整理成果，汇总资料及图件，编写设计说明书，以备查阅，并作为施工的根据。

渠道设计说明书应包括以下内容：

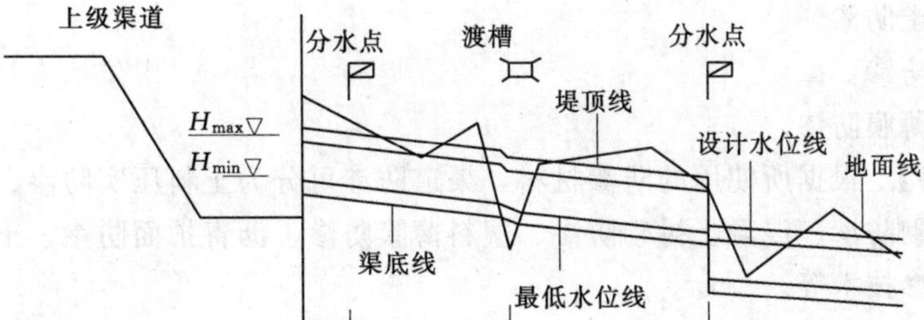


| 桩号 | | | | | |
|---|---|---|---|---|---|
| 地面高程 | | | | | |
| 正常水位 | | | | | |
| 最低水位 | | | | | |
| 堤顶高程 | | | | | |
| 渠底高程 | | | | | |
| 渠道比降 | | | | | |

图 1-5-3　渠道纵断面示意图

(1) 包括灌区地形、地貌、水文地质、社会经济状况、人口劳力、机械化水平、气象、土壤、作物的情况以及水源、水质、灌溉制度等基本情况。

(2) 设计任务与要求：

设计数据及来源，选用公式及选择的依据，公式中系数确定的方法，简单的计算过程及算例，设计图表的编号及其文字说明，工程量、材料用量、成本及效益估算等。

(3) 图件及表格：

渠道横断面设计图，渠道纵断面设计图，渠系建筑物设计图（或定型设计图）等图件；建材用量表，工程造价表，效益计算表等。

# 第五节　渠道防渗

## 一、作用

(1) 节水。

(2) 防治冲刷和坍塌；增加稳定。

(3) 提高输水能力。

(4) 减少深层渗漏，控制盐碱化。

(5) 防治杂草孳生和淤积；减少维修费用。

(6) 提高灌溉效率。

## 二、防渗措施简介

(1) 土料防渗。

(2) 砌石防渗。

(3) 砖砌防渗。

(4) 混凝土防渗。

(5) 沥青防渗。

(6) 塑料薄膜防渗。

**【渠道防渗】** 根据所使用的防渗材料，渠道防渗可分为土料压实防渗、三合土料护面防渗、石料衬砌防渗、混凝土衬砌防渗、塑料薄膜防渗、沥青护面防渗、土工织物防渗以及化学生物防渗技术等。

**【渠道防渗断面】** 防渗渠道的断面形式有多种多样，主要形式包括：梯形断面、U形断面、矩形断面、弧形底梯形断面、弧形坡脚梯形断面、复合形断面、抛物线形断面、城门洞暗渠、箱形暗渠、正反拱形暗渠及圆形暗渠等十余种类型。

## 复习思考题与习题

### 一、名词解释

1. 固定渠道，临时渠道
2. 灌溉水利用系数
3. 自由渗流，顶托渗流
4. 水力最优断面，经济实用断面
5. 渠道设计流量，渠道最小流量，渠道加大流量
6. 渠道不冲流速，渠道不淤流速
7. 节制闸
8. 续灌，轮灌
9. 渠道水利用系数，渠系水利用系数，田间水利用系数，灌溉水利用系数

### 二、选择题

1. 灌排相邻布置适用于（　　）地形。

A. 平原地区　　B. 地形微起伏地区

C. 地形向一侧倾斜的地区　　D. 山丘区

2. 某一渠系有干、支、斗、农四级，则灌入田间的水量与干渠渠首引入水量之比是（　　）的水利用系数。

A. $\eta_{水}$　　B. $\eta_{渠系}$　　C. $\eta_{干}$　　D. $\eta_{支水}$

3. 某支渠流入田间的净流量与该支渠设计流量之比是（　　）的水利用系数。

A. $\eta_{支}$　　B. $\eta_{支系}$　　C. $\eta_{支水}$　　D. $\eta_{水}$

4. 在灌溉渠系中，陡坡是（　　）类型建筑物。

A. 控制　　B. 交叉　　C. 衔接　　D. 泄水

5. 渠道纵断面图上最关键的一条线是（　　）。

A. 地面高程线　　B. 渠底线　　C. 设计水位线　　C. 设计渠顶线

6. 在灌溉渠系中，分水闸是属于（　　）建筑物。

A. 引水　　B. 交叉　　C. 配水　　D. 衔接

7. 渠道跨越河流应修建（　　）建筑物。

A. 泄水　　B. 交叉　　C. 衔接　　D. 控制

8. 渠系中某一支渠控制范围内各斗渠的毛流量之和与该支渠的毛流量之比称为（　　）。

A. 支渠灌溉水利用系数　　B. 支渠渠系水利用系数

C. 支渠渠道水利用系数　　D. 支渠田间水利用系数

9. 绘制渠道纵断面图时，最关键的一条线是（　　）。

A. 地面高程线　　B. 渠底线　　C. 设计水位线　　D. 设计渠顶线

**三、填空题**

1. 灌溉渠道系统是指从水源取水、通过________及其附属建筑物向________、经由________进行农田灌水的工程系统，包括________、________和________三大部分。

2. 灌溉渠道和排水沟道的布置分为________和________两种布置方式。

3. 田间工程通常指________和________之间的条田范围内的临时渠道、________、田埂、小型建筑物以及土地平整等农田建设工程。

4. 田间渠系的布置方式分为________和________两种布置方式。

5. 表征渠道流量的三种方式是________、________和________。

6. 渠道的工作制度有________和________，干支渠多采用________，斗农渠多采用________。

7. 大中型灌区固定渠道一般分为________、________、________和________四级。

8. 渠系建筑物可分________、________、________、________、________、________等六种类型。

9. 配水建筑物主要包括________和________。

10. 渠道上常见的交叉建筑物有________、________、________和________四种。

11. 渠道经过地形坡度较大的地段，一般应修建________或________，以防止发生冲刷，保证渠床稳定。

12. 泄水建筑物的类型有________、________和________。

13. 渠道输水损失途径有________、________、________和________。计算渠道输水损失时，一般只考虑________。

14. 渠道水利用系数是指________与________之比。

15. 渠系水利用系数是指________与________之比。

16. 灌溉水利用系数是指________与________之比。

17. 田间水利用系数是指________与________之比。

18. 已知 $\eta_{田}=0.95$，$\eta_{水}=0.75$，则 $\eta_{渠系}=$________。

19. $\eta_{干}=0.96$，$\eta_{支}=0.90$，$\eta_{斗}=0.88$，$\eta_{农}=0.86$，$\eta_{田}=0.96$，则 $\eta_{渠系}=$________，$\eta_{支系}=$________，$\eta_{支水}=$________，$\eta_{水}=$________。

20. 某灌区干渠设计流量为 $13.2m^3/s$，各支渠设计流量之和为 $12.5m^3/s$，若 $\eta_{支水}=0.73$，$\eta_{田}=0.95$，则 $\eta_{渠系}=$________，$\eta_{水}=$________。

21. 渠道配水方式叫渠道的________，分________和________两种形式。

22. 轮灌的主要优点是________，主要缺点是________，渠系中________渠、________渠一般采用轮灌。

23. 渠道设计流量是指________，它是设计________和________的依据。

24. 加大流量是确定渠道________的依据，最小流量用于________和________。

25. 某梯形渠道，渠底比降为 1/2000，渠底宽为 4m，边坡 $m=1$，糙率 $n=0.025$，若渠道水深 $h=0.8$m，则渠道流量为________ $m^3/s$。

26. 渠道断面的宽深比是指________与________之比。

27. 渠道断面结构类型有：________、________和________。

28. 支渠分水口要求的水位可按下式计算：$H_{分}=A_0+h+\sum Li+\sum\varphi$。式中；$A_0$ 表示________，$h$ 表示________，$L$ 表示________，$i$ 表示________，$\varphi$ 表示________。

**四、思考问答题**

1. 什么是灌溉渠道系统？包括哪些？分为几级？何为输水渠道？何为配水渠道？固定渠道包括哪些？临时渠道包括哪些？

2. 排水沟分为几级，排水系统包括哪些？

3. 渠线规划的步骤是什么？

4. 灌排渠系规划布置要遵循哪些基本原则？

5. 山丘区干渠布置有哪两种基本形式？

6. 什么叫田间工程？田间工程规划的原则和要求是什么？

7. 何谓灌排相邻布置和相间布置？两者各适用于什么条件？

8. 简述渠系建筑物的选型与布置的基本原则。

9. 渠系建筑物按其作用的不同，可分为几种类型？分别包括哪些？

10. 节制闸有什么作用？哪些情况下需要布置节置闸？

11. 计算渠道的设计流量、加大流量和最小流量各有什么作用？

12. 设计流量、加大流量、最小流量、损失流量、净流量如何确定和计算？

13. 轮灌渠道为什么不需计算加大流量？

14. 渠道自由渗流和顶托渗流的特点及发生条件是什么？

15. 如何计算渠道的渗水损失？

16. 试分别定义渠道水利用系数、渠系水利用系数、田间水利用系数和灌溉水利用系数？如何计算？

17. 什么叫轮灌？什么叫续灌？它们各有什么优缺点？

18. 轮灌渠道设计流量和续灌渠道设计流量如何计算？

19. 渠道最小流量和加大流量如何计算？

20. 在设计渠道时如何合理选择渠道比降、渠床糙率和边坡系数。

21. 在设计渠道时，渠床比降和糙率值偏大或偏小各有什么不良影响？

22. 灌溉渠道纵、横断面如何设计？其设计目的是什么？设计原理是什么？

23. 什么是水力最佳断面？为什么水力最佳断面积适用于小型渠道，而不适用于大中型渠道？水力最优断面是否一定是最经济断面，为什么？

24. 合理的渠道纵、横断面应满足什么要求？

25. 什么是不冲不淤流速？具有什么意义。

26. 渠道横断面结构有哪几种基本类型？

27. 如何推算支渠分水口要求的水位？

28. 在渠道水位推算时如何确定地面参考点？

29. 上下级渠道水位衔接有哪两种处理方案？各适用于什么情况？

30. 简述绘制渠道纵断面图的步骤。

31. 简述计算渠道土方的步骤。

32. 渠道防渗工程措施有哪些基本类型？

33. U 形渠道有哪些优缺点？

34. 目前许多灌区灌溉水利用系数普遍较低，试讨论如何提高这些灌区的灌溉水利用系数。

35. 渠道防渗有什么作用？防渗的方法有几种？

36. 渠道冻胀破坏的机理是什么？应该如何防止渠道的冻胀破坏？

37. 渠道与河道相交时，如何选择交叉建物？

38. 跌水和陡坡的适用条件有何不同？

39. 泄水闸和退水闸有何区别？什么情况下需布置泄水闸？什么情况下需布置退水闸？

40. 轮灌渠道为什么不需计算加大流量？

41. 绘出集中轮灌和插花轮灌示意图，并说明各有什么优缺点。

42. 拟定灌溉渠道比降应考虑哪些因素？渠道比降与这些因素的关系如何？

43. 在设计渠道时，渠床比降和糙率值偏大或偏小各有什么不良影响？

**五、计算题**

1. 某续灌支渠长 2.5km，控制面积 4000 亩，设计净灌水率 1.25（$m^3/s$）/万亩。该地区田间水利用系数 0.96，农渠利用系数 0.95，斗渠利用系数 0.94，求支渠设计流量。

2. 某自流灌区渠系布置如图 1-5-4 所示，总灌溉面积 14.18 万亩，干渠全长 21.5km。干渠上有四条支渠，各支渠的长度和灌溉面积分别为 5.64km、5.25km、

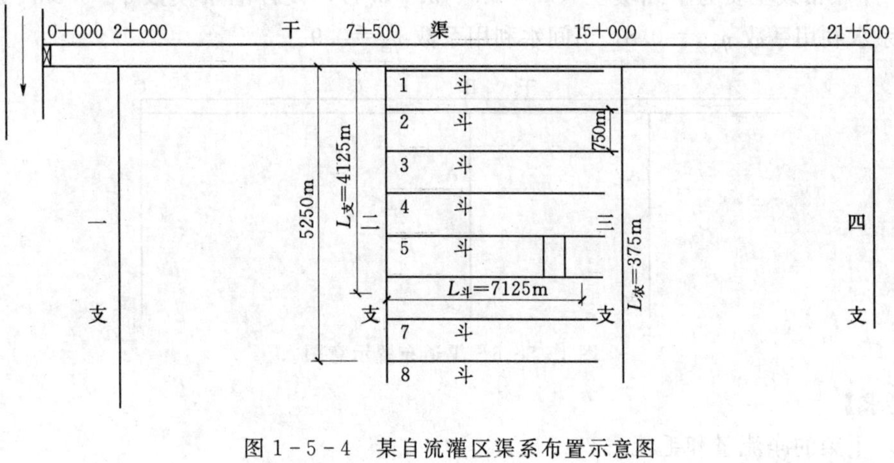


图 1-5-4　某自流灌区渠系布置示意图

5.08km、4.90km，3.38 万亩、3.60 万亩、4.00 万亩和 3.20 万亩，灌区设计净灌水率 1.2（$m^3/s$）/万亩，田间水利用系数为 0.94。为了计算方便选二支渠为典型支渠，分别有 8 条斗渠，分两个轮灌组，每组 4 条斗渠。其中一条斗渠上有 20 条农渠，分四组轮灌，每组 5 条农渠，渠道沿线为轻壤土。

【要求】计算各级渠道设计流量。

3. 某渠系仅由两级渠道组成。上级渠道长 3km，自渠尾分出两条下级渠道，皆长 1.5km，下级渠道净流量 $Q_{下净}=0.3m^3/s$。渠道沿线土壤透水性较强（$A=3.4$，$m=0.5$），地下水埋深为 5.5m。

【要求】

（1）计算上级渠道的毛流量及渠系水利用系数。

（2）计算下级渠道的毛流量及渠道水利用系数。

4. 某干渠下有 3 条支渠皆实行续灌，如图 1－5－5 所示，干渠 OA 段长 2.5km，AB 段长 2.0km，BC 段长 1.5km，支一毛流量为 $3.0m^3/s$，支二毛流量为 $2.5m^3/s$，支三毛流量为 $2.0m^3/s$，干渠沿线土壤透水性中等（$A=1.9$，$m=0.4$），地下水埋深介于 2.0～2.5m 之间。

【要求】计算干渠各段的设计（毛）流量。

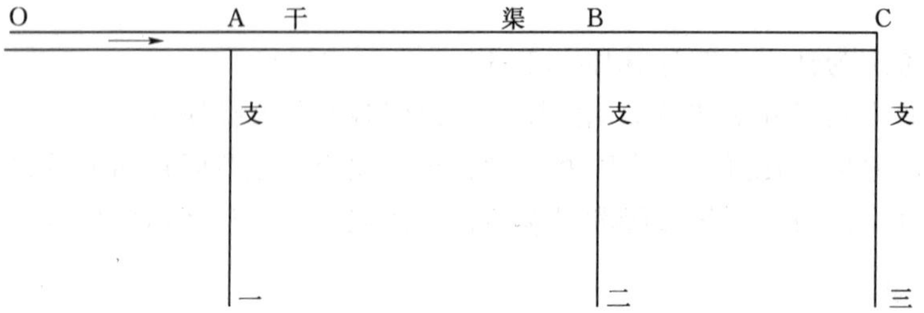


图 1－5－5 渠道布置示意图

5. 某灌区有干渠一条，支渠三条，其布置如图 1－5－6 所示。各支渠灌溉面积分别为 $A_{1支}=2.0$ 万亩、$A_{2支}=1.5$ 万亩、$A_{3支}=1.8$ 万亩，干渠各段长度为 AB=1.5km、BC=3.5km，干渠沿线土质为中黏壤土（$A=1.9$、$m=0.4$），设计灌水模数 $q=0.5m^3/s$/万亩，支渠渠系水利用系数 $\eta_{支系}=0.8$，田间水利用系数 $\eta_{田}=0.9$。

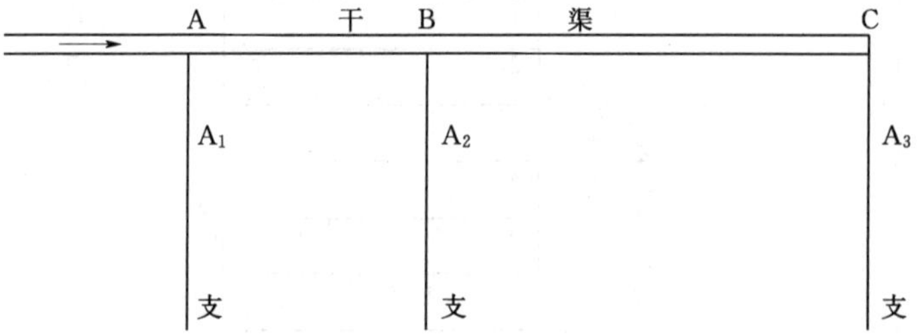


图 1－5－6 渠道布置示意图

【要求】

（1）干渠的净流量和毛流量。

(2) 灌区的灌溉水利用系数。

6. 某灌区渠系组成如图 1-5-7 所示。灌区面积 2.91 万亩，自水库取水，水源充足。干渠全长 10.4km，在桩号 8+400，8+800 及 10+400 处分别为第一、第二和第三支渠分水口，第一支渠与第三支渠的渠系布置型式、渠道长度、控制面积大小完全相同。

第二支渠所属一至五斗斗渠渠系布置型式、渠道长度、控制面积大小完全相同，仅二支六斗的斗渠渠系与之不同。各条渠道的长度与控制面积见表 1-5-1。

第二支渠全长 3.0km，二支一斗及二支二斗在 1.4km 处分水；二支三斗及二支四斗在 2.2km 处分水；二支五斗及二支六斗在 3.0km 处分水。

灌区土壤透水性中等（$A=1.9$，$m=0.4$），地下水埋深大于 5m。

灌区的设计灌水率值为 $0.35m^3/s$·万亩，灌水延续时间为 15d。田间水利用系数采用 $\eta_{田}=0.95$。

【要求】

(1) 制定各级渠道的工作制度。

(2) 推求支渠以下各级渠道及干渠各段的设计流量。

(3) 计算各支渠的灌溉水利用系数及全灌区的灌溉水利用系数。

其中第一支渠及第三支渠渠系布置型式、各级渠道长度及控制面积大小完全相同，故二者采用相同的工作制度。只计算其中之一即可。第一及第三支渠及其所属斗、农渠与第二支渠一斗至四斗，同级渠道的控制面积相等，在分配放水时间或放水流量时，可平均分配；但在二支五斗及六斗间则不能平均分配，如在此二斗间进行流量分配时，则应按其所控制的面积比进行分配。

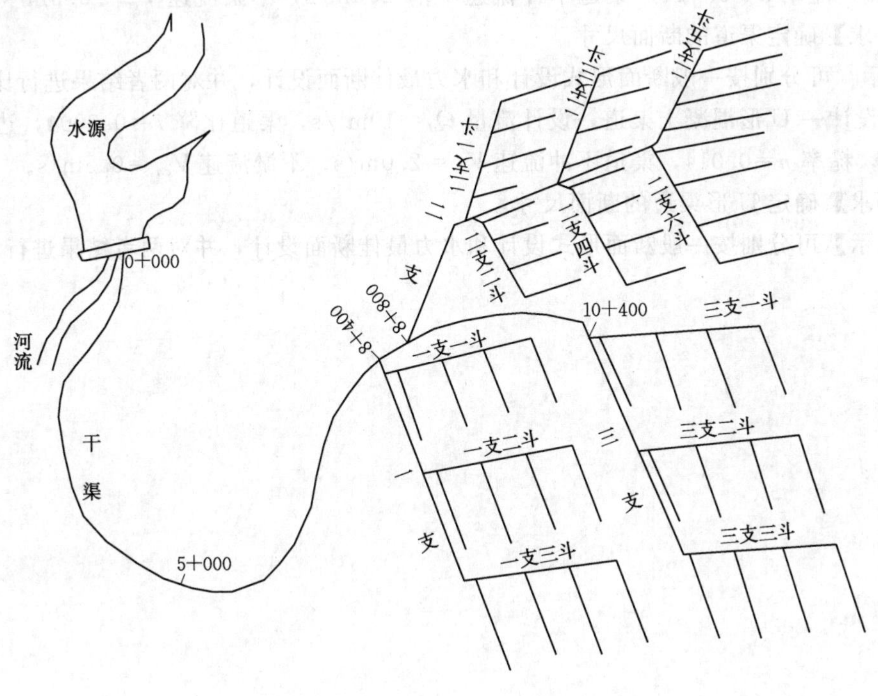


图 1-5-7 渠系组成示意图

表 1-5-1　　各级渠道的长度与控制面积

| 渠道名称 | 渠道长度（m） | 控制面积（亩） | 渠道名称 | 渠道长度（m） | 控制面积（亩） |
|---|---|---|---|---|---|
| 一支 | 2000 | 9000 | 二支二斗 | 1050 | 1680 |
| 一支一斗 | 1500 | 3000 | 二支三斗 | 1050 | 1680 |
| 一支二斗 | 1500 | 3000 | 二支四斗 | 1050 | 1680 |
| 一支三斗 | 1500 | 3000 | 二支五斗 | 1050 | 1680 |
| 所属各农渠 | 1000 | 750 | 所属各农渠 | 300 | 420 |
| 二支 | 3000 | 11100 | 二支六斗 | 1500 | 2700 |
| 二支一斗 | 1050 | 1680 | 所属各农渠 | 900 | 675 |

7. 某渠道设计流量 $Q_d=3.0\text{m}^3/\text{s}$，灌溉水源取自河流。该河在灌溉季节水流含沙量 $\rho=0.5\text{kg/m}^3$，泥沙为极细的砂质黏土，加权平均沉降速度为 $w=2\text{mm/s}$。渠道沿线土壤为重黏壤土，地面坡度约为 1∶2500 左右。渠道按良好的施工质量及养护状况设计。

【要求】

（1）设计该土渠的横断面尺寸，并校核不冲不淤条件。

（2）现拟采用较光滑的混凝土板护面，边坡系数采用 $m=0.75$，试采用水力最优断面宽深比设计横断面尺寸。

（3）确定渠道的最大、最小流量及水位，并确定堤顶高度（取安全超高为 0.5m）。

（4）绘出渠道断面设计图。

8. 设计混凝土衬砌渠道，设计流量 $Q_d=10\text{m}^3/\text{s}$，渠道比降 $i=0.0004$，边坡系数 $m=0.75$，糙率 $n=0.014$，渠道不冲流速 $V_{cs}=2.0\text{m/s}$，不淤流速 $V_{cd}=0.5\text{m/s}$。

【要求】确定渠道的断面尺寸。

提示：可分别按一般断面形式设计和水力最佳断面设计，并对两者结果进行比较。

9. 设计一 U 形混凝土渠道，设计流量 $Q_d=10\text{m}^3/\text{s}$，渠道比降 $i=0.0004$，边坡系数 $m=0.2$，糙率 $n=0.014$，渠道不冲流速 $V_{cs}=2.0\text{m/s}$，不淤流速 $V_{cd}=0.5\text{m/s}$。

【要求】确定 U 形渠道的断面尺寸。

【提示】可分别按一般断面形式设计和水力最佳断面设计，并对两者结果进行比较。

# 第六章 灌溉水源与取水方式

## 第一节 灌 溉 水 源

### 一、概述

1. 灌溉水源的主要类型

灌溉水源指一切可以用于灌溉的天然水体，一般分地面水和地下水两种形式。如进一步细分，则可分为河川湖泊径流、当地地面径流、地下径流和城市污水等四种。

平原地区主要以河川湖泊径流为灌溉水源，如长江、黄河、淮河、太湖、洪泽湖等。山丘区主要以当地地表径流为水源，通过修建水库、塘坝拦蓄当地径流。地下水的特点是含盐量通常较高，但含沙量很小。随着工业的发展，污水问题日益突出，发展污水灌溉将逐步引起重视。发展污水灌溉，一方面可作为一种灌溉水源；另一方面可避免其他水体受到污染。因此发展污水灌溉具有很重要的现实意义。

2. 灌溉对水质的要求

灌溉水质主要指灌溉水中所含泥沙的粒径和数量、可溶盐的种类和数量、灌溉水温以及其他有毒有害物质的含量等。

(1) 含沙量。从多沙河流引水的灌溉工程，必须分析灌溉水中泥沙的含量和组成，以便在灌溉工程设计和管理时，采取适当的措施，防止有害泥沙入渠入田，防止渠道淤积。不同粒径泥沙危害程度不同。

1) 粒径<0.005mm的泥沙，具有一定的肥力，可适量输入田间，但也不能引入过多，引入过多，则会降低土壤的透水性和通气性。

2) 粒径为0.005～0.1mm的泥沙，在土壤质地黏重的地区，可少量引入田间，以改善土壤结构，增加透水性和通气性。

3) 粒径大于0.1～0.15mm的泥沙，容易在渠中淤积，对于农田土壤也不利，因此应禁止入渠。

渠中水的泥沙含沙量也不应超出渠道的输沙能力，否则会产生淤积。

(2) 含盐量。灌溉水中允许含有一定的盐分，但如果含盐过多，就会增加土壤溶液的浓度，使作物根系吸水困难，影响作物正常生长，严重的甚至会造成作物死亡。甚至还会引起土壤次生盐碱化，不同矿化度对作物生长的影响见表1-6-1。由于各种盐类对作物的危害程度不同，不同作物的耐盐能力也不同，因此灌溉水质的标准也随着含盐种类和作物种类的不同而不同，对大多数作物来说，通常要求灌溉水的含盐量不超过0.15%(1.5g/L)。以碳酸钠为主的含盐量应小于0.1%，以氯化钠为主的含盐量应小于0.2%。以硫酸钠为主时应小于0.3%，钙盐危害不大，其允许含盐量可更高。

表 1-6-1　不同矿化度对作物生长的影响

| 矿化度（g/L） | 作物种类及生长情况 |
|---|---|
| <1 | 一般作物正常生长 |
| 1～2 | 水稻棉花正常生长，小麦受抑制 |
| 5 | 水稻可生长，棉花受抑制，小麦不生长 |
| 20 | 作物不能生长，只能生长少量耐盐植物 |

实践证明，在水源短缺的地区，只要土壤透水性较好，排水条件较好，灌溉水的含盐量也可以适当大一些，有些地区甚至用含盐量为 0.3%～0.6%的咸水进行抗旱灌溉，在夏季雨大而集中，土壤中暂时积累的盐分很快又冲洗掉，使耕作层仍能保持盐量的平衡。

（3）水温。灌溉水的温度，对农作物的生长影响也是很大的。水温过低会抑制作物的生长，水温过高，会降低水中溶解氧的含量，并提高水中有毒物质的毒性。作物对水温的要求：对旱作物温度在 15～20℃，最低允许温度为 2℃。水稻温度不小于 20℃。均不能大于 35℃。井灌或引水库水灌溉时，水温往往偏低，措施是：井灌时延长输水路线或设晒水池曝晒；从水库引水灌溉应从温度较高的表层取水。

（4）其他有毒有害物质的含量。城市污水中含有较多种类的有毒有害物质，灌溉前应作水质分析，作适当的水质处理，使之满足灌溉水水质要求。

### 二、地表水

开发灌区，首先要选择好水源。选择水源时，除考虑水源的位置尽可能靠近灌区和附近具备便于引水的地形条件外，应对水源水量、水质及水位条件进行分析研究，以确定可行方案。开发利用灌溉水源，或进行灌区规划选择灌溉水源，需要分析灌溉水源的总量及其变化过程。对地面水源，主要分析研究年径流总量及其年际变化，年径流年内分布过程及径流量统计规律等。

### 三、地下水资源类型及特点

**【地下水】** 埋藏在地面以下地层裂隙、孔洞等空隙中的重力水，称为地下水。

**【含水层】** 蓄积地下水的土层和岩层。

**【孔隙水】** 存在于松散岩层孔隙中的地下水。

**【潜水】** 是在地表以下第一个稳定隔水层以上含水层中的地下水，又称浅层地下水。

**【层间水】** 埋藏于两个隔水层之间的地下水称为层间水。

**【裂隙水】** 贮存和运动在基岩裂隙中的地下水。

**【溶洞水】** 埋藏在洞穴中的水。

## 第二节　取　水　枢　纽

取水枢纽又称为渠首。它的任务是从水源及时取得满足作物灌溉用水需要的水量。但是作为灌溉水源的河流、湖泊等其水位和流量有其自身特定的变化规律，往往不能满足渠首引水要求，这就需要采取工程措施调节水源的水位、流量和水量，使之适应灌溉用水要求，这些工程措施就是下面要讲的取水枢纽，按工程措施的不同，取水枢纽可分为无坝取水、有坝取水、抽水取水和水库取水四种形式。

## 一、无坝取水

1. 适用条件

水源（河道）的水位和流量均能满足灌溉用水的要求。

2. 枢纽组成

(1) 进水闸：控制引水流量（一般不大于枯水流量的 30%）。

(2) 冲沙闸：冲走进水闸前泥沙（少沙河流上可不需冲沙闸）。

(3) 导流堤：导流及保证引水，平时导流，枯水时截断河流，保证引水（有些河道要求引水流量不大于河道流量的 30%，以保证通航和河道的稳定），从大江大河引水时，不需导流堤。

3. 引水口位置的选定

一般选在凹岸中部偏下游处（对顺直河流不再存在这一问题）。这是因为河槽的主流总是靠近凹岸一侧，引水可靠，更重要的是在凹岸引水可以利用环流作用以防止泥沙淤塞进水口和进入渠道。因为在河流拐弯的地方，水流受离心力的作用，表层水流流向凹岸，使凹岸一侧水面壅高，凸岸一侧水面下降，在河道横断面上形成一个水位差，由于重力作用使底层水流由凹岸流向凸岸，并把低层泥沙带到凸岸，在凸岸一侧淤积下来。由于弯道处水流呈螺旋形前进，故称为“弯道环流”。由于环流作用，主流靠近凹岸一边，凹岸一侧泥沙淤积较少，河道较深。所以把取水口选在凹岸，不仅引水可靠（靠近主流、水位较高），而且可以防止泥沙入渠。通常把引水口放在弯道中部偏下游的地方，因为在这时环流作用发挥得最充分，又避开了凹岸水流顶冲的部位。由于凹岸易受冲刷，因此渠首附近河岸要加以保存护。

如果由于客观条件限制，取水口必须选在凸岸，则应选在凸岸中部偏上游处。该处因环流作用而造成的不利影响较小。

## 二、有坝取水

1. 适用条件

河道的流量能满足灌溉要求，但水位略低于渠首的引水要求。

2. 枢纽组成

(1) 壅水坝：抬高水位，满足灌溉引水要求。

(2) 进水闸，冲沙闸：作用同上。

(3) 防洪堤：减免或避免上游淹没损失。

(4) 冲沙闸：它是多沙河流低坝引水枢纽中不可缺少的组成部分。冲沙闸的底板高程应低于进水闸底板高程，以保证冲沙效果。

## 三、扬（抽）水取水

1. 适用条件

河道水量丰富，但灌区位置较高，并且修建其他取水工程困难或不经济时。

2. 枢纽组成

抽水设备（水泵、动力机、管道、闸阀等），水工建筑物（引水渠、进水池、泵房、出水池等），辅助设施（供电设施、泵房内供排水设施、安装检修设施）。

### 四、水库取水

1. 适用条件

年或多年总来水量较丰富，但有时水量水位都不能满足灌溉要求；有适当的地形（山谷）。

2. 组成

大坝（重力坝、拱坝、土石坝等），溢洪道（正槽、侧槽；无闸控制、有闸控制等分类），输水涵洞（涵管式、卧管式）。

3. 优缺点

优点：能调节径流；进入灌区的泥沙很少。

缺点：枢纽复杂，投资大；淹没损失大。

## 第三节 灌溉取水方式

### 一、地下水的取水方式

1. 垂直取水建筑物

是指垂直钻取地下水的各种类型的井，依井径大小与结构不同分为管井、筒井。依井凿进含水层的不同分为完整井和非完整井，依开采含水层的类别不同分为潜水井与承压水井。

（1）管井：管井在开采利用地下水中应用最广泛。浅井：井深60m以内，$d$=700～1000mm；中深井：井深60～150m。$d$=300～400mm；深井：井深150m以上，$d$=200～300mm。

（2）筒井：习惯上将直径较大、形似圆筒的井称筒井。$d$=3～4m，最大可达12m。结构简单、施工容易、就地取材。井径大，井不宜过深，用于开采浅层地下水。井深6～50m。结构包括：井台、井筒（旱筒）、进水部分（水筒）。

2. 水平取水建筑物

（1）坎儿井。在新疆地区山前洪积扇下部和冲积平原的耕地上，（多分布在吐鲁番、哈密地区）。结构：竖井、地下廊道、明渠等组成。

（2）卧管井。是埋设在地下水较低水位以下的水平集水管道。集水管道与提水竖井相通，地下水渗入水平集水管，流到竖井，可用水泵提取灌溉。为增加出水量，集水管埋深应在地下水位最低水位以下2～3m。集水管长度100m左右，间距300～400m，可用普通井管或水泥砾管。

（3）截潜流工程。在河床有大量冲击的卵石、砾石和砂等山区间歇河流或某些经常干涸断流但却有较丰富潜流的河流中下游，以及山前溢出带附近潜流集中处，如地形和坡度适宜，在这些河床中筑地下坝（截水墙）拦截地下水潜流，统称截潜流工程。

3. 双向取水建筑物

辐射井。是一种带有辐射横管的大井。井径2～6m，在井底或井壁按辐射方向打进滤水管以增大井的出水量，一般效果较好。滤水管多者出水量能增加数倍，少的也能增加1～2倍。管的长度一般数米，最长者达数十米，管径一般为3英寸，可用金属管、或竹、木材按过滤器要求制成。含水层较厚时，可设置多层水平集水管，增大出水量的效果更好。可以土法施工，也可以机械施工。设有辐射管（孔）以增加出水量的水井。辐射井按集水类型可分为集取河床渗透水型，同时集取河床渗透水与岸边地下水型、集取岸边地下水型、远离河流集取地下水型四种。

## 二、水利计算

1. 灌溉设计标准

（1）设计保证率。灌区用水量在多年期间能得到充分满足的几率，一般以正常供水的年数占总年数的百分数表示。

$$P=\frac{m}{n+1}\times 100\% \quad (n\geqslant 30a) \tag{1-6-1}$$

（2）抗旱天数。灌溉设施在无降雨情况下能满足作物需水要求的天数，它反映了灌溉设施的抗旱能力。

单季稻灌区，30～50d。

双季稻灌区，50～70d。

经济发达地区可提高10～20d。

2. 无坝引水工程的水利计算

（1）设计引水流量的确定。

1）长系列法：

灌溉面积→灌水率图→灌溉水利用系数→灌溉用水流量过程线。

灌溉临界期延续不小于20d。

对应阶段的可用来水－引水流量，如“＋”满足，如“－”破坏。

设计保证率→设计引水流量。

不同的灌溉引水流量→不同的保证率。

2）设计代表年法：

$$\text{灌溉定额}-\text{灌溉期降雨}=P_{\text{灌溉定额}-\text{灌溉期降雨}}$$

$P\approx P_{设}$→设计代表年（2～3个）。

设计代表年→设计引水流量。

（2）闸前设计水位的确定。

$$P_{\text{旬或月平均水位}}=P_{\text{设}}\ \text{（或取枯水期水位的平均值）}$$

（3）闸后设计水位的确定。

$$\text{闸后水位}=\text{闸前水位}-\text{过闸水头损失}$$

灌区高程→干渠水位→引水闸的闸后水位。

（4）工程布置应注意：

1）引水比≤30%～50%；

2）引水角=30°～60°。

（5）进水闸闸孔尺寸的确定及校核。

3. 有坝引水工程的水利计算

与无坝引水的差别：增加了壅水建筑物的影响，可引流量不仅与河流天然来水有关，而且与壅水高度有关。

（1）设计引水流量的确定：

1）长系列法。

2）设计代表年法。

（2）拦河坝高度的确定。需要考虑：

1）灌区引水高程的要求。

2）淹没损失尽量小。

3）考虑综合利用要求。

溢流段坝顶高程=干渠渠首设计水位+水头损失+安全超高

非溢流段坝顶高程=溢流段坝顶高程+壅水高度+安全超高

（3）拦河坝的防洪校核及上游防护设施的确定。

## 复习思考题与习题

### 一、名词解释

1. 水资源
2. 地下水，潜水，层间水，承压水
3. 灌溉设计保证率，抗旱天数
4. 无坝取水，有坝取水
5. 开采模数
6. 管井，非完整井
7. （井的）影响半径

### 二、思考问答题

1. 灌溉水源包括哪几种类型？
2. 灌溉水质包括哪几方面内容？
3. 灌溉对水源水位及水量有哪些要求？
4. 灌溉设计标准有哪两种表示方式？各适用于什么情况？
5. 简述以河流为水源的取水方式类型。
6. 利用地面径流灌溉有哪些取水方式？利用地下水有哪些取水方式？
7. 在弯曲河道中取水时，如何确定取水口位置？
8. 有坝取水枢纽一般由哪几部分组成？
9. 灌溉设计保证率的含义是什么？应当怎样确定不同地区的灌溉设计保证率？

10. 简述无坝引水工程和有坝引水工程的水利计算。
11. 闸前及闸后设计水位如何确定？
12. 设计引水流量如何确定？
13. 拦河坝高度应满足哪三方面的要求？
14. 地下水有哪几种基本类型？
15. 简述潜水和承压水的主要特征。
16. 如何计算潜水补给量？
17. 如何计算地下水允许开采量？
18. 按构造不同，水井可分哪三种类型？各有什么特点？
19. 简述管井和筒井的组成。
20. 简述机井的滤水管设计和填砾设计。
21. 如何确定井的深度？
22. 如何确定单井控制的灌溉面积？
23. 井网布置有哪两种基本形式？简述这两种布置形式井距的计算方法。
24. 井位的选定应考虑哪些因素？
25. 简述井灌区的渠系布置方法。
26. 简述我国灌溉水源的特点。
27. 简述灌溉水源的水质及污染防治。
28. 简述扩大灌溉水源的措施。
29. 简述地下水类型的划分。
30. 潜水含水层与承压含水层的补给与消耗各有什么特点？
31. 潜水含水层与承压含水层的释水特性有什么不同？
32. 水库分层取水的目的是什么？
33. 利用井水和水库水灌溉时，如何提高灌溉水温？
34. 以地表水为水源的灌溉取水方式有哪几种？分别说明各种取水方式的适用条件。
35. 有坝引水方式中进水闸有哪两种引水型式？各适用于什么情况？
36. 地下水资源分析多年均衡法的基本思想是什么？

## 三、填空题

1. 灌溉水源是指可用于灌溉的水体，有________和________两种形式，其中________是主要形式。

2. 潜水含水层直接承受________、________、________、________的渗漏，以及区外的________的侧向补给。

3. 污染灌溉水体的主要来源是________。

4. 灌溉取水方式有________、________、________和________等。

5. 地下水取水建筑物主要有________、________和________三种。

6. 存在于松散岩层孔隙中的地下水称为________，根据地下水的埋藏条件，又可分为________和________。

7. 以地表水为水源取水方式包括________、________、________和________。

8. 无坝引水枢纽一般由________、________和________三部分组成。

9. 无坝引水水利计算主要包括确定________、________、________和________等。

10. 有坝引水枢纽一般由________、________、________和________等建筑物组成。

11. 有坝引水水利计算主要包括确定________、________、________和________等。

12. 管井一般由________、________、________和________等几部分组成。

13. 在实际工作中，灌溉设计标准有________和________两种。

14. 灌溉水质主要考虑灌溉水的________、________、________、________和________等方面的情况。

15. 目前常用的区域性大面积浅层地下水资源分析计算方法有：①________法，又包括________法和________法；②________法，其中________法概念清楚，方法简便，是目前应用最广的方法之一。

**四、分析计算题**

1. 无坝引水工程设计灌溉面积和设计引水流量计算。

【基本资料】

某灌区拟建无坝引水工程进行自流灌概，灌溉设计保证率 $P=80\%$，设计代表年各旬河流来水量、可引水量和单位面积毛灌溉用水量见表 1-6-2。

**表 1-6-2　　某引水灌溉工程水利计算表**

| 月份 | 旬 | 河流来水量（万 $m^3$） | 可引取河流水量（万 $m^3$） | 每万亩毛用水量（万 $m^3$） | 保证灌溉面积（万亩） | 实际引入水量（万 $m^3$） |
|---|---|---|---|---|---|---|
| 5 | 上 | 300 | 90 | 0 | | |
| | 中 | 367 | 110 | 0 | | |
| | 下 | 890 | 267 | 116 | | |
| 6 | 上 | 900 | 270 | 46 | | |
| | 中 | 917 | 275 | 70 | | |
| | 下 | 887 | 266 | 40 | | |
| 7 | 上 | 940 | 282 | 83 | | |
| | 中 | 1000 | 300 | 113 | | |
| | 下 | 830 | 249 | 88 | | |
| 8 | 上 | 767 | 230 | 76 | | |
| | 中 | 660 | 198 | 69 | | |
| | 下 | 280 | 84 | 31 | | |
| 9 | 上 | 234 | 70 | 21 | | |
| | 中 | 217 | 65 | 16 | | |
| | 下 | 183 | 55 | 0 | | |

【要求】

（1）试推求保证灌溉面积及相应的设计引水流量。

（2）若要求保证灌溉 2.6 万亩，应采取什么措施。

【提示】

根据各旬最小保证灌溉面积确定设计灌溉面积，再根据设计灌溉面积和每万亩毛灌溉用水量计算实际引水量，再假设在用水高峰期旬内每天都以相同的流量引水，确定设计引水流量。

2. 有坝引水渠首工程水利计算。

【基本资料】

某灌区设计灌溉用水流量 35.5$m^3$/s，为了满足自流灌溉，要求干渠渠首闸后水位为 48.60m。选择灌溉水源河流流量充足，灌溉季节河流最小流量亦大于 35.5$m^3$/s，但河流水位较低，不能满足灌溉工程对水源的水位要求，为此，需筑拦河坝来抬高水位。坝址处河床底宽 100m，高程 42.00m，上口宽 150m，两岸地面高程 52.00m，为梯形断面。汛期河流设计泄洪量 600$m^3$/s。

【要求】

(1) 确定拦河坝溢流坝段的坝顶高程及坝高。

(2) 确定拦河坝非溢流坝段的坝顶高程及坝高。

(3) 确定溢流坝段及非溢流坝段的坝长。

# 第七章 田 间 排 水

## 第一节 农 田 排 水 概 述

农田水分太多可能造成的灾害有洪、涝、渍和盐碱等。下面分别说明什么是涝灾、渍害和盐害，并介绍农田的排水要求、排水标准和排水措施等。

**【涝灾】** 降雨过多形成旱地积水或水田淹水过深而造成作物减产或失收的灾害。

涝灾：当地降雨引起地面积水。

洪灾：客水入境引起地面积水。

**【渍害】** 因地下水位过高或连续阴雨致使土壤过湿而危害作物正常生长的灾害。

渍：无地表积水。

涝：有地表积水。

渍可视为一种特殊的涝，渍也称为暗涝、地下涝、地涝等。

**【盐害】** 土壤中含可溶性盐过多，使作物吸水困难，从而影响作物正常生长的灾害。

中性盐：$NaCl$、$Na_2SO_4$ 等过多，称盐土。

碱性盐：$NaCO_3$、$NaHCO_3$ 等过多称碱土，或盐碱土。

**【次生盐碱地】** 由于灌溉不当（过量灌水，或只灌不排）引起地下水位上升，形成盐碱地称为次生盐碱地。

盐碱地的形成条件：地下水含盐量大；地下水位过高，上升毛管水能达到地面。

盐碱地形成过程：地面蒸发、毛管水上升至地面；水蒸发后，盐分留在土壤表层；盐分积累，形成盐碱地。

## 第二节 农作物对农田排水的要求

### 一、农田排水要求和排水标准

1. 农田排水要求

（1）除涝排水要求。使作物淹水深度和淹水时间在不影响作物正常生长的允许范围之内。不同作物、同一种作物不同生育阶段耐淹能力不同，旱作物中棉花耐淹能力较差，玉米耐淹能力较强。水稻分蘖期耐淹能力较差，其他各阶段耐淹能力较强。水稻总体来说耐淹能力较好，但是水田滞蓄水深和时间也应有所限制。

（2）降渍排水要求。土壤含水量的大小与地下水位关系密切，地下水埋深越浅，土壤含水量越大，因此降渍要求可表示为对地下水埋深的要求。土壤含水量与地下水埋深的关系；地下水埋深与产量的关系；不同作物、同一种作物不同生育阶段耐渍能力不同，一般适宜埋深：0.5～1.2m；水田地下水位过高、长期淹水也会产生渍害，因此需要：浅水勤灌；适当晒田；保证一定的深层渗漏。

(3) 治盐要求。在有盐碱化威胁的地区，土壤会不会产生盐碱化，与地下水位埋深有关，若地下水很深，则不可能产生盐碱地。因此治盐要求也可用地下水埋深要求来表示。治盐要求：地下水埋深＞地下水临界埋深。

(4) 农业耕作条件对农田排水的要求。为了适于农业耕作，需要使农田土壤保持在一定的含水率以下，一般根系吸水层内含水率在田间持水率的60%～70%时较为适宜。视土壤质地和农机具类型而定。

**【地下水临界深度】** 在一定的自然条件和农业技术措施条件下，为了保证土壤不产生盐碱化和作物不受盐害所要求保持的地下水最小埋藏深度，称为地下水临界深度（即不致引起盐碱化的地下水最小埋深称地下水临界埋深）。对不同的地下水含盐量、不同的土质，地下水临界埋深不同。

2. 农田排水标准

(1) 除涝标准。通常以排除某一重现的暴雨所产生的径流作为排涝标准。标准太高、排涝效益好，但排涝工程规模太大、投资太大；标准低、投资低，但不能解决排涝问题，因此需要定出一个高低适宜的排涝标准。有条件时可进行经济分析论证确定。一般可按《灌溉与排水工程设计规范》（GB50288—99）或本地区的有关规定确定。

按新规范，排涝标准为5～10年一遇。

江苏省：日雨量150～200mm，不受涝（2日排出），相当于5年一遇。

(2) 降渍标准。以设计排渍深度和耐渍深度作为排渍标准，见表1-7-1。

表1-7-1 降渍要求

| 作物种类 | 设计排渍深度 | 设计耐渍深度 |
|---|---|---|
| 旱作 | 0.8～1.3m | 3～4d内地下水位降至0.3～0.6m |
| 水稻 | 0.4～0.6m | |

设计排渍深度：日常情况下地下水位的埋深要求。

设计耐渍深度：暴雨后规定时间内要求地下水位达到的埋深，比如3d内地下水位要求降到0.5m深。

另外水田应保持适宜渗漏量，2～8mm/d（黏性取小值，沙性土地取大值）。

(3) 防盐标准。地下水位应控制在临界深度以下。见《农田水利学》第三版P192，表7-4。

## 二、涝、渍、盐治理

1. 除涝

(1) 水利措施：修建排水工程、挖沟、疏河、建闸、站等。排滞并举。

(2) 农业措施：易涝地区种耐涝作物。局部洼地可做蓄涝养殖区。

2. 防渍

(1) 水利措施：修建排水工程，明沟、暗管（鼠道）、竖井排水；控制河网水位，从而控制地下水位；节水灌溉，灌排分开，水旱分开。

(2) 农业措施：改良土壤，消除滞水层（深耕晒垡、增施有机肥）；种植耐渍品种（如圩区应种水稻、不种棉花）；生物排水（沿沟、沿路种养、灌木、有利降地下水位）。降渍要求见表1-7-1。

3. 防盐（降盐、压盐）

（1）水利措施：兴建排水工程，降低地下水位，有良好排水设施的前提下，大定额灌溉（洗盐）。（注：只灌不排则有可能产生次生盐碱化）地表水地下水联合运用。

（2）农业措施：种水稻，是改良盐碱地的一个重要方法。种植耐盐作物。

（3）化学措施：施用石膏（$CaSO_4$，呈酸性），使碱土变成硫酸钠盐土，从而减轻危害。

### 三、农田排水对土壤环境及作物生长的影响

1. 农田排水对土壤理化性质的影响

（1）改善土壤结构。

（2）排除有毒物质。

（3）降低土壤含水量，改善土壤热状况。

（4）改善土壤通气状况，提高氧化还原点位。

（5）降低土壤含盐量，改良土壤盐碱化。

2. 农田排水对作物生长的影响

（1）排水对作物根系生长的影响。

（2）排水对作物植株生长及产量的影响。

3. 农田排水对地下水动态的影响

（1）排水沟对地下水位的调控作用。

（2）排水对农田地下水动态影响。

## 第三节　农田排水沟对地面水及地下水位的调控原理

（1）利用超蓄产流法计算净雨深。计算农田排水时，旱田单位面积的蓄水量可用下式：

$$W = H[\theta_{max} - \theta_0 + \Delta H(\theta_s - \theta_{max})] \tag{1-7-1}$$

或

$$W = H(\theta_{max} - \theta_0) + \mu\Delta H$$

也可用径流深表示：

$$R = P - (W_m - W_0)$$

式中　$W$——大田蓄水能力，m；

$H$——降雨前地下水埋深，m；

$\theta_0$——降雨前地下水位以上土层平均体积含水率；

$\theta_{max}$——地下水位以上土壤平均最大持水率（与土壤体积之比）；

$\theta_s$——饱和含水率（与土壤体积之比）；

$\Delta H$——降雨后地下水允许上升高度，视地下水排水标准而定，m；

$\mu$——给水度，$\mu = \theta_s - \theta_{max}$；

$R$——一次降雨产生的径流深，mm；

$P$——一次降雨量，mm；

$W_m$——非饱和带的蓄水容积，mm；

$W_0$——雨前土壤中的含水量，mm。

（2）利用超渗产流法计算净雨深：

$$I=\frac{i_1}{1-\alpha}(t+T)^{1-\alpha}=i_0(t+T)^{1-\alpha};t+T=\left(\frac{I}{i_0}\right)^{\frac{1}{1-\alpha}} \qquad (1-7-2)$$

只有在地下水位埋深很大时才用超渗产流法计算田间蓄水量。当地下水位较高时，用超渗产流法计算得到的入渗水量 $I$，不能大于用超蓄产流法计算得到的田间蓄水量 $W$，取 $I \leqslant W$。

用 $W$ 代替 $I$，可得：

$$t+T \leqslant \left(\frac{W}{i_0}\right)^{\frac{1}{1-\alpha}} \qquad (1-7-3)$$

（3）田间排水沟的深度与间距。末级排水沟间距为15～150m；排水沟深度 $D=\Delta H+\Delta h+S$，一般在0.8～2.3m之间选取。

## 第四节　农田排水方式（技术）

排水方式一般有水平排水、垂直排水及生物排水。水平排水主要指明沟排水和地下暗管排水（及鼠道式），垂直排水（竖井排水），灌排结合起来称井灌井排。

### 一、明沟排水技术

分为除涝、防渍和防止土壤盐碱化等。特点：排水速度快、效果好，但工程量大，建筑物多，占地面积大，沟坡易坍塌等。

1. 田间排水系统的布置

（1）灌排相间布置。

（2）灌排相邻布置。

（3）灌排合一布置。

2. 排水沟间距的计算

（1）完整沟，排水沟穿透整个不透水层。

$$L=\sqrt{\frac{8h_ck\left(\frac{2H_0+h_c}{2}\right)}{i}}=\sqrt{\frac{4k({h_c}^2+2h_cH_0)}{i}} \qquad (1-7-4)$$

式中　$L$——排水沟间距，m；

$h_c$——两排水沟中间点处地下水位上升值，$h_c=H-H_0$；

$H$——从不透水层到地下水位的含水层厚度；

$H_0$——不透水层底板与排水沟水面之间的距离；

$k$——渗透系数；

$i$——入渗强度。

（2）非完整沟，排水沟底距不透水层顶面有一定距离时：

$$L=\sqrt{\frac{4k(h_c{}^2+2h_cH_0)\alpha}{i}} \tag{1-7-5}$$

$$\alpha=\frac{1}{\left(1+\frac{8\overline{H}}{\pi L}\ln\frac{2\overline{H}}{\pi D}\right)} \tag{1-7-6}$$

$$\overline{H}=\frac{2H_0+h_c}{2} \tag{1-7-7}$$

求解上式可得非完整排水沟的计算式：

$$L=\sqrt{\left(\frac{4\overline{H}}{\pi}\ln\frac{2\overline{H}}{\pi D}\right)^2+8\overline{H}\frac{kh_c}{i}}-\frac{4\overline{H}}{\pi}\ln\frac{2\overline{H}}{\pi D} \tag{1-7-8}$$

式中　$\alpha$——非完整沟修正系数；

$\overline{H}$——含水层的平均厚度；

$D$——明沟时的沟内水面宽。

采用暗管时为暗管直径。

## 二、排水系统的布置与结构

### 1. 明沟排水系统

- 排水系统
  - 明沟排水系统
    - 田间排水沟网
      - 毛沟
      - 农沟
    - 输水沟道
      - 干沟
      - 支沟
      - 斗沟
    - 容泄区
  - 暗管排水系统

各级排水沟道间距与长度见表 1-7-2。

**表 1-7-2　各级排水沟道间距与长度**

| 项目 | 干沟 | 支沟 | 斗沟 | 农沟 | 毛沟 | 小沟 |
|---|---|---|---|---|---|---|
| 间距（km） | 5～10 | 3～5 | 0.5～1 | 0.2～0.4 | 0.1～0.2 | 0.3～0.5 |
| 长度（km） |  | 5～10 | 3～5 | 0.5～1 | 0.2～0.4 | 0.1～0.2 |

### 2. 农沟结构设计

农沟纵坡：4‰～6‰，最大不超10‰。

农沟深度：1.2～1.5m。

农沟断面：梯形，边坡系数1.0～2.5。

农沟底宽：0.3～0.5m。

## 三、暗管排水技术

特点：排水快，降得深，地面建筑物少，土地利用率高，有利交通和机械作业。

1. 系统布置与组成

排水系统
- 明沟排水系统
- 暗管排水系统
  - 吸水管
  - 集水管（沟）
  - 检查井
  - 集水井

2. 排水暗管的种类及布置

（1）布置形式：

1）单管排水系统。

2）复式暗管排水系统：正交形，斜交形，不规则布置形式。

（2）暗管排水系统的组成：①吸水管；②集水管（沟）；③检查井；④集水井。

（3）管材的选择：①灰土管；②水泥土管；③瓦管；④陶瓷管；⑤混凝土管；⑥波纹塑料管。

3. 排水暗管的间距、深度及流量计算

吸水管埋深：设计地下水埋深＋0.2m。

吸水管间距：与埋深、土质有关，10～150m（埋深越小、土质越黏重　则吸水管的间距越小）。

集水管埋深：低于吸水管（连接处）10～20cm。

吸水管坡度：1/300～1/600，$D\leqslant 100$mm，1/1000～1/2500，$D>100$mm。

排水暗管设计流量及吸水管管径：

$$Q = CqA, d = 2\left(\frac{nQ}{\alpha\sqrt{3i}}\right)^{3/8} \tag{1-7-9}$$

式中　$\alpha$——管内水的充盈度；

$Q$——排水暗管设计流量，$m^3/d$；

$A$——排水暗管控制面积，$m^2$；

$C$——排水流量折减系数。

与排水明沟设计流量相似，设计流量也可为排水模数和排水控制面积的乘积：

$$Q_{设} = qF = qBL \tag{1-7-10}$$

式中　$Q_{设}$——暗管设计流量，$m^3/s$；

$F$——控制面积，$km^2$；

$q$——排水模数，$m^3/(s\cdot km^2)$；

$B$——暗管间距，m；

$L$——暗管长度，m。

## 四、竖井排水技术

1. 竖井排水的特点

（1）降低地下水位，防止土壤返盐。

（2）防洪防渍，增加抗旱灌溉水源。

（3）抽咸补淡，改善水源。

2．竖井的规划布置

（1）选取合理的井深和井型结构。

（2）井距的选定及井群布置。

## 复习思考题与习题

### 一、名词解释

1．地下水临界深度

2．田间排水网

3．大田蓄水能力

4．鼠道

### 二、填空题

1．农田排水的任务是________、________、________、改良盐碱土以及为适时耕作创造条件。

2．在一定的自然条件和农业技术措施条件下，为了保证土壤不产生盐碱化和作物不受盐害所要求保持的地下水最小埋藏深度，叫做________，其大小与________、________、________、灌排条件和农业技术措施有关。

3．控制地下水位的田间工程，有________和________两种形式。

4．当田面积水超过________或渗入土壤的水量超过________，这时农田就需要修建排除地面水的明沟排水系统。

5．水平排水可分________和________两种。

6．在一定的时间内，要求地下水位降到一定深度，沟距越大，所需的沟深越________，反之沟深越大，所需的沟距越________。

7．控制地下水位的田间排水沟的沟深可以表示为 $D=\Delta H+h+S$，式中 $\Delta H$ 是________，$h$ 是________，$S$ 是________。

8．暗管排水系统由________、________、________、________四部分组成。

9．排水暗管外包滤料的作用是________。

### 三、思考问答题

1．田间排水的任务是什么？

2．农作物对农田排水有哪些要求？

3．什么是地下水临界深度？

4．什么叫排水模数、排涝模数、排渍模数？

5．渍害的成因有哪些？

6．简述土壤次生盐碱化的形成机理。

7．简述田间排水沟对地下水位的调控作用。

8．怎样确定田间排水沟的深度？

9. 计算田间排水沟间距的恒定流公式和非恒定流公式各适用于什么情况？
10. 简述采用非恒定流公式计算排水沟间距的方法步骤。
11. 田间排水沟间距与哪些因素有关？
12. 什么叫暗管排水？它有什么优缺点？
13. 简述暗管排水系统的组成与分类。
14. 试画出一级暗管排水系统和二级暗管排水系统布置示意图（包括平面图和剖面图）。
15. 吸水管和集水管分别适宜采用哪些管材？
16. 暗管外包滤料起什么作用？哪些材料可用作暗管的外包滤料？
17. 什么叫鼠道排水？鼠道排水有什么优缺点？
18. 简述鼠道排水的原理。
19. 如何确定鼠道的深度和间距？
20. 暗管和鼠道出口控制有哪几种形式？
21. 什么叫渍害？主要的防治措施有哪些？
22. 排渍标准与防治土壤次生盐碱化的排水标准的主要区别是什么？
23. 影响地下水临界深度的因素是什么？
24. 农田排水有哪几种方式？各有何优缺点？
25. 在农田排水沟深度、间距确定中应考虑哪些因素？
26. 防止土壤次生盐碱化的排水措施有哪几种？各有何优缺点？
27. 试分析按恒定流和非恒定流计算时影响排水沟间距的因素。
28. 简述暗管排水系统的组成与分类。
29. 竖井排水时应考虑哪些因素？
30. 结合新疆实际，谈谈预防和改良土壤盐碱化的主要措施有哪些？
31. 洗盐定额如何确定？
32. 灌排渠系田间布置形式有几种？各适应于什么地形？
33. 田间排水网可分为哪三种排水形式？
34. 设计排水农沟时，如何确定其深度和间距？
35. 在盐碱化地区，排水沟的深度和间距应满足什么条件？
36. 竖井排水的作用有哪些？
37. 井灌井排的任务是什么？
38. 防止土壤次生盐碱化的排水措施有几种？各有何优、缺点？

**四、选择题**

1. 排渍标准一般以（　　）来表示。

A. 适宜的土壤含水率　　B. 适宜的地下水埋深
C. 适宜的日常水位　　D. 适宜的重现期

2. 在以下几种作物中，（　　）耐淹能力强。

A. 棉花　　B. 玉米　　C. 小麦　　D. 水稻

3. 在控制地下水位的田间网的规划中，一般（　　）。

A. 先初定沟深，再确定间距　　B. 先初定间距，再定沟深

C. 先初定排涝流量，再计算排渍流量　　D. 先初定排渍流量，再计算排涝流量

4. 田间排水规划的主要任务是（　　）。

A. 确定田间排水沟的深度　　B. 确定田间排水沟的深度和间距

C. 确定田间排涝流量　　D. 确定田间排涝流量和排渍流量

5. 农田长期渍水不会造成下列后果（　　）。

A. 土壤的透气性很差

B. 土层都处于强烈的氧化状态

C. 利于硫化氢等硫化物的形成，对作物根系产生永久性伤害

D. 有机质矿化程度低，分解释放的有效养分少，不能满足作物生长的需要

6. 地下水临界深度是指（　　）。

A. 地下水埋藏深度

B. 在一定的自然条件和农业技术措施条件下，为了保证土壤不产生渍害，所要求保持的地下水最小埋深

C. 在一定的自然条件和农业技术措施条件下，为了保证土壤不产生盐碱化和作物不受盐害，所要求保持的地下水最小埋深

D. 在一定的自然条件和农业技术措施条件下，为了保证土壤不产生盐碱化和作物不受盐害，所要求保持的地下水最大埋深

7. 对于控制一定地下水位要求的农田排水系统，下列说法正确的是（　　）。

A. 在同一排水沟深度的情况下，排水沟的间距愈大，地下水位下降速度愈快，在一定时间内地下水位的下降值愈大，在规定时间内地下水位的下降值也愈大

B. 在允许的时间内要求达到的地下水埋藏深度 $\Delta H$ 一定时，排水沟的间距愈大，需要的深度也愈大

C. 在允许的时间内要求达到的地下水埋藏深度 $\Delta H$ 一定时，排水沟的间距愈小，需要的深度也愈大

D. 在同一排水沟间距的情况下，排水沟的深度愈小，地下水位下降速度愈快，在一定时间内地下水位的下降值愈大，在规定时间内地下水位的下降值也愈大

8. 对渍害最不敏感的作物是（　　）。

A. 小麦　　B. 玉米　　C. 高粱　　D. 水稻

9. 特别适宜防治土壤次生盐碱化的农田排水方式是（　　）。

A. 明沟排水　　B. 竖井排水　　C. 暗管排水　　D. 暗沟排水

10. 设计排涝标准时，需选择发生一定重现期的暴雨，一般选择标准是（　　）。

A. 1～5 年　　B. 5～10 年　　C. 10～15 年　　D. 15～20 年

11. 预防土壤盐碱化的水利措施不包括（　　）。

A. 加强灌溉管理　　B. 修建完整的灌排系统

C. 实行井渠灌结合　　D. 暗管排水

12. 改良盐碱地的水利措施不包括（　　）。

A. 明沟排水　　B. 井灌井排　　C. 灌水冲洗　　D. 放淤改良

13. 以下对于盐碱地改良措施的描述中，不正确的是（　　）。

A. 排水是改良盐碱地的一项重要措施，目前采用较多的是明沟排水

B. 灌水冲洗时，其他条件相同情况下，土壤含盐量越高，所需要的冲洗定额越大

C. 放淤冲碱的计划落淤厚度确定后，河水泥沙含量越高，所需放淤定额越大

D. 种稻改碱措施中，当土壤含盐量较高时，必须进行播种和插秧前的泡田洗盐，使土壤含盐量降低到对稻苗生长无害的程度

14. 放淤改碱的时间应选择在（　　）。

A. 冬季　　B. 河流水量充沛季节

C. 含沙量低的季节　　D. 含沙量高的季节

15. 影响末级排水沟深度确定的因素有（　　）。

A. 土壤质地　　B. 地下水临界深度

C. 沟内设计水深　　D. 沟内水位与沟中部水位差

**五、分析计算题**

1. 大田蓄水能力计算。

【基本资料】

已知某地区地形平坦，暴雨集中，易发生沥涝。某次暴雨量为 $P=280$mm，降雨历时为 24h。该次暴雨前地下水埋深为 1.3m，雨后允许的地下水最小埋深为 0.5m。该地区平均土壤空隙率为 50%，平均最大田间持水率为 65%（占空隙体积的百分比），降雨前地下水位以上土壤平均含水率为 40%（占空隙体积的百分比）。土壤渗吸速度特征为：第一分钟末的渗吸速度为 4.5mm/min，$\alpha=0.6$。根据该地区农业生产计划，田间淹水时间不得超过 1.5d。

【要求】

（1）计算该地区的大田蓄水能力。

（2）发生该次暴雨后，在允许的淹水时间内，能渗入土壤的水量为多少。

（3）这些水量是否能蓄得下。

（4）应从田间排走的水量为多少。

（5）若下雨前土壤含水率为 55%（占空隙体积的百分比），则结果又如何。

2. 已知某灌区处于干旱地区，蒸发量很大，降雨极少，灌溉水的深层渗漏是地下水的主要补给来源，其补给强度为 0.002m/d，土壤渗透系数为 1.2m/d，不透水层埋深 9.8m，地下水临界深度 1.8m。

【要求】设计田间排水沟的深度与间距，以控制地下水位，防止土壤次生盐碱化。

3. 某地区不透水层在地面以下 12m 处，排水沟深 1.8m，沟内水深 0.2m，地下水位在地面以下 1.6m 处，某次降雨后，地下水位升到地面，雨停后开始回落，要求降雨停止 4d 后水位降到 0.8m，土壤渗透水系数 $K=1.0$m/d，给水度 $u=0.05$，沟水面宽按 0.4 考虑。

【要求】确定排水沟间距。

4. 西北某灌区种植旱作物，为了防止土壤返盐，要求在旱季使地下水位维持在临界深度以下。该区旱季降雨很少，灌溉水的深层渗漏是地下水的主要补给来源，补给强度

1mm/d，土壤渗透系数 $k=5\mathrm{m/d}$，地下水临界深度 $H_k=1.7\mathrm{m}$，不透水层埋深 7m。雨季时按作物生长要求，在雨停后的第七天，地下水位应下降至地面以下 0.8m 处，以免作物受渍。20d 后，应降至临界深度以下，防止土壤次生盐碱化。该区未饱和土壤孔隙率 $u=0.05$。

【要求】计算排水沟的深度和间距，使作物免受渍害和防止土壤盐碱化。

5. 某灌区，有控制地下水位以防土壤返盐的排水任务，要求田间排水沟经常把地下水位控制在临界深度以下，据资料分析，地下水临界深度为 1.3m，土壤渗透系数为 2m/d，土壤末饱和孔隙率为 0.05，不透水层埋深为 5.8m，返盐强烈的干旱季节降雨稀少，不能造成对地下水的补给，此期间地下水的补给主要来自压盐灌溉时产生的深层渗漏，补给强度约为 0.005m/d，但在汛期连续阴雨的情况下，地下水位可能上升至地面，为满足作物生长和防止土壤返盐，要求排水沟在雨停后的第 5d，把地下水位降至地面以下 0.6m 处，雨停 20d 以后水位降至临界深度。已知沟底宽度为 0.3m，边坡系数为 1.25，沟中日常水深为 0.2m，地下水位降至临界深度时，两排水沟之间中间点的地下水位与沟内水位之差为 0.3m。

【要求】

(1) 满足防盐要求的排水沟深度。

(2) 根据不同季节可能出现的地下水入沟水流状态和所给的其他资料，分别用恒定流和非恒定流公式，计算排水沟所需间距，并从中分析确定间距的采用值。

6. 南方某平原地区，降雨频繁，气候湿润，地势低平，水网密布，地下水埋深浅，在大面积种植水稻的情况下，地下水与地面水连成一体。水稻收割时，要求在 5d 内将地下水面降至地面一下 0.6m 处，以便机械下田。该地区土壤渗透系数 $K=1.0\mathrm{m/d}$，未饱和土壤孔隙率为 $\mu=0.05$，不透水层深度在地面一下 1.2m 处。在水稻黄熟期虽将田间水层排走，但表层土壤仍处于饱和状态。

【要求】确定稻田区田间排水毛沟的深度与间距。

7. 水井布置规划。某井灌区拟进行水井布置规划。该区灌水定额一般为 $750\mathrm{m^3/hm^2}$ ($50\mathrm{m^3}$/亩)，每天灌水 18h，每次灌水延续时间为 10d，井灌区用地下低压管道输水至田头后，再用地面软管向农田输水，灌溉水利用系数为 0.95。水井出水量按 $40\mathrm{m^3/h}$ 计。

【要求】确定单井灌溉面积及井距，并计算每平方千米宜布置多少眼井。

8. 某井灌井排地区水井自均质潜水含水层抽水，并在大面积内呈等边三角形布置，若根据灌溉要求选定井距为 350mm，并已知含水层导水系数 $T=150\mathrm{m^2/d}$，土层的给水度 $\mu=0.05$，单井出水量 $30\mathrm{m^3/h}$，水井半径 0.2m。

【要求】

(1) 确定抽水 10d 后单井控制范围内的平均水位降深、最大降深和最小降深。

(2) 若要求在 15d 内水位下降 2m，确定井距。

9. 华北某地，地势低平，地面水及地下水排水皆不顺畅。春季降水很少，气候干旱，蒸发强烈，是主要的灌溉季节，也是土壤强烈返盐季节；夏季暴雨集中，又易发生渍涝。属易旱、易涝、易碱地区。该地区均质含水层导水系数 $T=160\mathrm{m^2/d}$，土层的给水度 $\mu=0.04$，地下水临界深度 $H_k=2.0\mathrm{m}$。

采用渠（沟）、井双向措施治理该地区的旱、涝、盐碱。灌溉农渠长800m，间距400m，垂直于斗渠，各级排水沟道皆与灌溉渠道相邻布置。由于地面水源不足，旱季常不能保证灌溉所需水量，因此在农渠渠首及中间地段布置了水井，把地下水作为第二灌溉水源；又由于该地区地势低平，容泄区排水不畅，排水沟道系统仅仅是按照排除地面涝水设计的，所以需利用灌溉井有效地控制地下水位，以防渍、盐和降低地下水位腾出蓄涝库容。平面布置见图1-7-1。井网与渠、沟网想配合，呈正方形布置，间距400m，单井出水量$40m^3/h$，水井半径0.2m。该地区7～8月降水集中，地面常有积水，地下水面常与地面水连接在一起。根据规划，地面水由水平排水沟道系统排除，地下水位由井排网排降，要求在雨后10d内从0m处降至0.7m深以防渍；在3月1日以前降至临界深度一下，以防止次生盐碱化；在7月1日以前降至离地面5m以下腾出地下库容，用来滞蓄雨水。

【要求】分别按防渍、防盐及雨季前腾出库容的要求校核该灌溉井是否能完成上述任务。

提示：

地面涝水由水平排水系统排走，井排开始时的地下水面可按与地面平起计算；

在井排条件下，地下水面最高的地方是在两井中间地带，只要这个地带符合排水要求的深度即可。

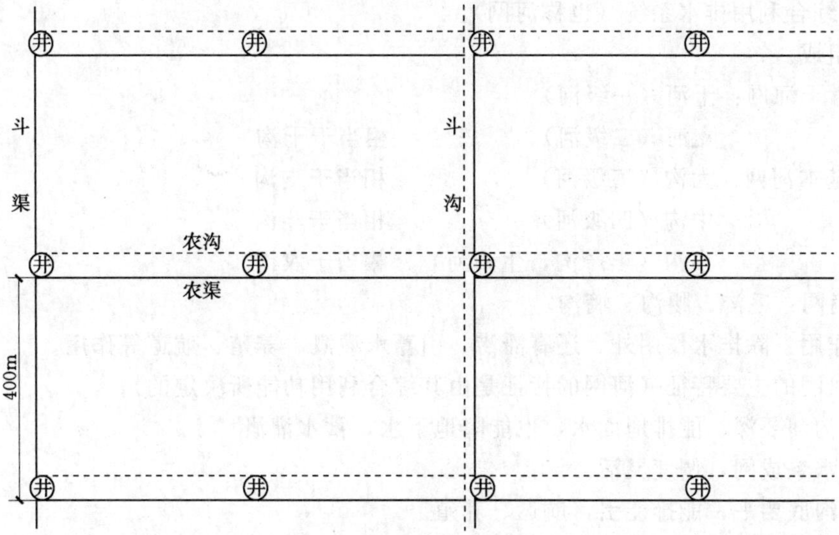


图1-7-1　典型地块田间渠沟井系统平面布置图

# 第八章　排水沟道系统规划

## 第一节　排水沟道系统规划布置

### 一、明沟排水系统的组成

田间排水工程（毛、腰、墒沟）。

排水沟道系统（干、支、斗、农沟）。

排水闸、涵、站等建筑物。

排水承泄区（江、河、湖、海等）。

### 二、明沟排水系统的类型

（1）排水沟道系统组成：干、支、斗、农沟。作用：一般只起排水作用。适用：有一定坡度的坡地平原地区；干旱、半干旱地区。

（2）综合利用排水系统（也称河网）。

1）组成。

| | | |
|---|---|---|
| a）骨干河网： | 干河（一级河） | |
| | 支河（二级河） | 相当于干沟 |
| b）基本河网： | 大沟（三级河） | 相当于支沟 |
| | 中沟（四级河） | 相当于斗沟 |
| | 小沟（丰产沟，生产河） | 相当于农沟 |

c）墒网：毛沟、腰沟、墒沟。

2）作用：除排水作用外、还有滞涝、引蓄水灌溉、养殖、航道等作用。

3）河网的主要特征（河网的特征是由其综合利用功能所决定的）。

深：沟河要深，能排地面水，也能降地下水，蓄水灌溉。

网：水系成网，调度灵活。

平：沟底要平，能排能引，航运、养殖。

分：分级分片控制，高低片分级控制。高水高排、低水低排。

其中“深”为关键，原因：“深”是综合利用的关键。

4）适用：地形平坦的平原或圩区。

### 三、规划布置原则

（1）低处布置：各片低处。

（2）分片排水：高水高排、低水低排。

（3）洪涝分治：修堤防、撇洪沟等。

（4）滞蓄结合：减少排水量。

(5) 统筹规划：与渠道、道路、林网、居民点、行政区结合。

(6) 灌排分开：各成系统有利于灌、也有利于排。

(7) 降低造价：可利用天然河道、顺直、减少交叉建筑物。

(8) 安全可靠：土质好、防止坍塌。

(9) 综合利用：如引水灌溉、船运、水产养殖等。

## 四、规划布置方法

1. 山丘区

干沟：尽可能利用天然河道。

支沟：也可利用天然河道。

斗、农沟：地面有一定坡度时，用灌排相邻布置；平坦时，作灌排相间。

一般斗沟间距 400～1000m，深 1.5～2m；农沟间距 100～300m，深 1.0～1.5m。

2. 平原地区

江苏河网的一般规格见表 1－8－1 及表 1－8－2。

3. 圩区

外河网：地区骨干河网（干、支河）。

内河网：由中心河、生产河组成。

较小的圩区宜采用丰字形内河网。

较大的圩区宜采用井字形内河网。

丰字形内河网：丰字形河网布置如图 1－8－1所示。在圩中心或接近中心的位置布置一条干河（中心河），垂直于干河均匀地布置若干支河（生产河），形成丰字形河网。生产河的间距约为 200～300m。

**表 1－8－1 徐淮平原地区河网规格**

单位：m

| 河网规格 | 大沟 | 中沟 | 小沟 |
|---|---|---|---|
| 间距 | 2000～5000 | 500～1000 | 100～200 |
| 沟深 | 4～5 | 2.5～3 | 2 |
| 底宽 | 4～6 | 2～3 | 1～2 |

**表 1－8－2 通南和太湖平原地区河网规格**

单位：m

| 河网规格 | 大沟 | 中沟 | 小沟 |
|---|---|---|---|
| 间距 | 1000～3000 | 600～1000 | 150～200 |
| 沟深 | 4.6～6.5 | 3.5～4.5 | 2 |
| 底宽 | 3～6 | 2～4 | 1 |

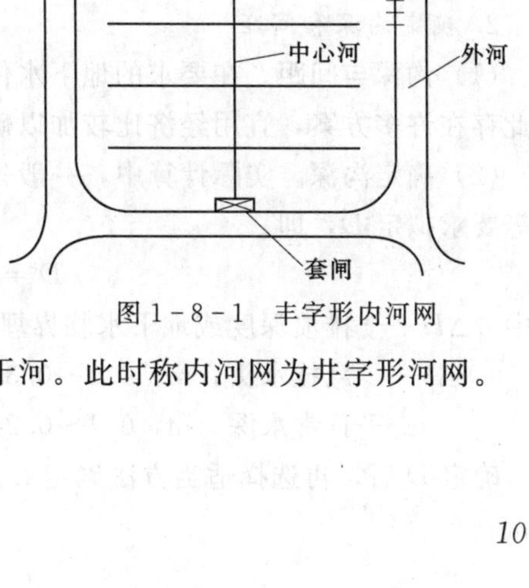


图 1－8－1 丰字形内河网

圩区面积较大时，纵横两方向具有两条以上干河。此时称内河网为井字形河网。

## 第二节　排水沟的设计流量

**【设计排涝流量】** 排除在某一排涝设计标准下的暴雨产生的地面径流的排水流量。作用：确定排水沟断面（骨干排水沟）排水建筑物的尺寸。

**【设计排渍流量（日常流量）】** 定义：雨后地下水位回落到控制要求的深度时，地下水的排水流量称为日常流量。作用：确定排水沟沟底高程，并校核允许最小流速。

## 第三节　田间排水沟设计

田间排水沟设计的关键是确定排水沟的深度和间距，比降（$i$）、边坡系数（$m$）等均按经验确定。

### 一、除涝田间排水沟

1. 除涝田间排水沟作用

它能及时排除地表积水，减小农田淹没深度和时间。

2. 田间除涝排水沟的间距与断面

目前田间排涝排水沟间距与断面的确定还没有完善的理论方法，多数按经验确定。我国北方地区农沟间距一般为150～400m，毛沟间距为30～50m。南方农沟（小沟）间距一般为100～200m。

3. 田间除涝排水沟的断面

除涝排水沟断面根据排涝流量确定。兼有除涝和防渍的排水沟，一般以排渍要求确定沟深，再初步拟定过水断面，再校核是否满足除涝要求。

### 二、控制地下水位的田间排水沟（防渍，防盐碱）

1. 田间排水沟对控制地下水位的作用

（1）降雨期间及时排除部分水量，减小地下水位上升高度。

（2）雨后加快地下水位的回落。

2. 确定沟深和间距

（1）沟深与间距。在要求的地下水位一定时，沟深大则间距大，沟深小则间距也小。因此存在许多方案，宜用经济比较加以确定。

（2）确定沟深。实际计算中，一般先根据要求控制的地下水埋深、土质及施工管理方便等要求拟定 $D$，即

$$D = \Delta H + \Delta h + s \tag{1-8-1}$$

式中　$\Delta H$——排渍深度或地下水临界埋深（作物要求的地下水埋深），m；

$\Delta h$——悬挂水头，m，0.2～0.3m；

$s$——日常水深，m，0.1～0.2m。

确定 $D$ 后，再选择适当方法确定 $L$。

(3) 确定间距：

1) 排水试验法。

根据《农田排水试验规范》(SL 109—95) 的要求进行试验。

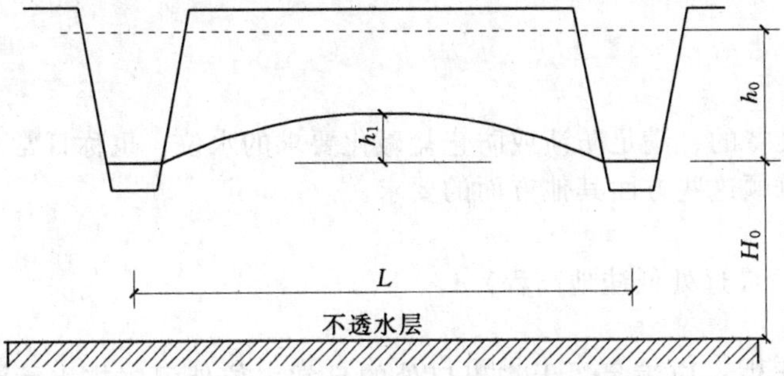


图 1-8-2　排水沟间距示意图

试验时，针对某种沟深，拟定一组排水沟间距，测试其排水效果，最终选择符合排渍标准的排水沟间距。排水沟间距示意图如图 1-8-2 所示。

2) 公式计算法。

a) 非恒定流公式。

可以解决的问题：降雨停止后的 $t$ 时间内地下水位降至某要求的深度，求排水沟的间距。

$$L = \pi\sqrt{\frac{\alpha k\,\overline{H}t}{\mu\ln\dfrac{4h_0}{\pi h_1}}} \tag{1-8-2}$$

$$\overline{H} = H_0 + \frac{h_1}{2} \tag{1-8-3}$$

式中　$\alpha$——非完整沟修正系数，若为完整沟，则 $\alpha=1$；

$k$——土壤渗透系数，m/d；

$t$——排水时间，d；

$u$——土壤给水度。

非完整沟修正系数按下式计算

$$\alpha = \frac{1}{1+\dfrac{8\,\overline{H}}{\pi L}\ln\dfrac{2\,\overline{H}}{\pi D}} \tag{1-8-4}$$

b) 经验数据法。

在缺乏试验条件和计算条件情况下，可以根据本地区或类似地区的经验数据确定排水沟间距、排水沟沟深与间距经验数据见表 1-8-3 及表 1-8-4。

**表 1-8-3　　防渍排水沟沟深与间距经验数据**　　单位：m

| 深沟 | 轻壤土 | 中壤土 | 重壤土或黏土 | 深沟 | 轻壤土 | 中壤土 | 重壤土或黏土 |
|---|---|---|---|---|---|---|---|
| 1.0～1.3 | 50～70 | 35～50 | 20～35 | 1.5～1.8 | 100～150 | 70～100 | 50～70 |
| 1.3～1.5 | 70～100 | 50～70 | 35～50 | 1.8～2.3 | | 100～150 | 70～100 |

**表 1-8-4　　脱盐或防盐碱地区的排水沟沟深与间距经验数据**　　单位：m

| 沟深 | 黏质土 | 轻质土 | 沟深 | 黏质土 | 轻质土 | 沟深 | 黏质土 | 轻质土 | 沟深 | 黏质土 | 轻质土 |
|---|---|---|---|---|---|---|---|---|---|---|---|
| 1.2 | 160～200 | | 1.6 | 280～320 | | 2.1 | | 330～340 | 2.5 | | 420～470 |
| 1.4 | 220～260 | | 1.8 | 340～380 | | 2.3 | | 360～400 | 3.0 | | 580～630 |

# 第四节　骨干排水沟设计

## 一、排水沟的设计水位

1. 排渍水位（日常水位）

排渍水位是排水沟经常需要维持的、满足防渍或防止盐碱化要求的水位。也称日常水位。若有养殖和通航等需要，也兼顾这些方面其他方面的要求。

推算步骤：

（1）确定排渍控制点 A 高程（最远处低洼地高程）。

（2）初拟各级排水沟的比降。

（3）推算排干沟出口的日常水位；应满足：干沟出口处的日常水位外河（排水承泄区）的日常水位。若不满足上述要求，则调整比降，尽量争取自排。

2. 排涝水位（最高水位）

排涝水位是排水沟通过排涝设计流量时的水位。

计算步骤：

（1）确定排涝控制点 A。

（2）拟定各级排水沟比降。

（3）计算干沟出口处的排涝水位。

应满足：干沟出口处最高水位应不低于外河的最高水位。若干沟出口发生壅水，则需调整排水沟比降，或筑堤束水。

## 二、排水沟横断面设计

一般干、支沟应作具体设计，斗沟选择有代表性斗沟作典型设计，农沟可采用地区统一的标准断面。下面介绍排水沟横断面设计的步骤。

通常按明渠均匀流公式计算，方法与渠道计算相似。

（1）底坡 $i$。一般取值范围：

干沟 1/6000～1/20000，支沟 1/4000～1/10000。

斗沟 1/2000～1/5000，农沟 1/1000～1/2000。

（2）边坡系数 $m$。主要与土质和沟深有关，一般同级沟、渠相比，沟道的边坡系数大于渠道的边坡系数。

（3）糙率 $n$。新开的沟道与渠道相同，约 0.02～0.025。

易生杂草的沟道 $n$ 较大，一般取 0.025～0.030。

（4）不冲不淤流速。不淤流速一般为 0.3～0.4m/s。

不冲流速见相关教材。

排水沟的设计流速应满足不冲不淤的要求。

## 三、排水沟纵断面图绘制

1. 上下级排水沟的水位接

上下级排水沟日常水位应有一定的水面落差（0.1～0.2m）。

上级沟道的排涝水位衔接可不考虑落差。

2. 纵断面图的绘制步骤

(1) 绘制地面高程线。

(2) 绘出日常水位线。

(3) 绘出沟底高程线（日常水位－日常水深)。

(4) 绘出最高水位线（沟底高程＋排涝水深)。若该排涝水位线高于设计排涝水位线，则应修正设计。

(5) 若干沟出口段有筑堤束水，则应绘出堤顶高程线。

## 复习思考题与习题

### 一、思考问答题

1. 排水系统由哪几部分组成？排水沟系可分为几级？
2. 布置排水沟的原则是什么？
3. 排水设计标准包括哪些内容？除涝设计标准如何表示？
4. 影响设计排涝模数的主要因素是什么？如何理解在大多数排涝流量的公式中引入流域面积？
5. 设计排涝流量如何计算？
6. 什么是排涝模数。排涝模数的常用计算方法是什么？各种方法适用于什么条件？
7. 试分析比较排水沟纵横断面设计与灌溉渠道纵横断面设计方法与步骤的异同。
8. 排水沟道设计中常用水位有几种？它们有何作用？
9. 简述排水沟断面设计的主要内容及一般的方法步骤。
10. 排水系统的布置主要包括哪两部分？
11. 国内计算排涝流量的常用方法有哪三种？
12. 何谓内外水位？排涝与排渍相同吗？
13. 设计排水沟时应满足什么要求？
14. 设计排水沟时，何谓日常水位和最高水位？
15. 排水沟断面校核的内容和方法有哪些？
16. 在设计排水沟横断面时如何确定设计水位（或设计流量)？
17. 什么情况下排水沟断面宜采用复式断面？
18. 为什么排水沟的比降比同级渠道小？边坡要比同级渠道大？
19. 排水沟纵断面水位衔接需要满足哪些要求？
20. 简述绘制排水沟纵断面图的步骤。
21. 简述推算排水沟最高水位和日常水位的方法。
22. 何为排水承泄区？承泄区需满足哪些要求？得不到满足时如何处理？

### 二、名词解释

1. 设计排涝模数，设计排涝流量
2. 设计排渍模数，设计排渍流量
3. (排水沟）日常水位
4. 排涝水位（最高水位)
5. 综合利用排水沟

6. 容泄区

## 三、选择题

1. 对排渍水位说法错误的是（　　）。

A. 又称为日常水位

B. 防渍害和防止土壤盐碱化

C. 末级排水沟的排渍水位应当低于农田要求的地下水埋藏深度

D. 排水干沟排渍水位可以高于末级排水沟的排渍水位

2. 在进行排水沟设计时，用来校核排水沟的最小流速的设计流量是（　　）。

A. 排涝设计流量　　B. 排渍设计流量

C. 日常排水设计流量　　D. 排涝模数

3. 田间排水规划的主要任务是（　　）。

A. 确定田间排水沟的深度　　B. 确定田间排水沟的深度和间距

C. 确定田间排涝流量　　D. 确定田间排涝流量和排渍流量

4. 对排渍水位和排涝水位说法正确的是（　　）。

A. 排涝水位又称最高水位，排渍水位又称日常水位

B. 排涝水位又称日常水位，排渍水位又称最高水位

C. 根据排渍水位确定沟道的过水断面

D. 根据排涝水位确定沟道的过水断面

5. 在控制地下水位的田间网的规划中，一般（　　）。

A. 先初定沟深，再确定间距　　B. 先初定间距，再定沟深

C. 先初定排涝流量，再计算排渍流量　　D. 先初定排渍流量，再计算排涝流量

6. 在设计排水沟时需确定（　　）两种水位。

A. 设计水位和排涝水位　　B. 设计水位和最小水位

C. 排涝水位和加大水位　　D. 最大水位和日常水位

7. 在地区排涝模数经验公式法中，递减指数反映（　　）。

A. 洪峰与洪量的关系　　B. 排涝模数与排涝面积的关系

C. 排涝模数与洪量的关系　　D. 排涝模数与流域形状的关系

8. 对于具有排水和引水灌溉两种用途的排水沟一般（　　）。

A. 正坡（顺坡）排水、逆坡引水　　B. 正坡引水、逆坡排水

C. 必须采用平底（沟底比降为零）　　D. 不宜采用平底

## 四、填空题

1. 排水系统由________、________、________三部分组成。

2. 排水沟系一般分为________、________、________、________四级固定沟道。其中________、________、________三级沟道组成输水沟网，________田间排水网。

3. 单位面积上的排涝流量称为________，其单位是________。

4. 单位面积上排出的地下水流量称________，其单位是________。

5. 计算设计排涝流量的常用方法主要有________和________。

6. 指出地下排涝模数经验公式法 $q=KR^mF^n$ 中下列各参数的含义：$q$ 是________，$K$ 是________，$R$ 是________ $F$ 是________，$m$ 是________，$n$ 是________。

7. 排水沟中经常需要维持的水位称为________水位，在平原地区，它是按照________的要求所决定。

8. 除涝设计标准的表达方式有________、________。

9. 设计排水流量有________流量和________流量两种，相应的水位称为________水位和________水位。

10. 某排水工程排水面积 3 万亩，其排涝流量为 $15m^3/s$，则排涝模数为________。

11. 某圩区两日排水深度 160mm，日开机 22h，则该圩区的排涝模数为________。若圩区面积为 4500 亩，则排涝流量为________。

**五、分析计算题**

1. 南方某水网圩区，地势低洼，易生渍涝。该区总面积 $80km^2$。其中旱地（包括村庄、道路占地）为 $20km^2$，水田为 $56km^2$，湖泊及河流水面面积为 $4km^2$。据观测旱地径流系数为 0.5，水田允许滞蓄水深为 30mm，水田日腾发量 4mm，湖泊及河流的平均滞涝水深为 1.0m。现拟建设一排涝抽水站，按 10 年一遇的 1 日暴雨 200mm，用平均排除法在 2d 内排完的标准进行设计。

【要求】计算排涝抽水站的排水流量。

2. 已知某排水河道位于低洼易涝平原区，流域面积 $200km^2$，该地区 5 年一遇设计 1 日暴雨的点雨量为 105mm。根据水文分析该地区设计最大排模经验公式为：

$$q_{max}=0.022R^{1.0}F^{-0.267}\ m^3/(s\cdot km^2)$$

【要求】确定 5 年一遇的最大排水模数及排水河道的设计流量。

3. 某平原易涝地区，面积 $180km^2$，地面坡度在 1∶2500～1∶3500 之间，地下水埋深约 2.5m，土壤以壤土为主，间有黏壤土，由于天然排水不畅，易因暴雨而成灾。现拟开发该地区为高产粮棉基地，经规划在该地区修建系统的排水网，布置了干沟 1 条，支沟 5 条，如图 1-8-3 所示。各支沟汇入干沟的位置分别在 A、B、C 处，各支沟控制的排水面积如图 1-8-3 所示。

根据该地区水文气象资料分析，夏秋季节 10 年一遇最大 1 日暴雨量 $P=128mm$。根据作物耐淹试验资料，确定排除地面水的时间不超过 2d。该地区最大排模经验公式为：

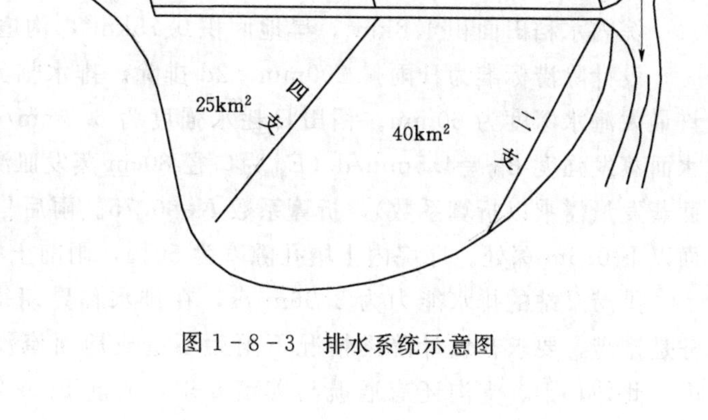


图 1-8-3　排水系统示意图

$q_{max}=0.032R^{0.92}F^{-0.33}$，$m^3/(s \cdot km^2)$。该地区的径流系数约在0.28～0.30之间。

【要求】

(1) 确定不同面积的排水沟（各支沟及干沟各段）应采用哪一个排模来计算。

(2) 推求各支沟及干沟AB段、BC段及C点以下段的设计排水流量。

4. 南方湖泊水网地区，某圩垸南北长3km，东西宽2km，面积$6km^2$。四周有圩堤使之与外水相隔，垸内拟建排水系统并建排涝泵站。圩垸各工程的平面布置与各级沟道的规格尺寸如图1-8-4所示。

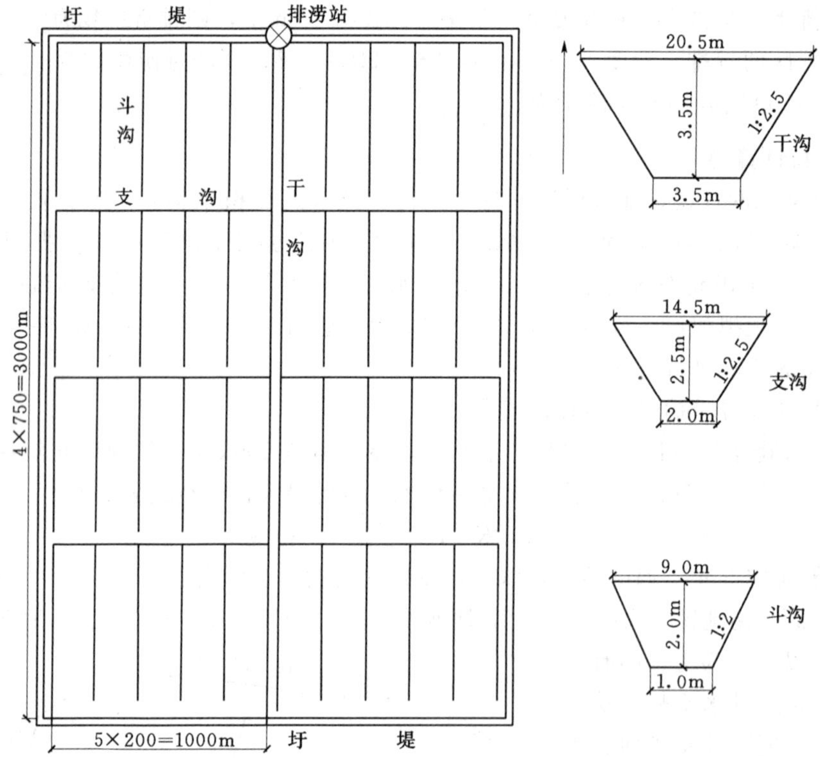


图1-8-4 圩垸工程平面布置与沟道断面尺寸示意图

垸内地势平坦，地面坡度约为1/10000，南高北低。各级沟道比将均采用1/10000，干沟及斗沟与地面坡度方向一致，支沟则与之垂直。

垸内水稻田面积$4.8km^2$，旱地面积$0.75km^2$，沟道水面面积$0.45km^2$。

设计除涝标准为日雨量200mm，2d排除。排水临界期内稻田适宜水深为30mm，允许最大淹水深度为60mm。稻田日耗水强度为6.8mm/d，旱地日需水强度为3.0mm/d，水面蒸发强度$E_{80}=4.5mm/d$（$E_{80}$为口径80cm蒸发皿测得的蒸发量记录，换算成天然水面蒸发量需乘以折算系数），折算系数$K=0.75$。雨后旱地的地下水面可以允许上升至地面以下0.5m深处。圩垸内土壤孔隙率为50%，雨前土壤含水率为孔隙体积的80%。

排涝泵站的排水能力为$3.96m^3/s$，在排水临界期每天开机22h。排水系统的主要任务是排涝，要求在设计降雨情况下雨后不造成地面淹没，沟内水面要低于地面0.2m以下。此外，干、支沟还有通航与养殖要求，通航5t农船，船身宽2.5m，吃水深0.7m。

养殖水深至少 1.0m。

雨前预降沟水位在地面以下 1.2m，相应的旱地地下水埋深为 1.0m。沟内水面与旱地地下水面之间的关系大致是：沟水面上升时，地下水面低于沟水面 0.2～0.3m；沟水面下降时，地下水面高于沟水面 0.2～0.3m。

【要求】根据滞涝、通航和养殖等综合利用要求校核各级排水沟的断面。

【提示】

本题实际上是一个水量平衡计算的课题，即：降落在垸内的雨量－［稻田耗水量＋旱田需水量＋沟道水面蒸发量＋稻田滞蓄水量＋旱田滞蓄水量（即大田蓄水能力）＋泵站抽排水量］＝排水沟滞蓄水量。

根据排水系统各级沟道的断面尺寸，计算沟内滞蓄水量后的水位上升值、水面宽、水深及水面距地面的高差，来校核是否能满足不发生地面淹没（涝）及地下浸没（渍），通航及养殖的要求。

5. 利用排涝模数经验公式计算排涝模数 $q$ 及排涝流量 $Q$。

【基本资料】

某地区某排水沟，设计断面处控制排涝面积 580km$^2$，经分析研究，采用 10 年一遇的除涝设计标准。已知设计暴雨为 200mm，径流系数为 0.65，设计暴雨天数为 3d 的排水模数经验公式中的各项参数为：$K=0.027$，$m=1.0$，$n=-0.25$。

【要求】计算该断面的设计排涝模数和设计排涝流量。

6. 利用平均排除法计算排涝模数 $q_{综}$ 和排涝流量 $Q$。

【基本资料】

某排涝区面积为 0.8km$^2$，其中旱地为 0.5km$^2$，水田为 0.3km$^2$。已知 10 年一遇的暴雨量 $P$ 为 120mm；径流系数 $\alpha$ 为 0.8；旱地和水田排水时间分别为 2d 和 3d；水田的日耗水量为 6mm/d；水田滞蓄水深 $h$ 为 35mm。

【要求】求综合设计排涝模数 $q_{综}$ 和排涝流量 $Q$。

7. 排水沟断面尺寸校核。

【基本资料】

排水沟根据排涝设计流量确定的断面尺寸及采用的计算参数为：底宽 $b=4$m，土质为中壤土，取边坡系数 $m=2$，糙率 $n=0.025$，沟底比降 $i=1/10000$，由于灌溉的需要，排水沟有反向引水灌溉的任务，经研究确定，需从排水沟出口处引进灌溉流量 $Q=5$m$^3$/s，沟口断面水深 $h=2$m，引水时底坡 $i=-1/10000$，按灌溉要求，需把水反向引到 3km 处，且水深不能小于 1.0m。已知 $\sigma_n$ 为 0.26、0.27、0.28、0.29 时所对应的 $f(\sigma_n)$ 为 0.920、0.917、0.9014、0.911。

【要求】校核排水沟道断面是否满足灌溉引水要求。

# 第九章　灌溉排水管理与环境

## 第一节　灌溉排水管理工作的意义和内容

### 一、意义

灌溉排水管理的主要任务是通过对各种工程设施的管理运行，充分利用水资源，合理调配灌、排水量，开展试验研究，实行科学用水和排水，促进农作物高产稳产；采取经济措施，搞好经营管理，发挥工程最大效益。

### 二、灌、排系统管理的内容

（1）组织管理——保障。

（2）工程管理——基础。

（3）用水管理——中心。

（4）经营管理（生产管理）——手段。

（5）环境管理——实现可持续发展的必要条件。

## 第二节　计划用水管理

计划用水是灌区用水管理的中心环节，也是灌区提高灌溉用水管理水平，充分发挥灌溉工程效益的重要措施。

**【计划用水】** 是有计划地进行蓄水、取水（包括水库供水、引水和提水等）和配水。

**【用水计划】** 是灌区（干渠）从水源取水并向各用水单位（乡镇或农场）或各级渠道配水的计划。

1. 灌区各级用水计划的编制

（1）水源供水流量分析与引水计划编制：

1）成因分析法。

2）平均流量分析法。

3）经验频率分析法。

$$P=\frac{m}{n+1}\times 100\% \tag{1-9-1}$$

4）河源含沙量的分析与预测。

5）确定渠首可能引取的流量。

6）供需水量平衡：轮期的划分（轮期就是一个配水时段），供需水量平衡计算。

（2）灌区配水计划的编制：

1）配水方式：续灌和轮灌。

2）配水顺序。

（3）灌区用水计划的编制特点：

1）因地制宜编制不同类型的用水计划。

2）不同地区用水计划的编制特点。

3）上、下结合，分级编制。

4）统一调度，联合运用（地面水、地下水联合运用）。

5）应用微机编制用水计划。

2. 用水计划的执行与渠系水量调配

（1）用水计划的应变措施：

1）渠系轮灌配水措施。

2）引用高含沙水的措施。

3）设置调配渠道，进行流量调节。

4）其他措施。

5）应用微机编制动态用水计划。

（2）渠系水量调配：

1）水量调配原则和方法。

2）配水工作的要求。

3）渠系水量调配的策略。

4）按用水计划和预定的应变措施调配水量。

5）实行“流量包段，水量包干”岗位责任制。

6）多种水源水量调配。

7）渠、井双灌情况下的水量调配。

8）高含沙浑水淤灌情况下的水量调配。

9）加强观测记载。

3. 灌区计划用水总结

（1）进行某一天的用水总结。

（2）进行某一轮期的用水总结。

（3）进行某一灌季的用水总结。

（4）进行某一年度的用水总结。

## 第三节 排水系统管理

### 一、排水系统任务

（1）正确地控制运用排水系统。

（2）养护维修各级排水沟道和建筑物，保证排水系统的通畅。

（3）及时排除涝水，免除作物受淹、减产。

(4) 降低和控制地下水位，排除土壤渍水；在有盐碱化威胁地区，防治土壤盐碱化。

(5) 做好灌区地下水盐动态观测和分析。

(6) 加强领导，分级管理，建立健全制度，制定目标责任制。

(7) 定期清除杂草及沟底灌木及建筑物前的杂物，防止阻水淤积。

### 二、排水沟塌坡的原因及防治

(1) 排水沟塌坡的原因：自然形成和人为因素。

(2) 排水沟塌坡的防治：调整边坡；减轻沟顶的载重量；沟堤护坡。

### 三、排水系统的管护

(1) 健全管理组织，建立和落实管护责任制，加强巡视和经常性维修工作。

(2) 制定岁修计划。

(3) 每隔 2～3 年制定大修计划，对损坏严重建筑物彻底修复，恢复其功能。

(4) 系统收集、整理、分析地下水盐动态资料等。

## 第四节 灌排系统管理现代化技术

### 一、建立严密的管理组织和严格的规章制度

一般均实行专业管理和群众管理相结合，统一管理和分级负责相结合的形式。在我国，视灌区面积大小，专业管理组织常设管理局（处）、管理段（区）和管理站等 2～3 级。任务：在同一计划安排、规章制度、技术规范、定额指标和调度运行的指导下，使系统各个环节能够在时间上、空间上互相协调配合，取得最好的经济效益。

### 二、灌溉系统管理现代化的基本任务

将现代科学技术的最新成就，特别是现代优化技术、信息技术、微机技术等运用于灌排系统管理，提高灌排系统管理水平，充分发挥灌排效益，促进农业的发展。

### 三、微机在灌排系统管理中的应用

1. 水源信息
2. 气象信息
3. 土壤信息
4. 作物信息
5. 农业生产信息

### 四、管理运行中的信息系统

1. 综合信息采集子系统
2. 水资源管理子系统
3. 工程技术子系统
4. 蓄水预报子系统
5. 计划用水子系统
6. 节水灌溉决策支持子系统
7. 实时监测子系统
8. 人事、财务子系统

## 第五节　灌　排　试　验

1. *灌水方法和灌溉制度试验*

(1) 试验的基本方法。

采用小区对比的方法，形成不同的对比“处理”。

(2) 划分试验阶段和缺水处理设计。

(3) 对试验小区的要求。

1) 自然条件和生产条件要有代表性。

2) 小区之间的各种自然条件差异最小。

3) 土地要平整、面积要适宜，面积一般为 $60\sim300m^2$，长宽比为 3∶1。

4) 周围不受特殊地形等影响。

5) 有必要的水源、道路和交通条件。

6) 附近要有适宜的对比区和隔离带。

(4) 试验小区的排列和重复。

2. *观测项目*

针对各处理各重复试验小区（坑测、筒测和田测）应观测以下项目：

(1) 各次灌水日期、定额、灌水前后的土壤含水率和水层深度。

(2) 定期（5～10d 一次）观测土壤含水率及作物需水量。

(3) 作物生育期的日期、考种、测产。

(4) 主要气象参数。

(5) 各阶段作物生长发育形状，重要的作物水分生理指标。

(6) 土壤理化性状，有关的农田小气候因素。

3. *试验成果分析*

(1) 作物受旱或缺水对作物产量的影响。

(2) 作物水分生产函数分析。

(3) 灌水方法和灌水技术试验：田间水利用率（灌水效率）；灌溉水满足率（储水效率）；灌水均匀度（分布效率）。

# 第六节　灌　区　环　境

## 一、引起灌区环境恶化的原因

1. 规划、设计方面的原因

（1）对水资源缺乏统一的规划，引起灌溉水源不足、灌溉面积衰减或水利纠纷。

（2）对淹没的库区和移民工作缺乏妥善规划和安置。

（3）修建水库后引起周围地区地下水位抬高和渍害加重，特别是平原水库问题更严重。

（4）重灌轻排，重建轻管，使许多灌区排水系统不健全，特别缺乏田间排水系统。

（5）渠道防渗率差。

（6）对高含沙量河流取水，泥沙淤积问题和具体的工程措施。

（7）在沿江滨湖地区盲目围垦，缩小河湖面积，影响生态环境。

2. 管理方面的原因

（1）灌溉用水管理不善，缺乏严格用水制度，灌水技术粗放，灌水量过大补给地下水，抬高地下水位，招致土壤盐碱化和沼泽化。

（2）缺乏完整的灌区用水、配水计划。

（3）大量引取地面水，忽视对地下水的开发利用，引起灌区地下水位上升和土壤盐碱化。

（4）灌区内施用大量化肥、农药，污染土壤和地下水给作物和人畜带来不利影响。

（5）缺乏对水质监测和管理制度。

（6）少数城郊灌区，利用未经处理污水、工业废水灌溉，使作物和土壤严重污染，影响人民健康。

（7）缺乏主管灌区环境部门。

## 二、维护灌区环境的措施

1. 规划设计方面

（1）必须根据统一的流域规划，兴建新的水库或引水工程，务必经有关部门批准的水源得到切实保证。必须根据统一的流域规划合理分配引用水量，严禁任意建坝蓄水和抽引河水。

（2）对拟建水库淹没土地和移民问题，不仅在规划设计中列出相应费用，应提出开发性移民规划，切实落实移民安置规划。

（3）在规划设计书中，应对兴建水库后对周边地下水位影响作出评价，提出相应对策，对兴建平原水库更应慎重。

（4）对大面积利用地下水灌溉的井灌地区，对机井密度、开采强度等应做出全面规划，严禁计划外随意开挖机井或加大抽水强度。

（5）在北方地区兴建灌溉系统，在规划上必须贯彻地表水、地下水联合运用的原则，实行井渠结合灌溉，控制引取河水量，保持灌区地下水均衡，防止土壤盐碱化和减少进入灌区泥沙量。

(6) 规划设计灌溉工程时，对干、支渠道应采取防渗措施。

(7) 必须贯彻灌排并重原则，重视排水系统规划设计，健全田间排水系统，并使排水出路通畅。

(8) 引取高含沙量水灌溉时，在渠首必须采取有效防沙措施，加大渠道纵坡，尽量把细沙运到田间。

(9) 合理整治沿江滨湖圩垸和闸、站、排水系统。

(10) 做好农村居民和乡镇生产生活用水规划，保证有清洁的饮用水，防止乡镇企业废水污染水资源。

2. 管理方面

(1) 加强灌区计划用水，合理分配灌溉水量，防止浪费，保证上下游用水均等，受益均衡。

(2) 做好渠道防渗和推广节水灌溉技术。

(3) 重视完善渠系配套工作，特别是排水系统配套，控制地下水位。

(4) 实行井渠结合灌溉，严格控制入渠水量和泥沙，防止过量抽取地下水，维持灌区地下水位均衡和改良盐碱土壤。

(5) 在灌区和库区范围内，建立水情水质监测站定期进行水质监测，防止水质污染。

(6) 做好已建水库移民善后工作，协助其发展生产和经济。

(7) 做好地方病的防治工作。

(8) 加强农业措施。

(9) 加强水利法规和法制教育，防止水事纠纷。

## 复习思考题与习题

### 一、思考问答题

1. 用水管理包括哪些内容？其相互关系是什么？

2. 什么是用水计划？用水计划的编制内容有哪些？

3. 何谓计划用水？对一个灌区来说应当如何实行计划用水？

4. 在编制渠系引水计划时，如灌区需水流量大于渠首引水流量，应当如何进行用水调整？

5. 试述编制渠系配水计划的方法和步骤。

6. 计划引取水量的确定可采取哪几个措施？

7. 简述配水流量、配水水量和配水时间的计算。

8. 轮灌条件下的灌水顺序是什么？

9. 执行用水计划时应做好哪些工作？

10. 排水管理的任务包括哪些内容？

11. 用水管理试验的内容有哪些？

12. 灌溉排水系统管理现代化包括哪些方面？

13. 灌溉排水对灌区环境有何影响？

14. 维护灌区环境的措施有哪些？

15. 对灌排系统管理而言，目前最实用、最可靠的现代化技术是什么？发展的方向是什么？

16. 造成排水沟边坡坍塌的最主要原因是什么？你认为应当如何加强对排水系统的管护，才能使排水沟畅通无阻。

17. 灌溉排水管理的主要任务是什么？

18. 灌区用水计划一般来说有哪四种主要类型？

19. 田间灌溉试验、田间排水试脸和用水管水试脸的试脸目的和内容分别是什么？

20. 造成试验误差的原因是什么？应如何控制？

21. 单因子田间对比试验设计如何进行？

22. 简述平均数和变异数对试验结果的影响，这能说明什么问题？

**二、选择题**

1. 计划用水是（　　）。

A. 灌溉水量的分配方法

B. 按作物的需水要求与灌溉水源的供水情况，结合渠系工程状况，有计划地蓄水、引水、配水与灌水

C. 指灌溉水在灌区各级渠系调配、管理的方式

D. 指灌溉水通过各级渠道流入田间的方法

2. 用水计划是（　　）。

A. 灌区从水源取水并向各用水单位或各级渠道配水的计划

B. 水从各级渠道流向田间所采用的计划

C. 各级渠道水量调配的计划

D. 指某一用水管理单位在用水季节前所制定的引水、配水计划

3. 灌区用水计划一般来说有哪四种主要类型（　　）。

A. 水源引水计划、渠系配水计划与田间的用水计划等

B. 水权集中、统筹兼顾、分级管理、均衡受益

C. 年度轮廓用水计划、某灌季全渠系用水计划、干支渠段用水计划及用水单位的用水计划

D. 上下结合、分级编制，统一调度、联合运用

**三、分析计算题**

(1) 某灌区自水库引水，分南北干渠，总灌溉面积 12.75 万亩，无其他蓄水设施。南干渠种植水稻，灌水定额 60$m^3$/亩；北干渠种植旱作物，灌水定额见表 1-9-1。南干渠控制面积 6.75 万亩，灌溉水利用系数 0.85；北干渠分为上下两段，其控制面积为 1.5 万亩和 4.5 万亩，灌溉水利用系数分别为 0.5 和 0.6。若某次引水量为 750×$10^4m^3$。

**表 1-9-1　北干渠种植旱作物种类及灌水定额**

| 作物 | 种植比例 | 灌水定额（$m^3$/亩） |
|---|---|---|
| 玉米 | 0.4 | 60 |
| 大豆 | 0.4 | 40 |
| 小麦 | 0.2 | 50 |

【要求】按毛灌溉用水量比例对南北干渠进行配水。

(2) 某灌区干渠将水输送到分水闸后，向3个支渠配水，如图1-9-1所示。根据其控制面积大小，作物种植比例及渠道输水损失情况，确定各支渠的配水比例为一支渠占25%，二支渠占45%，三支渠占30%。

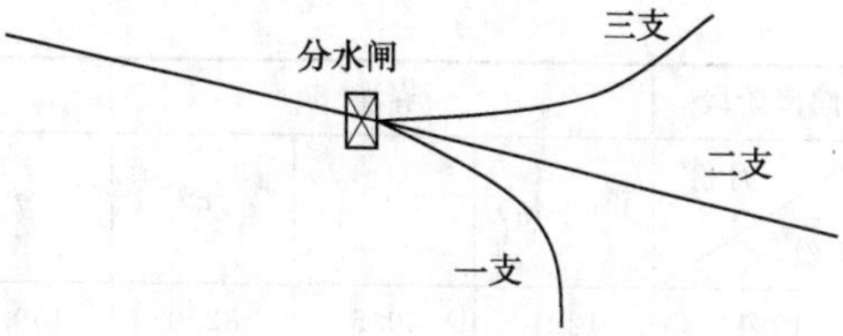

图1-9-1　分水枢纽示意图

现有两次典型的灌水，第一次灌水自6月7～15日，共8d零12h，干渠输送到分水闸的流量为5.0$m^3$/s；第二次灌水自7月11～20日，共10d，干渠输送到分水闸的流量为3.0$m^3$/s。灌区管理部门决定第一次灌水按续灌方式向各支渠配水，第二次灌水按轮灌方式向各支渠配水。

【要求】制定分水闸的配水计划，包括在这两次灌水中，各支渠的配水时间、配水流量及配水水量。

(3) 某灌区位于干旱地区，地多水少，农作物生长全靠引河水灌溉，用水计划是本着"以水定地，因水种植，按地配水"的原则来编制。河水以冰雪补给为主，4月11日至11月20日为灌溉引水期，渠首处历年实测河道月（旬）平均流量如表1-9-2所示。渠首为弯道式闸枢纽，总干渠为卵石衬砌渠道，渠首引水率（渠首引水量与河道来水量的百分比）和总干渠渠道水的利用率见表1-9-5。灌区包括3个用水单位，每个单位的分水比例见表1-9-5。

表1-9-2　　某河灌溉期间历年月（旬）平均流量　　单位：$m^3/s$

| 灌溉阶段 | 春灌 | | 夏灌 | | | | 秋冬灌 | | |
|---|---|---|---|---|---|---|---|---|---|
| 月份 / 年份 | 4（下旬） | 5 | 6 | 7 | 8 | 9（上旬） | 9（中下旬） | 10 | 11（上中旬） |
| 1964 | 12.8 | 21.8 | 80.7 | 122.0 | 152.0 | 65.8 | 37.4 | 23.9 | 18.7 |
| 1965 | 10.9 | 23.2 | 86.3 | 158.6 | 118.5 | 52.1 | 41.1 | 22.5 | 16.3 |
| 1966 | 13.7 | 17.9 | 85.9 | 133.9 | 158.2 | 92.1 | 62.2 | 26.5 | 16.8 |
| 1967 | 14.0 | 32.9 | 72.1 | 106.5 | 112.6 | 37.7 | 27.1 | 17.9 | 13.8 |
| 1968 | 12.6 | 26.4 | 90.2 | 144.0 | 94.6 | 34.0 | 23.5 | 17.1 | 14.1 |
| 1969 | 14.1 | 33.6 | 113.8 | 159.6 | 144.6 | 40.5 | 41.3 | 22.8 | 16.8 |
| 1970 | 12.7 | 26.4 | 37.0 | 142.7 | 93.6 | 76.7 | 38.8 | 21.5 | 16.1 |
| 1971 | 14.6 | 18.7 | 44.2 | 147.0 | 101.0 | 71.0 | 44.7 | 21.6 | 15.7 |
| 1972 | 12.0 | 33.2 | 81.8 | 110.4 | 163.0 | 58.5 | 40.3 | 23.9 | 16.4 |
| 1973 | 15.6 | 21.1 | 64.2 | 123.4 | 92.3 | 61.6 | 31.8 | 19.0 | 15.5 |
| 1974 | 14.9 | 26.1 | 66.7 | 150.0 | 114.6 | 58.7 | 27.4 | 18.0 | 12.9 |
| 1975 | 10.6 | 17.1 | 61.7 | 121.8 | 123.9 | 59.5 | 21.1 | 21.5 | 16.1 |
| 1976 | 14.0 | 28.4 | 81.4 | 103.2 | 74.5 | 57.0 | 32.1 | 19.7 | 14.2 |
| 1977 | 11.3 | 14.0 | 72.3 | 80.4 | 111.0 | 95.0 | 33.1 | 20.3 | 13.5 |
| 1978 | 12.1 | 16.1 | 89.0 | 141.0 | 112.0 | 39.7 | 30.2 | 18.3 | 12.7 |
| 1979 | 14.3 | 17.9 | 74.3 | 98.3 | 128.8 | 53.2 | 26.4 | 19.3 | 13.7 |
| 1980 | 13.6 | 42.2 | 59.3 | 97.5 | 85.8 | 62.2 | 25.2 | 7.2 | 10.9 |

续表

| 灌溉阶段 | 春灌 | | | 夏灌 | | | 秋冬灌 | | |
|---|---|---|---|---|---|---|---|---|---|
| 年份＼月份 | 4（下旬） | 5 | 6 | 7 | 8 | 9（上旬） | 9（中下旬） | 10 | 11（上中旬） |
| 1981 | 12.4 | 40.5 | 82.0 | 159.0 | 123.5 | 47.6 | 33.5 | 23.2 | 15.6 |
| 1982 | 11.4 | 38.5 | 69.7 | 117.7 | 123.3 | 49.2 | 34.4 | 20.7 | 15.3 |
| 1983 | 4.2 | 4.6 | 13.4 | 57.5 | 78.4 | 24.9 | 4.7 | 4.4 | 3.8 |
| 1984 | 5.4 | 3.8 | 29.8 | 45.0 | 69.8 | 22.5 | 6.5 | 4.3 | 3.4 |
| 1985 | 15.3 | 28.0 | 75.1 | 105.9 | 105.1 | 49.7 | 25.6 | 16.7 | 12.7 |
| 1986 | 9.5 | 21.1 | 50.3 | 132.9 | 128.7 | 45.2 | 27.8 | 18.8 | 13.5 |
| 1987 | | | | | | | | | |
| 1988 | | | | | | | | | |
| 1989 | | | | | | | | | |
| 1990 | | | | | | | | | |

【要求】

（1）用分阶段假设年法预报19________年灌溉期间相应与经验频率 $P=60\%$ 的各阶段的河道来水量。采用表1-9-3所示的格式计算。

**表1-9-3　分阶段假设年法流量频率计算表**　单位：$m^3/s$

| 序号 | 4月中下旬 | 5月 | 6月 | 7月 | 8月 | 9月上旬 | 9月中下旬 | 10月 | 11月上中旬 | $P=\frac{m}{n+1}\times 100\%$ |
|---|---|---|---|---|---|---|---|---|---|---|
| 1 | | | | | | | | | | |
| 2 | | | | | | | | | | |
| 3 | | | | | | | | | | |
| 4 | | | | | | | | | | |
| 5 | | | | | | | | | | |
| 6 | | | | | | | | | | |
| 7 | | | | | | | | | | |
| 8 | | | | | | | | | | |
| 9 | | | | | | | | | | |
| 10 | | | | | | | | | | |
| 11 | | | | | | | | | | |
| 12 | | | | | | | | | | |
| 13 | | | | | | | | | | |
| 14 | | | | | | | | | | |
| 15 | | | | | | | | | | |
| 16 | | | | | | | | | | |
| 17 | | | | | | | | | | |

续表

| 序号 | 4月中下旬 | 5月 | 6月 | 7月 | 8月 | 9月上旬 | 9月中下旬 | 10月 | 11月上中旬 | $P=\frac{m}{n+1}\times 100\%$ |
|---|---|---|---|---|---|---|---|---|---|---|
| 18 | | | | | | | | | | |
| 19 | | | | | | | | | | |
| 20 | | | | | | | | | | |
| 21 | | | | | | | | | | |
| 22 | | | | | | | | | | |
| 23 | | | | | | | | | | |

(2) 计算各阶段渠首引水量，总干渠可分水量和各用水单位的配水量，采用表1-9-4所示的格式计算。

**表1-9-4　　　　某灌区19________年引水、配水计划表**

| 阶段 | 月份 | 河道来水 | | 引水率（%） | 引水量（$\times10^4m^3$） | 总干渠水利用率（%） | 可分水量（$\times10^4m^3$） | 配水量（$\times10^4m^3$） | | |
|---|---|---|---|---|---|---|---|---|---|---|
| | | 流量（$m^3/s$） | 水量（$\times10^4m^3$） | | | | | M县 | S县 | 农垦团场 |
| 春灌 | 4（中旬） | | | | | | | | | |
| | 5 | | | | | | | | | |
| | 6 | | | | | | | | | |
| 夏灌 | 7 | | | | | | | | | |
| | 8 | | | | | | | | | |
| | 9（上旬） | | | | | | | | | |
| 秋冬灌 | 9（中下旬） | | | | | | | | | |
| | 10 | | | | | | | | | |
| | 11（上中旬） | | | | | | | | | |
| 合计 | 全年灌溉期 | | | | | | | | | |
| | 春灌阶段 | | | | | | | | | |
| | 夏灌阶段 | | | | | | | | | |
| | 秋冬灌阶段 | | | | | | | | | |
| 备注 | | | | | | | | | | |

**表1-9-5　　　　某灌区渠首引水率、总干渠水利用率及各单位分水比**

| 灌溉阶段 | 渠首引水率（%） | 总干渠水利用率（%） | 各单位分水比（%） | | |
|---|---|---|---|---|---|
| | | | M县 | S县 | 农垦团场 |
| 春灌 | 95 | 95 | 40.7 | 6.0 | 53.3 |
| 夏灌 | 84 | 95 | 27.4 | 4.6 | 68.0 |
| 秋冬灌 | 95 | 95 | 40.7 | 6.0 | 53.3 |

# 第十章　新疆盐碱地改良与灌区内土壤次生盐碱化的防治

## 第一节　盐 碱 地 冲 洗

盐碱地冲洗是通过灌水方法，把土壤中过多的可溶性盐分淋洗出去或压至低层，以降低耕层土壤盐分含量，达到作物正常生长的要求。采用冲洗的方法是改良盐碱地的一项行之有效的措施。

### 一、新疆盐碱地冲洗的形式

1. 洗盐

指在有排水设施条件下进行的土壤冲洗。在荒地、撂荒地或含盐量重不能继续种植的土地上进行。采用较大冲洗定额。

2. 压盐（也称无排水压盐）

指在无排水条件下进行的土壤冲洗。适于地下水埋深大于 5m 以上，径流条件较好情况下采用。

3. 管理性洗盐（也叫复洗盐）

为消除耕地土壤中年度或季节性的积盐而进行的冲洗。定额较小，在有排水条件下进行。注意冲洗时间和冲洗技术，与当年农事活动紧密结合。

4. 加大灌水定额压盐

盐碱化程度较低的耕地，不需要专门冲洗，可结合灌溉，加大灌水定额进行压盐，达到调节耕层盐分的目的。

### 二、冲洗前的准备工作

1. 地形图、土壤图和土壤改良规划图的准备

洗盐前，应测绘 1/5000～1/10000 地形图，编制土壤图和土壤改良规划图。

2. 编制冲洗计划

冲洗定额 $m$、冲洗时间 $t$、冲洗面积 $A$ 的大小，每一冲洗地段冲洗计划等。

3. 土地准备

（1）冲洗格田的大小应依据地形而定。格田大小一般为 1～3 亩。

（2）地形起伏较大的田块，冲洗前必须平整。土地平整高差 3～5cm。田面高差与盐分含量的关系见表 1-10-1。

（3）冲洗前对土地耕耙，耕翻，粗耙，可以破坏土壤表层的碱壳，填塞洞隙裂隙，增加土壤透水性，提高冲洗效果（见表 1-10-2）。

### 三、冲洗脱盐标准

冲洗脱盐标准有两个指标：脱盐层的允许含盐量（决定于作物耐盐度）；脱盐层的厚

度（决定于主要根系活动层厚度）。根据新疆垦区作物苗期的耐盐度和作物主要根系分布层厚度（表1-10-3）拟定了（表1-10-4）冲洗脱盐标准供各地参考。

**表1-10-1　田面高差与盐分含量的关系**

| 试验田号 | 1 | | 2 | | 3 | | 4 | | 5 | |
|---|---|---|---|---|---|---|---|---|---|---|
| 田面高差 | 0 | +1.5cm | 0 | +5cm | 0 | +8cm | 0 | +11cm | 0 | +21cm |
| 洗盐前含盐量（%） | 1.585 | 1.099 | 1.027 | 0.835 | 1.745 | 1.262 | 3.162 | 0.585 | 1.667 | 1.476 |
| 洗盐后含盐量（%） | 0.950 | 0.603 | 0.548 | 0.431 | 0.295 | 0.412 | 1.091 | 1.057 | 0.516 | 1.842 |
| 脱盐率（%） | 46.06 | 45.13 | 46.64 | 48.50 | 85.16 | 67.35 | 65.50 | +44.65 | 66.55 | +24.70 |

**表1-10-2　耕耙对提高土壤脱盐率的作用（沙井子地区）**

| 处理 | 冲前土壤含 $Cl^-$（%） | 冲后土壤 $Cl^-$（%） | 脱 $Cl^-$（%） |
|---|---|---|---|
| 不耕翻 | 1.2684 | 0.1661 | 87.2 |
| 耕+耙 | 1.0709 | 0.0246 | 97.6 |

**表1-10-3　石河子垦区几种作物主要根系分布层厚度**

| 作物种类 | 小麦 | 玉米 | 棉花 | 西瓜 | 黄瓜 | 豆角 | 葡萄 | 苹果 |
|---|---|---|---|---|---|---|---|---|
| 测定时期 | 抽穗期 | 抽雄期 | 结铃期 | 成熟期 | 盛果期 | 盛果期 | 成年 | 成年 |
| 主要根系分布层厚度（m） | 0.4 | 0.4 | 0.5～0.6 | 0.4 | 0.35 | 0.4 | 0.7～0.8 | 0.9～1.1 |

**表1-10-4　新疆垦区冲洗脱盐标准**

| 盐碱化类型 | 苏打化或碱化类型 | 硫酸盐氯化物类型 | 氯化物硫酸盐类型 | 硫酸盐类型 | 硫酸盐加石膏类型 | 备注 |
|---|---|---|---|---|---|---|
| 总盐（%） | 0.2～0.4 | 0.5 | 0.8 | 1.0 | 1.4 | 脱盐层厚度，耕地1.0m，新垦荒地0.6m |

## 四、冲洗定额

冲洗定额——单位面积上使计划土层的含盐量降到冲洗标准所需要的冲洗水量（$m^3$/亩）。其大小与土壤脱盐效果密切相关。

当土壤含盐量基本相同时，洗盐定额越大，土壤脱盐率愈高。单达到一定程度后，洗盐定额继续增加，对脱盐率并无明显影响（见表1-10-5），还会导致洗盐地区水文地质条件恶化。

**表1-10-5　沙井子灌区不同洗盐定额对脱盐率的影响（0～100cm土层）**

| 洗盐定额（$m^3$/亩） | 洗盐前含盐量（%） | 洗盐后含盐量（%） | 脱盐率（%） | 洗盐定额（$m^3$/亩） | 洗盐前含盐量（%） | 洗盐后含盐量（%） | 脱盐率（%） |
|---|---|---|---|---|---|---|---|
| 300 | 5.505 | 1.548 | 71.9 | 600 | 5.515 | 1.021 | 80.2 |
| 400 | 5.862 | 1.335 | 77.2 | 800 | 6.191 | 1.221 | 80.3 |
| 500 | 5.547 | 1.159 | 79.2 | 1000 | 5.707 | 1.107 | 80.6 |

注　脱盐率（%）=（淋洗前土壤含盐量-淋洗后土壤含盐量）/淋洗前土壤含盐量。

**表 1-10-6　沙井子灌区洗盐定额，土壤含盐量与脱盐率的关系**

| 实际冲洗定额（$m^3$/亩） | 1m 土层含盐量（%） | | 脱盐率（%） | 实际冲洗定额（$m^3$/亩） | 1m 土层含盐量（%） | | 脱盐率（%） |
|---|---|---|---|---|---|---|---|
| | 洗盐前 | 洗盐后 | | | 洗盐前 | 洗盐后 | |
| 954 | 1.578 | 0.670 | 57.54 | 1073 | 1.660 | 0.722 | 56.50 |
| 954 | 3.840 | 0.860 | 77.70 | 1073 | 2.284 | 0.572 | 75.00 |

1. 影响洗盐效果和洗盐定额的因素

影响洗盐效果和洗盐定额的因素见表 1-10-6。

（1）土壤含盐量；

（2）土壤的盐分组成；

（3）土壤质地和黏板层出现的部位，黏土可比砂性土的洗盐定额增加 10%～20%；

（4）排水条件。

**表 1-10-7　土壤质地对脱盐率的影响（沙井子水土站）**

| 土壤质地 | 1m 土层含盐量（%） | | 脱盐率（%） |
|---|---|---|---|
| | 洗盐前 | 洗盐后 | |
| 轻壤土 | 3.950 | 0.386 | 90.22 |
| 重壤土 | 3.892 | 0.994 | 74.23 |

2. 冲洗定额的计算

计算冲洗定额见表 1-10-7、表 1-10-8，多采用式（1-10-1）：

$$M = m_1 + m_2 + E - P \qquad (1-10-1)$$

$$M_1 = 667hr\ (\theta_{田} - \theta_0)$$

$$m_2 = \frac{667hr(S_2 - S_1)}{K} \qquad (1-10-2)$$

式中　$M$——冲洗定额，$m^3$/亩；

$m_1$——冲洗时计划土层灌制至田间持水量所需水量，$m^3$/亩；

$m_2$——冲洗期间排出土壤盐分所需水量，$m^3$/亩；

$E$——冲洗期间累计蒸发水量，$m^3$/亩；

$P$——冲洗期间可利用的降雨量，$m^3$/亩（垦区多数地区可忽略不计）；

$h$——冲洗计划土层深度，m；

$r$——冲洗计划层土壤容重，$t/m^3$；

$\theta_{田}$——冲洗计划土层田间持水量（占干容重，%）；

$\theta_0$——冲洗前计划层的自然含水量（占干容重，%）；

$S_1$——冲洗前计划土层的含盐量；

$S_2$——冲洗后计划土层的含盐量；

$K$——脱盐系数，即单位水量从冲洗计划层中带走的盐量，$kg/m^3$。

**表 1-10-8　排水条件下不同土质不同含盐量的冲洗定额**

| 土壤质地 | 冲洗前 1m 土层含盐量（%） | | | | |
|---|---|---|---|---|---|
| | 1～2 | 2～3 | 3～4 | 4～6 | 6～8 |
| | 冲洗定额（$m^3$/亩） | | | | |
| 砂壤土 | 200～250 | 250～400 | 400～550 | 550～700 | 700～800 |
| 壤土 | 250～350 | 350～550 | 550～700 | 700～900 | 900～1100 |
| 黏质土 | 300～450 | 450～750 | 750～950 | 950～1200 | 1200～1400 |

影响脱盐系数的主要因素有：土壤冲洗前含盐量，土壤盐类组成，土壤质地，排水沟间距等。

当洗盐定额确定之后，不能一次灌入土壤，必须分次灌入，每次灌入洗盐水量称为分次定额，应视土地平整、土壤质地、土壤含盐量及盐分组成等因素。土壤含盐量大，透水性弱，质地黏重，分次定额大些，反之，宜小些。

### 五、冲洗时期

冲洗时期适当与否，不仅影响冲洗定额和脱盐效果，还影响到冲洗后的农事活动和脱盐效果的巩固。

1. 不同冲洗时期的脱盐效果

盐分的溶解度与温度（地温、水温）关系密切。

2. 选择适宜的冲洗时期

选择适宜的冲洗时期，除了考虑温度高利于盐分（主要是硫酸盐）溶解之外，还应注意：水源充沛，保证有足够的冲洗用水，又要满足作物灌溉用水；地下水位低，蒸发量小的时期，保证冲洗水的排泄和土壤脱盐，减少冲洗后土壤返盐，提高冲洗水利用率和冲洗效果；冲洗后能有充分时间落干和进行耕作，以保证巩固脱盐效果；避开农忙季节。一般为：

(1) 早春洗盐（春洗盐）南疆2月下旬～3月下旬，北疆3月中旬～4月上旬。冲洗效果一般较差。

(2) 夏季洗盐（伏洗盐），6～7月。

(3) 秋季洗盐（秋洗盐），北疆8～9月，南疆8月中旬～10月上旬，是垦区洗盐的黄金季节。

(4) 临冬（晚秋）洗盐，10～11月，南疆土壤氯化物含量较高，冲洗效果受温度影响较小。

### 六、冲洗技术

冲洗技术的任务：最小的工程量，最少的劳动力，最短的时间，取得最好的冲洗效果。泡渠；复平；灌水顺序：由远到近，由下至上，由重到轻的原则；流量，视土质而定，以能尽快建立均匀水层为准，一般以30～40L/s为宜；间歇冲洗。

### 七、冲洗后土地验收

以条田为单位，检查质量，进行验收。取样分析；感官鉴定；冲洗合格的土壤有以下特征：土色较冲洗前变淡；挖出来土块放在日光下不发白；土不粘手，用手捏之，不产生滑感，人进地后不滑脚；地表没有各色盐斑；口偿时泥土无咸味。

## 第二节　种稻改良

### 一、种稻改良盐碱地的作用

主要表现在：脱盐率高、脱盐程度深、增加土壤有机质、淡化地下水等。

作用：加快了土壤脱盐；土体脱盐深；增加土壤有机质；淡化地下水质。

### 二、种稻改良盐碱地的几项主要技术措施

水稻田的合理布局；水利工程设施；泡田洗盐。

### 三、合理灌溉

1. 水稻需水和稻田脱盐规律

据原沙井子试验站资料：水稻全生育期耗水 874m$^3$/亩，其中叶面蒸腾 390.5m$^3$/亩，占 44.7%；棵间蒸发 254.8m$^3$/亩，占 29.1%；土壤渗透 229m$^3$/亩，占 26.2%。垦区水稻耗水量变化在 800～1200m$^3$/亩之间，前期多，后期少。

2. 稻田的灌水方法和水层管理

因地制宜，土地平整较好，采用“自流补水法”。土壤含盐多，应掌握深—浅—深—浅。土壤含盐轻，应掌握浅—深—浅。

3. 解决水稻“六月关”问题

出现“六月关”的主要原因：根层土壤含盐量过高；田面水浓度过大；苏打盐类危害。

解决“六月关”的措施：①加强水层管理；②提早播种和进水，使土壤早淡化，稻苗早换根；③排咸换淡；④疏通排水系统；⑤增施有机肥料；⑥采用化学改良措施改良碱化或苏打化盐土，减轻苏打盐类危害。

### 四、水旱轮作

在淡水资源较好的盐碱地区发展水稻栽培是改土的一项有效途径。种植水稻，由于稻田经常保持一定淡水层，下行水流占绝对优势，将使土壤中的盐分不断得到淋洗，有利于加速土壤脱盐淡化；同时，由于种稻用水量大，可将矿化水挤压到排水沟中排出。当土壤盐分降低后可种植其他农作物。

## 第三节　灌区内土壤次生盐碱化的防治

灌溉既是满足农作物对水分的需要，提高土壤肥力，保证增产的根本措施之一，又是开垦、改良利用盐碱地的重要手段。土壤次生盐碱化的发生与灌溉有密切联系，但土壤次生盐碱化并不是灌溉的必然结果。通过人为措施也能使地下水位不过多的升高或升高后也能使其降低，防止土壤次生盐碱化发生。

### 一、灌区内土壤次生盐碱化发生的特点

1. 灌、排工程不配套，用水不当

如沙井子灌区 1954 年引水开灌后，由于有灌无排，用水不当，加之地下水出流差，地下水位迅速上升，次生盐碱化威胁严重，具体数据如表 1-10-9 所示。

**表 1－10－9　　农垦一团开垦初期地下水埋深变化表**

| 年份 | 不同地下水埋深影响面积占总面积（%） | | | | 年份 | 不同地下水埋深影响面积占总面积（%） | | | |
|---|---|---|---|---|---|---|---|---|---|
| | 0～1m | 1～2m | 2～3m | 3～4m | | 0～1m | 1～2m | 2～3m | 3～4m |
| 1954 | | | 4 | 96 | 1957 | 4 | 17 | 38 | 41 |
| 1955 | | 3 | 25 | 72 | 1958 | 11 | 49 | 30 | 10 |
| 1956 | | 17 | 34 | 46 | 1959 | 23 | 47 | 16 | 14 |

2. 土壤次生盐碱化的分布特点

呈现点、线、片分布，其规律如下：在灌区下部和地势低洼地段；沿灌渠两侧的次生盐碱化；平原水库周围的次生盐碱化；两排水沟之间的次生盐碱化。

3. 表层积盐

老盐碱地土体盐分状况，呈现上重下轻现象。而次生盐碱化土体盐分状况，上重下轻现象则更为突出。

## 二、灌区内土壤次生盐碱化发生的原因

次生盐碱化能否发生，一是取决于地下水的埋深，二是取决于影响蒸发强弱的一切农业技术措施。灌区内地下水位抬高的原因：渠道渗漏；灌区管理；稻田布置不当和分散种植水稻引起周围地区地下水位升高；影响蒸发强弱的农业技术措施。

## 三、土壤次生盐碱化的防止措施

土壤次生盐碱化是由于地下水位抬高到临界深度以上和地面强烈蒸发所造成。防止土壤次生盐碱化，就必须从控制地下水位抬高和减弱土壤蒸发强度两方面入手。

1. 渠道防渗

一是设法改善渠床本身的透水性能；二是在渠道上敷设其他材料减少渗漏。

2. 精量灌溉

盐碱地上灌溉的任务：根据作物的需水规律进行灌水，以满足作物正常生理需水要求；保持土壤有较高的含水量，降低土壤溶液浓度；结合灌溉进行季节性洗盐。

精量灌溉的标准：适时适量，不违农时；节约用水，减少浪费；防止蒸发、渗漏和跑水，把灌水定额降低到最低限度。

精量灌溉的目的：通过正确运用灌溉措施，适时适量地均匀供水；防止地下水位上升和土壤次生盐碱化；结合农业措施，充分发挥水利资源和灌溉的经济效益。

精量灌溉是土壤改良措施中的中心环节。实践证明：在易碱地区，密植作物实行小畦灌，中耕作物采用沟灌，仍然是合理的地面灌溉方法。在此基础上，提高灌水技术和平整好土地，则是实行精量灌溉的基本条件。在提高田间灌水质量同时，全面加强灌溉管理工作，实行计划用水，计划轮灌和渠系工程的维修养护，减少跑水、漏水和过量引水，降低单位面积毛用水量。

# 复习思考题与习题

## 一、填空题

1. 新疆盐碱地冲洗的形式有________、________、________和________。

2. 冲洗前的准备工作有________、________和________。
3. 在进行改良盐碱地时冲洗脱盐标准包括________和________两个指标。
4. 影响脱盐系数的主要因素有：________、________、________和________。
5. 新疆盐碱地改良的冲洗时期可分为________、________、________和________。
6. 进行冲洗后土地验收包括________和________。
7. 种稻改良盐碱地的作用主要表现在________、________、________和________。
8. 种稻改良盐碱地的几项主要技术措施是________、________和________。
9. 新疆土壤次生盐碱化的分布特点________、________和________。
10. 次生盐碱化能否发生，一是取决于________，二是取决于________。
11. 灌区内地下水位抬高的原因________、________和________。

## 二、名词解释

1. 土壤次生盐碱化。
2. 冲洗定额。
3. 洗盐。
4. 盐碱地。

## 三、思考题问答题

1. 新疆盐碱地冲洗的形式有哪些？各适用于什么条件？
2. 简述冲洗前需做哪些准备工作。
3. 简述冲洗脱盐标准有哪两个指标。
4. 什么叫冲洗定额？其大小与土壤脱盐效果有何关系？
5. 什么叫土壤的脱盐率？基本表达式是什么？
6. 影响洗盐效果和洗盐定额的因素有哪些？
7. 冲洗技术的任务是什么？
8. 冲洗技术有哪些？
9. 如何进行冲洗后土地验收？
10. 简述种稻改良盐碱地的作用。主要表现哪些方面？
11. 冲洗定额如何计算？
12. 种稻改良盐碱地的几项主要技术措施是什么？
13. 土壤次生盐碱化的发生与灌溉有密切联系吗？为什么？
14. 新疆土壤次生盐碱化的分布特点是什么？
15. 灌区内土壤次生盐碱化发生的原因是什么？
16. 盐碱地上灌溉的任务是什么？
17. 精量灌溉的标准是什么？

# 第十一章　管道排水系统规划设计

## 第一节　暗　管　排　水

### 一、概述

**【暗管排水】** 在地下埋设管壁有多孔或缝隙的管道，排除土壤中多余的水分，降低地下水位、以利于农作物生长的防渍排水措施。

暗管排水的优点与缺点：

优点：排水效果好；节省耕地；有利于农业机械化作业。

缺点：易淤塞；投资高。

### 二、暗管排水系统的组成与分类

1. 组成

一般由吸水管、集水管、检查井和出口控制建筑物等组成。

吸水管：是管壁上有孔眼或缝隙、外包滤料的管道。土壤中过多的水通过管壁上的孔眼或缝隙进入管内。外包滤料的作用是防止泥沙进入吸水管内，并加大导水性，加大出水量。

集水管：一般是不透水管，汇集吸水管中的水流，并输送至排水明沟排走。

检查井：观测暗管的水流情况，进行检修和清淤。

出口控制建筑物：调节和控制暗管水流。

2. 类型

(1) 一级暗管排水系统。只布置吸水管，吸水管的出水口伸向明沟。我国南方平原湖区因河网较密，大多采用这种形式。

优点：布局简单，较易施工，投资少，便于检修。

缺点：出水口较多。

(2) 二级暗管排水系统。暗管由吸水管和集水管两级组成。土壤中过多的水先渗入吸水管，再汇入集水管，最后排入明沟。

优点：大大减少了明沟。因此节约了耕地。有利于机械化耕作。

缺点：布置复杂，增加了检查井数量，投资也较大，某段管道堵塞影响范围较大。

### 三、暗管管材的选用

应选用经济、适用和耐久的管材。常用管材有：内径有 55.70mm 等，有弹性、可挠曲，每盘长约 100m，每米管的进水面积 3000mm 的波纹塑料管；内径 60～80mm，圆形或外方内圆形，每节长 0.3～0.5m，适宜作吸水管的瓦管；内径有 100～800mm，圆形每节长 0.6～1.0m。大口径管适宜作集水管的素合管；还有其他刚性材料管：如水泥土管、水泥砂浆管、水泥石屑管、粉煤灰管等。内径 60～150mm，圆形或外方内圆形口径，每节长0.3～0.5m，适宜作吸水管，大口径管每节长0.8～1.0m，适宜作集水管。

## 四、暗管的埋深与间距的确定

1. 暗管的埋深

一般先按作物要求的地下水埋深确定埋深、再推求间距，如图1-11-1所示。

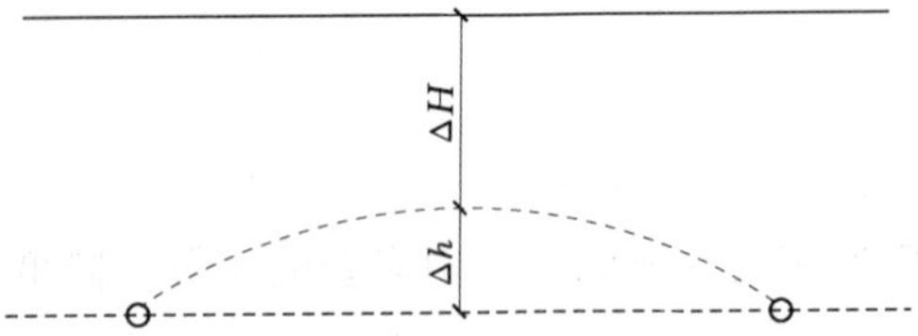


图1-11-1　暗管埋深示意图

暗管埋深　$D=\Delta H+\Delta h+s$

式中　$\Delta H$——作物要求的地下水埋深；

$\Delta h$——剩余水头，般取0.2～0.3m；

$s$——暗管中水深。

$s$值很小，可忽略不计。因此

$$D=\Delta H+\Delta h$$

根据各地经验，稻作区，以晒田期地下水埋深控制要求为准，暗管埋深在0.6～0.8m。小麦地暗管埋深为1.0～1.2m，棉花地暗管埋深为1.1～1.4m。水旱轮作区，主要按旱作的要求来确定，暗管埋深宜用0.8～1.0m。

2. 暗管的间距

确定暗管间距有田间试验法、理论计算法和经验数据法三种。理论计算法需要较多的水文地质参数，因此使用时往往受到限制。田间试验法，最能反映实际情况，但田间试验需要大量的投资，试验周期也较长。经验数据法采用规范推荐的暗管间距。经验数据法，方法比较简便，估算精度显粗略。上述三种方法各有优缺点，最好的办法是将三者结合起来，互相补充、验证。但由于采用理论计算或田间试验难度较大，因此可直接采用《灌溉与排水工程设计规范》（GB50288—99）建议的暗管间距，如表1-11-1所示。

**表1-11-1　吸水管埋深和间距（SL/T4—1999）**　单位：m

| 吸水管埋深 | 吸水管间距 | | | 吸水管埋深 | 吸水管间距 | | |
|---|---|---|---|---|---|---|---|
| | 黏土、重壤土 | 中壤土 | 轻壤土、沙壤土 | | 黏土、重壤土 | 中壤土 | 轻壤土、沙壤土 |
| 0.6～1.0 | 10左右 | 10～20 | 20～40 | 1.5～2.0 | 20～40 | 40～70 | 70～110 |
| 1.0～1.5 | 10～20 | 20～40 | 40～70 | 2.0～2.5 | | 70～110 | 110～160 |

注　GB50288—99上的吸水管间距参考值与本表基本相近，SL/T4—1999比GB50288—99。

(1) 水田淹灌稳定流条件下的吸水管间距公式。水稻区田面有淹水层，吸水管内充满水、稳定渗流情况的吸水管间距公式为

$$B=\frac{kH}{q\varphi_0};\varphi_0\approx\frac{1}{\pi}\ln\sqrt{\frac{8T}{\pi d}\tan\frac{\pi H_d}{2T}-1} \tag{1-11-1}$$

式中　$k$——土壤渗透系数，m/d；

$H$——吸水管的作用水头，即田面水位与暗管（管内为无压水流）中心点高程之差，m；

$q$——稻田设计渗漏强度，m/d；（灌溉与排水工程设计规范称为渗漏强度，农田排水工程技术规范称为渗漏率）

$\varphi_0$——渗漏阻抗系数；

$T$——田面至不透水层的距离，m；

$H_d$——吸水管的埋深，m；

$d$——吸水管外围直径，m。

（2）旱田非恒定流公式（起始地下水面线比较平缓，接近4次抛物线）。

## 五、排水暗管的设计流量

$$Q = CqA \tag{1-11-2}$$

式中　$Q$——设计排水流量，$m^3/d$；

$C$——与面积有关的流量系数，通常只设一级或两级暗管时，可取 $C=1$；

$q$——设计排水模数（SL/T4－1999），m/d（注：实际为设计排渍模数）；

$A$——暗管的排水控制面积，$m^2$。

## 六、暗管比降与内径

1. 暗管比降

排水暗管的比降应满足管内最小流速不低于0.3m/s的要求。管内径 $d$<＝100mm时，$i$ 可取1/300～1/600；当 $d$>100mm时，$i$ 可取1/1000～1/1500。地形平坦地区吸水管首末端高差不宜大于0.4m（防止首末排水不均匀）。

2. 暗管管径

吸水管内径：

$$d_1 = 2\left(\frac{nQ}{\alpha\sqrt{3i}}\right)^{3/8} \tag{1-11-3}$$

集水管内径：

$$d_2 = 2\left(\frac{nQ}{\alpha\sqrt{3i}}\right)^{3/8} \tag{1-11-4}$$

式中　$n$——管的内壁糙率，波纹塑料管取0.016，光壁塑料管0.011，混凝土管0.013，瓦管0.014；

$Q$——流量，$m^3/d$；

$\alpha$——与管内水的充盈度有关的系数；

$i$——管的水力比降，可用管线的比降。

充盈度有关的系数 $\alpha$ 可按排水工程技术规范上的公式计算（公式很复杂），或查表。

3. 校核流速

$$V = \frac{\beta}{n}\left(\frac{d}{2}\right)^{2/3} i^{1/2} \tag{1-11-5}$$

式中　$\beta$——与充盈度有关的系数。

$$\beta = 0.069 + 0.936\alpha - 0.571\alpha^2 \tag{1-11-6}$$

## 七、检查井设计

吸水管长超过200m，或集水管长超过300m应设一个检查井，以便检查、清淤和维修；吸水管与集水管的连接处也布置检查井。井距不宜小于50m，井径不宜小于80cm，井的上一级管底应高于下一级管顶10cm，井内应预留30～50cm的沉沙深度。

## 第二节　鼠　道　排　水

### 一、概述

**【鼠道】** 为排除土壤中过多的水分，防止渍害，用动力牵引钻孔器在田面以下一定深度穿透出一道道像鼠穴一样，并与排水沟（农沟）相通的排水暗洞（6～10cm）。鼠道断面一般为圆形或椭圆形。一般的鼠道只适用于黏土或黏壤土农田。经护壁的鼠道可适用砂土、砂壤土和壤土地区，但粉土地区慎用。

鼠道排水的优缺点如下。

优点：

(1) 治渍效果好。鼠道田小麦比对照田小麦一般每亩多收 20～50kg，增产 10%～20%，鼠道排水对其他旱作物能促进增产，增产幅度：棉花、油菜、大豆 10%～15%，冬瓜 70%～120%，西瓜 30%～40%。

(2) 节省耕地。提高土地利用率 3%～5%。

(3) 投资低。与暗管相比不需要管材和滤料。

(4) 施工快。利用机械作业，一天可施工 20～40 亩。

缺点：

(1) 使用寿命较短，一般为 1～3 年。

(2) 一般鼠道仅适用于黏土和黏壤土（沙壤土中需作护壁处理）。

### 二、鼠道排水类型

按平面布置分类：一级鼠道排水系统，鼠道直接排入明沟；二级鼠道排水系统，鼠道先排入集水管，再排入明沟。

空间布置：单层鼠道；双层鼠道。

## 复习思考题与习题

### 一、复习思考题

1. 暗管排水系统的组成？

2. 暗管排水系统的布置形式？

3. 暗管排水系统的分类？

4. 暗管排水系统的设计？

5. 暗管排水常用的管材？

6. 暗管管径和坡降的确定？

7. 鼠道排水类型？

8. 鼠道参数要求？

### 二、分析计算题

1. 暗管间距 $B=35$m，管长 $L=200$m，排水模式为 $q=10$mm/d，坡降采用 $i=0.1\%$，试比较采用瓦管和波纹塑料管按非均匀流和均匀流设计时要求的管径。

# 第二部分　课程设计与示例

## 课设一　某灌区灌排系统规划设计

### 一、目的要求

通过本设计，要求学生掌握作物灌溉制度的制定；灌水率图的绘制和修正；渠首类型及位置的选择、干渠、支渠及骨干排水沟以及主要渠系建筑物规划；典型支渠各级渠道的设计流量及灌溉水利用系数的推求；推算其他各支渠渠首及干渠各段的设计流量；干渠纵横断面的设计；土方量的计算等知识，使学生初步掌握灌溉系统的规划设计内容和步骤。

### 二、基本资料

#### （一）自然地理条件

1. 地理位置及范围

灌区位于我国西北某地。灌区范围西起铁路，东至精深公路，南临 C 河，北连 F 河。总面积大约为 $1\times10^4 hm^2$。M 灌区地形图如附图 1 所示。

2. 地形地貌

灌区属山前冲积扇平原，地形平坦，总的趋势是西南高东北低，地面坡度一般在 0.06%之间。灌区东北部有一条古河床遗迹，地面上仅残留沙丘。草桥关附近有一常年积水的湖泊（草泥洼）。

3. 水文

C 河及 F 河皆发源于西部山区，出山后向东穿过铁路即进入平原。两河出山口处建有 X 水库及 Y 水库，并于 C 河沿岸修建了堤防，基本上可控制一般洪水。经两库调节后，除汛期外，河水位均低于地面，地表水及地下水皆可自流排入二河。

4. 气象

灌区属于干旱半干旱气候。气温以 7 月最高，在 25℃以上；1 月最低，在 −2℃左右，无霜期 220d，春季常有大风，尤以 5 月、6 月的干热风危害最大，风向偏南，风力可达六七级；冬季多西北风，风力最大可达八九级，多年平均风速 2.9m/s，最大风速为23m/s。多年平均年降水量 517.2mm，多集中在 7 月、8 月两月，占全年降水量的 78%，冬春雨量极少，多年平均蒸发量为 1357mm。干燥度 2.62。最大冻土深 1.46m，出现在 1 月。

5. 土壤

灌区内土壤大部分为中壤土，肥力中等，土壤次生盐渍化较为严重。经测定：灌区土壤0～100cm平均容重1.51g/cm$^3$，空隙率41.3%（占土体的百分比），田间持水率为空隙体积的75%。

6. 水文地质

灌区不透水层顶板埋深为20m，含水层渗透系数$K=3$m/d，灌溉季节深层渗漏的灌溉水对地下水的补给强度$\varepsilon=1$mm/d。地下水等水位线大致与地面等高线平行，地下水流向大致为东北方向。在古河床、九里牌与四十里铺以西，地下水埋深在2～3m，矿化度小于1g/L，以东埋深在1～2m之间，矿化度在1～3g/L之间。汛期为降雨，旱季为灌溉；地下水的消耗主要是蒸发，主要是垂直运动。

**（二）社会经济条件**

1. 工农业生产情况

灌区是以粮棉为主的农业地区，主要作物有小麦（种植比例60%）、棉花（种植比例20%）、春玉米（种植比例20%）及夏玉米（种植比例60%）。复种指数1.6。

灌区内各村镇的乡镇企业比较发达，有纺织、成衣、粮油加工、陶瓷、酿酒、罐头等轻工业；铁路沿线及西部山区有机械制造、水泥、化肥、塑料制品、农药、冶炼和煤炭等重工业。

2. 自然灾害

本地区中华人民共和国成立前为一多灾低产地区，洪、涝、旱、碱灾害频繁，农业生产水平低下，人民生活困难。中华人民共和国成立后，特别是在全流域进行治理之后，由于Y和X两座水库及堤防的作用，一般洪水得到了控制，不致成灾。各地亦修建了一些小型水利工程，旱涝灾害已趋缓和。据中华人民共和国成立后40年统计和调查，各种自然灾害的情况如下：

旱灾：在灌区内普遍存在，以春旱为主，秋旱次之，成灾率在50%～70%左右。

涝灾：在靠近铁路的灌区西部一带，极少发生；中部地区涝灾较轻，成灾率在30%～50%之间；东部古河床、九里牌至四十里铺一线以东，涝灾较重，成灾率在40%～70%之间。

盐渍化：灌区东部古河床、九里牌至四十里铺一线以东零星分布有667hm$^2$轻盐渍土，表层土壤含盐量在0.2%～0.4%，作物减产10%。

3. 现有水利工程情况

在C河及F河修建的Y水库及X水库皆为防洪、灌溉、发电及水产等多目标综合利用水库，水库兴利调节按灌溉、发电要求计算，故水库下泄流量可以满足灌溉要求。水库的水源中泥沙含量较多，悬浮泥沙含量：4801mg/L，平均粒径：0.041mm。水温适中，含盐量小于0.001%。Y水库放水洞最低水位（干渠渠首设计水位）为68m。灌区内机井较多。

4. 灌区开发要求

根据国民经济发展规划及流域规划，拟将本灌区建成旱涝保收，高产稳产的粮棉生产基地。根据流域规划的统一安排，灌溉水源的分配方案是：X水库提供F河以西以北的灌溉水源；Y水库提供M灌区的灌溉水源（即灌区水源主要是Y水库来提供的）。地下水主要供各地国有工业、乡镇企业用水、城镇居民生活及铁路以西高地的农业灌溉用水。灌区内的机井主要供人畜饮用及零星菜地的灌溉，除特殊情况外，不用来灌溉大田。灌区开发以灌溉为主，同时解决涝渍问题；对于盐碱化土壤采取改良排水措施，不考虑冲洗改良。

**（三）灌溉排水设计依据的资料**

1. 灌溉制度设计资料

典型年（中旱年）冬小麦灌溉制度设计资料。冬小麦生育期从 10 月 1 日到次年 6 月 16 日。根据试验资料分析，当冬小麦计划产量为 4500kg/hm$^2$ 时，相应的需水系数 $K=1.0\text{m}^3/\text{kg}$。各生育阶段计划湿润层及需水模系数见表 2-1-1。

**表 2-1-1　　冬小麦各生育阶段计划湿润层深度及需水模系数**

| 生育阶段 | 起止日期（月-日） | 计划湿润层深度（m） | 需水模系数的累积值（%） |
|---|---|---|---|
| 幼苗期 | 10-01～11-05 | 0.6 | 3.5 |
| 分蘖期 | 11-06～12-05 | 0.6 | 11.0 |
| 越冬期 | 12-06～次年 03-01 | 0.6 | 14.0 |
| 返青期 | 03-02～04-10 | 0.6～0.8 | 24.0 |
| 拔节期 | 04-11～05-01 | 0.8 | 55.0 |
| 抽穗开花期 | 05-02～05-17 | 0.8 | 68.0 |
| 乳熟期 | 05-18～06-04 | 0.8 | 86.0 |
| 黄熟期 | 06-05～06-16 | 0.8 | 100.0 |

土壤适宜含水率上限为田间持水率，下限为田间持水率的 60%，播前灌（9 月 24 日）以前天然土壤含水率为 48%（占空隙体积百分比）。由于计划湿润层增加而增加的土体，其土壤含水量按田间持水率的 90%计。

设计降雨保证率采用 75%，经分析设计年小麦生育期逐旬有效降雨量见表 2-1-2。

**表 2-1-2　　典型年（中旱年）冬小麦生育期逐旬有效降雨量**　　单位：mm

| 月份 | 10 | 11 | 12 | 1 | 2 | 3 | 4 | 5 | 6 |
|---|---|---|---|---|---|---|---|---|---|
| 上旬 | | 0.5 | 16.5 | | 4.5 | | | | 13.6 |
| 中旬 | | | | 1.32 | | | | | |
| 下旬 | | | | | | 22.5 | 25.0 | 31.5 | |

地下水利用量从偏于安全考虑，可忽略不计。

在进行播前灌的情况下，播种时土壤含水率按田间持水率的 90%计。

典型年（中旱年）其他作物灌溉制度，可根据经验拟定，见表 2-1-3。

2. 灌水率设计资料

主要作物各次灌水的灌水延续时间大致如下（可供参考）。

小麦：播前灌 10～20 昼夜，拔节后灌水 10～15 昼夜。

棉花：苗期、花铃期灌 8～12 昼夜，吐絮期灌 8～15 昼夜。

玉米：拔节抽穗期灌 10～15 昼夜，开花期灌 8～13 昼夜。

田间灌溉水利用系数，可取 0.95。

表 2-1-3　　典型年（中旱年）棉花、玉米的灌溉制度

| 作物名称 | 生育期（月-日） | 灌水次序 | 生育阶段 | 灌水中间日期（月-日） | 灌水定额（$m^3/hm^2$） |
|---|---|---|---|---|---|
| 棉花 | 04-10～10-30 | 1 | 播前 | 03-20 | 900 |
| | | 2 | 现蕾期 | 06-25 | 600 |
| | | 3 | 开花结铃期 | 07-13 | 675 |
| 夏玉米 | 06-17～09-15 | 1 | 拔节期 | 07-02 | 600 |
| | | 2 | 抽穗期 | 07-20 | 600 |
| | | 3 | 灌浆期 | 08-08 | 450 |
| 春玉米 | 04-15～08-10 | 1 | 冬灌（储水） | 11-20 | 900 |
| | | 2 | 拔节期 | 05-17 | 675 |
| | | 3 | 抽穗期 | 06-24 | 675 |
| | | 4 | 灌浆期 | 07-25 | 675 |

3. 排水模数计算资料

按地区排模经验公式计算最大排模

$$Q_{max}=0.041R^{0.93}F^{-0.33}\text{m}^3/(\text{s}\cdot\text{km}^2)$$

设计暴雨采用 10 年一遇最大 1 日暴雨 147mm。按平均排除法计算地面平均排水模数时，耐淹历时可取 1 昼夜。地下排水模数取 0.03$m^3$/（s·$km^2$）。

## 三、设计内容

（1）基本资料分析。

（2）农作物灌溉制度设计。主要设计冬小麦的灌溉制度。其他作物的灌溉制度取经验资料。

（3）灌水率图设计。

（4）排水模数的设计。包括地面排水模数和地下排水模数。

（5）末级田间排水沟的沟深与沟距设计。

（6）灌溉排水系统的规划布置。主要包括取水口位置与形式选择，灌溉渠道系统的规划布置，排水沟道系统的规划布置，排水容泄区的选择，灌溉排水系统上主要建筑物的类型选择与位置的确定。

（7）灌溉渠道流量推算。选择一个典型支渠，推算该支渠渠系中各级渠道的设计（正常）流量、最小流量。推算干渠各段的设计（正常）流量、最小流量。

（8）排水沟道流量的计算。

（9）灌溉渠道纵横断面设计。根据时间安排，可考虑只设计干渠的纵横断面；或同时设计一个支渠渠系中各渠道的纵横断面。

（10）渠道土方量计算。

## 四、设计成果

1. 设计说明书

2. 设计图

（1）小麦灌溉制度设计图。

（2）灌区灌水率图。

（3）灌排系统规划布置图。

（4）干渠纵横断面图。

# 课设二　马清河灌区灌溉系统的规划设计

## 一、目的要求

通过本设计，要求学生掌握作物灌溉制度的制定；灌水率图的绘制和修正；渠首类型及位置的选择、干渠、支渠及骨干排水沟以及主要渠系建筑物规划；典型支渠各级渠道的设计流量及灌溉水利用系数的推求；推算其他各支渠渠首及干渠各段的设计流量；干渠纵横断面的设计；土方量的计算等知识，使学生初步掌握灌溉系统的规划设计内容和步骤。

## 二、基本资料

1. 概况

灌区位于界荣山以南，马清河以北，（20m 等高线以下的）总面积约 12 万亩。气候温和，无霜期长，适宜于农作物生长。年平均气温 16.5℃，多年平均蒸发量 1065mm，多年平均降水量 1112mm，马清河灌区地形图见附图 1。

灌区人口总数约 8 万人，劳动力 1.9 万人。申溪以西属兴隆乡，以东属大胜乡。根据农业规划，界荣山上以林、牧、副业为主，马头山以林为主，20m 等高线以下则以大田作物为主，种植稻、麦、棉、豆等作物。

灌区上游土质属中壤，下游龙尾河一带属轻砂壤土。地下水埋深一般为 4～5m，土壤及地下水的 pH 值属中性，无盐碱化威胁。

界荣山、龙尾山等属土质丘陵，表土属中黏壤土，地表 5～6m 以下为岩层，申溪及吴家沟等沟溪均有岩石露头，马头山陈村以南至马清河边岩石遍布地表。吴家沟等沟溪纵坡较大，下切较深，一般为 7～8m，上游宽 50～60m，下游宽 70～90m，遇暴雨时易暴发洪水，近年来已在各沟、溪上游修建多处小型水库，山洪已基本得到控制，对灌区无威胁。

马清河灌区为马清河流域规划的组成部分。根据规划要求，已在兴隆峪上游 20km 处（图外）建大型水库一座，坝顶高程 50.2m，正常水位 43.00m，兴利库容 $1.2\times10^8 m^3$，总库容 $2.3\times10^8 m^3$。马清河灌区拟在该水库下游 *A—A* 断面处修建拦河坝式取水枢纽，引取水库水发电，利用尾水进行灌溉。*A—A* 断面处河底高程 30.00m，砂、卵石覆盖层厚 2.5m，下为基岩，河道比降 1/100，河底宽 82m，河面宽 120m。水库所供水水质良好，含沙量极微，水量亦能完全满足灌区用水要求。

2. 气象

根据当地气象站资料，设计的中等干旱年（相当于 1972 年）4～11 月水面蒸发量（80cm 口径蒸发皿）及降水量见表 2-2-1 及表 2-2-2。

**表 2-2-1　设计年蒸发量统计**

| 月　份 | 4 | 5 | 6 | 7 |
|---|---|---|---|---|
| 蒸发量（mm） | 97.5 | 118.0 | 143.7 | 174.9 |
| 月　份 | 8 | 9 | 10 | 11 |
| 蒸发量（mm） | 196.5 | 144.7 | 101.1 | 75.6 |

**表 2-2-2　设计年降水量统计**　单位：mm

| 日 | 月份 | | | | | | |
|---|---|---|---|---|---|---|---|
| | 4 | 5 | 6 | 7 | 8 | 9 | 10 |
| 1 | 7.6 | | | | | | 4.6 |
| 2 | 12.7 | | 17.4 | | | | 18.5 |
| 3 | | 3.4 | 1.9 | | | 7.3 | |
| 4 | | 92.0 | | | | | |
| 5 | 5.3 | 1.2 | | | 10.8 | | |
| 6 | 4.8 | 7.9 | | | | | 2.8 |
| 7 | 8.6 | 28.5 | | | | | |
| 8 | | | | | | | 2.5 |
| 9 | | | | | | | 19.1 |
| 10 | | | | | | | 3.6 |
| 11 | | 2.5 | | | | 2.1 | |
| 12 | 1.9 | 6.4 | | | | | |
| 13 | 7.5 | | | | | 2.3 | |
| 14 | 12.1 | | 1.9 | | | | 1.9 |
| 15 | | | | 10.0 | | | |
| 16 | | 6.0 | | 4.1 | | 3.5 | 32.8 |
| 17 | | 24.5 | | | | | |
| 18 | 1.3 | | | | | | |
| 19 | | | | | 1.6 | | |
| 20 | 4.3 | | | | 12.6 | | 11.5 |
| 21 | 1.8 | | | | | 18.5 | |
| 22 | 2.1 | 10.6 | 49.2 | 2.5 | | 3.6 | |
| 23 | 1.4 | 10.7 | | 4.5 | | | |
| 24 | | | 35.4 | 7.4 | | | |
| 25 | | | | | | | 6.2 |
| 26 | | | 1.5 | | | | |
| 27 | | 1.1 | | | | | |
| 28 | 1.5 | 3.7 | | | | | |
| 29 | | | | | | | |

续表

| 日 | 月份 | | | | | | |
|---|---|---|---|---|---|---|---|
| | 4 | 5 | 6 | 7 | 8 | 9 | 10 |
| 30 | | | | 7.7 | | | |
| 31 | | | | 3.6 | | | |
| 合计 | 72.9 | 108.5 | 107.3 | 39.8 | 25.0 | 37.3 | 103.5 |

3. 种植计划及灌溉经验

灌区以种植水稻为主，兼有少量旱作物，各种作物种植比例见表 2-2-3。

**表 2-2-3　　作物种植比例**

| 作　物 | 早　稻 | 中稻 | 双季晚稻 | 棉花 |
|---|---|---|---|---|
| 种植比例（%） | 50 | 30 | 50 | 20 |

根据该地区灌溉试验站观测资料，设计年（1972 年）早稻及棉花的基本观测数据见表 2-2-4及表 2-2-5；中稻及晚稻的丰产灌溉制度列于表 2-2-6。

**表 2-2-4　　早稻试验基本数据**

| 生育阶段 | 复苗 | 分蘖前 | 分蘖后 | 孕穗 | 抽穗 | 乳熟 | 黄熟 | 全生育期 |
|---|---|---|---|---|---|---|---|---|
| 起止日期（月-日） | 04-25～05-04 | 05-05～05-14 | 05-15～06-01 | 06-02～06-16 | 06-17～06-30 | 07-01～07-11 | 07-12～07-20 | 04-25～07-20 |
| 天数（d） | 10 | 10 | 18 | 15 | 14 | 11 | 9 | 87 |
| 模比系数（%） | 7 | 8 | 18 | 25 | 21 | 13 | 8 | 100 |
| 田间允许水层深（mm） | 10～30～50 | 10～40～80 | 20～50～90 | 20～50～100 | 20～50～90 | 10～40～50 | 湿润 | |
| 渗透强度（mm/d） | 1.3 | 1.3 | 1.3 | 1.3 | 1.3 | 1.3 | 1.3 | |

**注**　全生育期需水系数 $a=1.0$。

**表 2-2-5　　棉花试验基本数据**

| 生育阶段 | 幼苗期 | 现蕾期 | 开花结铃期 | 吐絮期 | 全生育期 |
|---|---|---|---|---|---|
| 起止日期（月-日） | 04-21～06-16 | 06-17～07-28 | 07-29～08-26 | 08-27～11-06 | 04-21～11-06 |
| 模比系数（%） | 18 | 30 | 24 | 28 | 100 |
| 地下水补给量占作物需水量的（%） | 10 | 20 | 22 | 25 | |
| 计划湿润层深（m） | 0.4～0.5 | 0.5～0.6 | 0.6～0.7 | 0.7 | |

**注**　计划产量 120kg；需水系数 $k=2.67\text{kg/m}^3$；土壤空隙率为 48%（占土体的百分数）；土壤适宜含水率上限为 88%，下限为 61.6%（占空隙百分数）；田间最大持水率为 88%（占空隙百分数）；播种时，计划层土壤储水量为 $102\text{m}^3$/亩。

## 三、设计内容

（1）根据基本资料用水量平衡法（列表计算）制定早稻及棉花的灌溉制度，建议编程计算或利用 Excel 计算。

(2) 根据所制定的早稻及棉花的灌溉制度以及表2-2-6所给出的中稻及双季晚稻的灌溉制度资料，绘制全灌区的灌水率图，并进行修正，使其符合要求。在制定灌水率图时，建议采用的一次灌水延续时间如下：早、中稻泡田8～12昼夜；双季晚稻泡田5～7昼夜；各类水稻生育内一次灌水的延续时间3～5昼夜。棉花生育期内一次灌水延续时间5～10昼夜。

**表2-2-6　　中稻、双季晚稻设计年丰产灌溉制度**

| 中稻 | | | 双季晚稻 | | |
|---|---|---|---|---|---|
| 灌水次序 | 灌水时间（月-日） | 灌水定额（$m^3$/亩） | 灌水次序 | 灌水时间（月-日） | 灌水定额（$m^3$/亩） |
| 1（泡田） | 05-07 | 75 | 1（泡田） | 07-19 | 70 |
| 2 | 05-26 | 25 | 2 | 07-27 | 15 |
| 3 | 06-04 | 25 | 3 | 08-01 | 25 |
| 4 | 06-10 | 25 | 4 | 08-07 | 20 |
| 5 | 06-20 | 30 | 5 | 08-12 | 25 |
| 6 | 07-02 | 30 | 6 | 08-23 | 30 |
| 7 | 07-08 | 30 | 7 | 08-27 | 30 |
| 8 | 07-14 | 30 | 8 | 08-31 | 30 |
| 9 | 07-22 | 30 | 9 | 09-06 | 30 |
| 10 | 07-29 | 25 | 10 | 09-12 | 30 |
| 11 | 08-10 | 20 | 11 | 09-19 | 30 |
| | | | 12 | 09-30 | 20 |
| 灌溉定额：345$m^3$/亩 | | | 灌溉定额：355$m^3$/亩 | | |

(3) 确定渠首枢纽的位置及形式。在1/25000地形图上布置引水干渠、支渠及骨干排水沟，并布置主要干道，以及主要渠系建筑物。在灌区中部选择一条支渠布置斗、农级渠道。

(4) 推算典型支渠各级渠道的设计流量及灌溉水利用系数；推算其他各支渠渠首及干渠各段的设计流量。

(5) 设计干渠各段的纵横断面及典型支渠纵横断面。

(6) 设计典型斗渠和典型农渠纵横断面，斗渠采用混凝土衬砌梯形断面，农渠采用混凝土衬砌U形断面。

(7) 渠道土方量计算。

(8) 计算灌溉渠系工程概算投资。

## 四、设计成果

(1) 设计说明书。要求说明设计的步骤、依据的理论、采用的公式或方法，必要时将计算成果列入表格。

(2) 设计图纸包括灌溉系统规划布置图，干渠纵横断面图，以及支、斗、农渠横断面图（共3张，均为A2图幅、CAD绘图）。

# 课设三　M农场灌溉渠系规划设计

## 一、目的要求

通过本设计，要求学生掌握作物灌溉制度的制定；灌水率图的绘制和修正；渠首类型及位置的选择、干渠、支渠及骨干排水沟以及主要渠系建筑物规划；典型支渠各级渠道的设计流量及灌溉水利用系数的推求；推算其他各支渠渠首及干渠各段的设计流量；干渠纵横断面的设计；土方量的计算等知识，使学生初步掌握灌溉系统的规划设计内容和步骤。

## 二、基本资料

1. 地理位置

M农场位于新疆维吾尔自治区境内，有可垦荒地和耕地约5万亩，其场区范围：东起G河引水渠，西至叉路口（Z公路与W公路交叉处），南依天山，北抵Z公路北边的北场界。M农场地形图见附图3。

农场处于G河及附近冲沟形成的洪积——冲积扇上，地势南高北低，自东南向北倾斜，地面坡度较陡，在扇形地带上部，小区起伏大，冲沟较多，土层薄而不均，多有卵砾石外露，在扇形地带下部，小区基本平坦，冲沟很少，土层深厚，部分已开垦为农田。

2. 气候情况

降水和蒸发：年降水161.2mm，其中作物生育期降水量106.4mm（4～9月），年平均蒸发量1733mm。

气候：年平均气温7.3℃，极端最高气温39.9℃，极端最低气温－30.1℃。

风速风向：4～10月年平均风速2.6m/s，最大风速11.8m/s，常风向NW，其次为E。

霜冻期：初霜期在9月上旬，晚霜期在4月下旬。结冻期在11月上旬，解冻期在3月下旬，最大冻土深度91cm。

3. 土壤和水文地质条件

土壤属灰棕色荒漠土、质地为轻壤，在扇形地带上、中部潜水埋深10m，含水层砂砾石，地下水径流通畅，水质良好，在扇缘地带（Z公路以北），潜水埋深3～5m，含水层颗粒较细，地下水径流弱，矿化度较高。

4. 水源和场外水利工程

G河（在图外）为M农场与T乡的共有水源，该河发源于天山山区，积流面积208km$^2$，主要由融雪、降雨补给，河流长35km，厚层砂砾石河床，沿程水量渗漏较多，故流出山口后主河槽逐渐消失，变为散射状冲沟，据调查，G河丰水期在6～8月，洪峰流量20～60m$^3$/s，枯水期在11月～次年3月，仅有0.2～0.3m$^3$/s的山间泉水注入河槽，但在流程中渗漏损失，至山口以下断流，G河引水渠首处河流各月平均流量见表2-3-1。

**表 2-3-1　　引水渠首处河流各月平均流量**　　单位：$m^3/s$

| 月份 | 1 | 2 | 3 | 4 | 5 | 6 |
|---|---|---|---|---|---|---|
| 流量 | 0.3 | 0.3 | 0.3 | 0.4 | 1.8 | 4.0 |
| 月份 | 7 | 8 | 9 | 10 | 11 | 12 |
| 流量 | 3.0 | 2.0 | 0.4 | 0.3 | 0.2 | 0.1 |

场外引水工程已全部建成，包括 G 河引渠（见地形图右下方）和上、下两座取水枢纽（在图外），引水渠全长 9.5km，梯形渠道，干砌卵石灌浆防渗护面。在引水渠 8＋000、9＋000 及 9＋500 桩号处，在设计流量为 4.6m3/s 时的设计水位为：74.75m、71.58m 及 70.20m。

分水协议规定：G 河引水工程由水权双方共同使用，水分比例：G 农场占 70%，T 乡占 30%。

5. 社会经济情况

M 农场现有人口 580 人，其中劳动力 285 人，主要从事农业，其次为畜牧业，已开垦地约 10000 亩，种植作物有小麦和杂粮等，地块零星分散，耕作粗放，无正规水利设施，仅有一些临时性渠沟，可堵引冲沟洪水灌溉，产量低无保证，当地称之为“闯田”。牲畜包括牛 380 头，马 400 匹，养 8000 只，骆驼 33 峰。

W 公路及 Z 公路穿过本场，交通方便。

农场以南 15km 有水泥厂，货源充足，另外，附近盛产砂卵石，便于水利建设应用。

6. 开发规模与经营方针

主管部门要求，在进行灌溉渠系规划时，要适应场内土地规划的需要，以便建成机械化的牧业生产基地，农场土地开发规模必须按照“灌溉农业”的特点以水定地，做到水土平衡，农场实行以粮为主，农牧并重，适当发展多种经营活跃城乡经济的方针，据此建议作物种植比例为：

冬小麦 20%，春小麦 15%，玉米、豆类 10%，油菜 8%，苜蓿 32%，谷子 12%，瓜菜 3%。

7. 灌溉制度资料

经实际调查，本农场附近灌区的作物灌溉制度见表 2-3-2。田间水利用系数采用 0.92。

**表 2-3-2　　灌溉制度表**

| 作物名称 | 灌水次数 | 灌水时间（月-日） | | 灌水定额（$m^3$/亩） | 灌水方法 | 备注 |
|---|---|---|---|---|---|---|
| | | 起 | 止 | | | |
| 冬小麦 | 1 | 08-15 | 09-05 | 65 | 细流灌溉 | 播前灌水 |
| | 2 | 10-01 | 10-25 | 65 | | |
| | 3 | 04-15 | 04-30 | 55 | | |
| | 4 | 05-15 | 05-25 | 55 | | |
| | 5 | 06-01 | 06-10 | 60 | | |
| | 6 | 06-21 | 06-30 | 55 | | |

续表

| 作物名称 | 灌水次数 | 灌水时间（月-日） | | 灌水定额（$m^3$/亩） | 灌水方法 | 备注 |
|---|---|---|---|---|---|---|
| | | 起 | 止 | | | |
| 春小麦 | 1 | 05-11 | 05-17 | 65 | 细流沟灌 | 抢墒播种 |
| | 2 | 06-11 | 06-18 | 50 | | |
| | 3 | 06-28 | 07-05 | 50 | | |
| | 4 | 07-25 | 07-31 | 50 | | |
| 油菜 | 1 | 05-10 | 05-20 | 65 | 沟灌 | |
| | 2 | 05-25 | 06-05 | 50 | | |
| | 3 | 06-20 | 06-30 | 50 | | |
| | 4 | 07-11 | 07-20 | 50 | | |
| 玉米豆类 | 1 | 04-05 | 04-15 | 65 | 沟灌 | 播前灌 |
| | 2 | 05-20 | 05-31 | 50 | | |
| | 3 | 06-15 | 06-25 | 50 | | |
| | 4 | 07-05 | 07-15 | 50 | | |
| | 5 | 07-25 | 08-05 | 50 | | |
| | 6 | 08-20 | 08-31 | 50 | | |
| 谷子 | 1 | 05-16 | 05-25 | 65 | 沟灌 | 播前灌 |
| | 2 | 06-15 | 06-20 | 55 | | |
| | 3 | 07-01 | 07-07 | 55 | | |
| | 4 | 07-11 | 07-17 | 55 | | |
| 苜蓿 | 1 | 05-10 | 05-20 | 50 | 畦灌 | |
| | 2 | 06-01 | 06-10 | 50 | | |
| | 3 | 06-20 | 06-30 | 50 | | |
| | 4 | 07-15 | 07-25 | 50 | | |
| | 5 | 08-10 | 08-25 | 50 | | |
| | 6 | 09-06 | 09-20 | 50 | | |
| 瓜菜 | 1 | 04-05 | 04-15 | 65 | 沟灌 | |
| | 2 | 05-01 | 05-10 | 45 | | |
| | 3 | 06-15 | 06-25 | 45 | | |
| | 4 | 06-30 | 07-05 | 45 | | |
| | 5 | 07-15 | 07-20 | 45 | | |
| | 6 | 07-25 | 07-31 | 45 | | |
| | 7 | 08-05 | 08-15 | 45 | | |

## 三、设计内容

1. 资料分析

概述自然条件和社会经济条件，分析灌区主要特征，拟定出相应的农田水利工程技术措施。

2. 水土平衡计算

按月计算万亩灌溉用水量，渠首引水量，农场分水量和可灌面积，选定农场保灌面积并估算规划面积，初选灌区南部边界。

3. 灌溉渠系规划

根据土地规划和灌溉渠系本身规划的要求，拟定规划原则，包括生产队规模、条田长度和形状、轮作要求、各类土壤利用方式，渠道比降和适宜长度等。

在1/15000地形图上绘制场内干、支、斗渠以及干道、机耕道、农田防护林带规划图，选定场部、生产队位置以及渠道上各类建筑物。

在1/5000图上布置典型条田斗、农渠及田间渠系，此图作为设计说明书的部分。

4. 典型渠道纵、横断面设计

选择支、斗渠各一条作为典型渠道，在厘米方格纸上绘制渠道纵、横断面设计图，并列表统计渠道各段水力要素，渠道建筑物设计资料和图例等。列表计算渠道土方和工程材料数量。

5. 编写规划设计说明书

说明书编写提纲建议如下：

第一节　基本资料分析

第二节　水量平衡计算

第三节　灌溉渠系规划

第四节　典型渠道设计

## 四、设计成果

(1) M农场灌溉渠系规划图。

(2) 典型渠道纵、横断面设计图。

(3) M农场灌溉渠系规划设计说明书1份。

## 五、设计提示

灌区降雨量小，不到作物需水量的20%，且又蒸发强烈，降雨对作物需水要求不起作用，所以一般不分析雨量频率来计算与制定灌溉制度，而直接利用调查的灌溉制度计算用水量，然后与水源流量资料进行水利计算。

在农场所处的干旱地区水资源极为宝贵，在规划中应采用较高的引水率，根据地区经验建议枯水期引水率采用95%，丰水期80%左右。

G河系融雪、降雨补给的山溪性河流，流程短、比降大、调蓄量小，流量受山区降雨、季节气温和昼夜温差的影响发生较大幅度的随机变化或规律变化，采用较高的引水率，便意味着引洪灌溉，这就要求采用较大的经验灌水率值来确定干、支渠设计流量，参考设计经验灌水率 $q_{设}=0.5\sim0.6m^3/s\cdot$万亩。

灌区属大坡度地区，根据同类灌区条田设计的经验：条田长×宽=(600～700)m×(250～300)m，垂直等高线纵向布置，农渠沿条田短边布置，固定毛渠平行条田长边布置，用细流沟灌方法灌水，这样既可以大大节省平整土地和每年修筑毛渠用工量，又可避免灌水时水土流失。

土地规划的几点要求：

居民点占地：场部300～600亩，生产队部为本队耕地面积的2%～3%。

生产队规模：以谷物为主的生产队7000～10000亩。

谷物轮作要求：在同一生产队范围内，以1～3个条田为一个轮作小区，以相邻的8个轮作小区组成一个大轮作区，要求同一个大轮作区内各轮作小区面积与小区平均面积的允许差异不超过10%～15%。

根据新疆国有农场经验，各类土地利用面积占可利用面积（不包括天然草场和不能用的土地）的比例为：耕地面积不应低于80%～90%。

新疆土地规划规范规定：干道与通信、电力线路结合布置时采用12m宽，其中路面宽8m，两侧路沟各宽0.5m，干道与拖拉机道并列布置采用14m宽，其中干道路面宽8m，拖拉机道宽5m，并列两条道路的两侧路沟各宽0.5m，干道单独布置时一律采用9m宽，其中路面宽8m，两侧路沟各宽0.5m。拖拉机道占地宽度：单独布置采用8m宽。

农田防护林带占地宽度：一般植树4～6行，风沙危害严重地区植树8～10行，行距2～2.5m，最外侧两行树的外边各留1m遮阴宽度，株距1～1.5m。

# 课设四　灌区系统规划设计示例

**【设计步骤】**

1. 基本情况及灌区开发缘由

(1) 基本情况。根据提供的基本资料，简要介绍灌区的基本情况。

(2) 灌区开发的必要性和可行性。根据农业生产发展要求、水源及地形等条件，说明灌区开发的必要性和可行性。

2. 作物灌溉制度设计

只计算早稻和棉花的灌溉制度，早稻和晚稻的灌溉制度已给出。

(1) 早稻灌溉制度。泡田定额已给定为$70m^3$/亩，生育期灌溉制度采用列表法计算，为提高计算效率，建议利用Excel计算。

(2) 棉花灌溉制度。根据播前灌水定额计算公式计算棉花播前灌水定额，生育期灌溉制度也建议利用Excel计算。

3. 设计灌水率确定

首先计算各种作物各次灌水的灌水率，建议水稻泡水时间取6d，生育期每次灌水延续时间3～5d，棉花每次灌水延续时间为6～8d。

绘制初步灌水率图，然后修正初步灌水率图，最后根据修正后的灌水率图确定设计灌水率。

4. 灌排渠系及渠系建筑物规划布置

（1）水源与取水口选择。以马清河为灌溉水源，取水口宜取在凹岸中点偏下游处（应说明缘由）。

（2）各级渠道和排水沟布置。根据地形条件及现有水系，布置干、支渠和干、支沟。斗渠与斗沟布置形式宜采用灌排相邻布置，间距建议为400～800m。农渠与农沟布置形式也采用灌排相邻布置，间距建议为100～200m。

（3）渠系建筑物布置。渠系建筑物包括进水闸、分水闸、节制闸、渡槽、泄水闸、退水闸等。

5. 水位推算

（1）初拟各级渠道比降。一般干渠比降为1/10000左右，支渠比降为1/5000左右，斗渠比降为1/2000左右，农渠比降为1/1000左右。

（2）选择地面控制点。地面控制点即灌溉区域内最难控制的点，可通过比较渠道比降和地面比降来确定控制点在渠道首部，还是在渠道末端。一般通过以下步骤确定控制点位置：

若干渠比降≥干渠沿线地面比降，则控制点位于灌区尾部，反之位于灌区首部；若支渠比降≥支渠沿线地面比降，则控制点位于支渠尾部，反之位于支渠首部；若斗渠比降≥斗渠沿线地面比降，则控制点位于斗渠尾部，反之位于斗渠首部；若农渠比降≥农渠沿线地面比降，则控制点位于农渠尾部，反之位于农渠首部，最终确定控制点位置。

（3）推算支渠渠首设计水位。根据控制点高程和分水口水位推算公式，推算支渠渠首设计水位。

（4）推算干渠水位。必须逐段推算干渠水位，计算出各特征点处水位，不然无法绘出干渠纵断面图。

（5）确定引水方式。根据渠首设计水位和设计年取水口水位，确定取水方式是无坝取水还是有坝取水。

6. 计算渠道设计流量

（1）确定工作制度。干支渠续灌，斗、农渠轮灌（一般各分两组）。

（2）计算典型支渠设计流量。先分别计算出支渠田间净流、农渠田净流量和农渠净流量，然后逐级推算农、斗、支渠的设计流量，并计算出支渠的灌溉水利用系数。

（3）计算干渠设计流量。逐段计算干渠设计流量，最后计算灌区灌溉水利用系数。

7. 渠道横断面设计

（1）干渠各断面设计。设计过水断面采用实用经济断面，计算方法如下：

1）拟定偏离系数$\alpha=1.01\sim1.04$。

2）计算$\gamma=\alpha^{\frac{5}{2}}-\sqrt{\alpha(\alpha^4-1)}$。

3）计算宽深比$\beta=\frac{\alpha}{\gamma^2}(2\sqrt{1+m^2}-m)-m$。

4）$h=\left[\frac{Qn(\beta+2\sqrt{1+m^2})^{2/3}}{(\beta+m)^{5/3}\sqrt{i}}\right]^{8/3}$。

5）$b=\beta h$。

6）校核不冲不淤。

计算最小水深和加大水深建议采用迭代法，下面以最小水深为例说明计算方法。

a）计算 $A=\left(\frac{nQ}{\sqrt{i}}\right)^{0.6}$，$B=2\sqrt{1+m^2}$。

b）初拟 $h_{最小}$，代入下式

$$h'_{最小}=\frac{A(b+Bh_{最小})^{0.4}}{b+mh_{最小}}$$

若 $h'_{最小}\approx h_{最小}$ 则计算终止，否则令 $h_{最小}=h'_{最小}$，继续迭代，一般需2～3次即可。

（2）支渠断面设计。采用经济实用断面，计算方法同上。

（3）斗渠断面设计。设计典型斗渠横断面，建议采用水力最优断面。

（4）农渠断面设计。设计典型农渠横断面，建议采用最优水力断面。

8. 干、支渠水位衔接校核

上、下级渠道水位衔接有两种方式。一种是上、下级渠道通过设计流量，以此来确定上级渠道的渠底高程，在这种情况下，当上级渠道通过最小流量时，下级渠道取水就得不到保证，这时需在上级渠道修建节制闸抬高水位，才能保证下级渠道引到最小流量。另一种是上、下级渠道通过最小流，以此来确定上级渠道的渠底高程，在这种情况下，当上级渠道通过设计流量时，上级渠道水位过高，需要通过分水闸来控制流量，以免进入下级渠道的流量超出设计流量，这种方式实际降低了下级渠的设计水位，因此可能会影响到下级渠道控制面积。

本灌区支渠沿线地形坡度较大，降低支渠设计水位不会明显影响控制面积，但能节省干渠节制闸的工程投资，因此建议选择第二种衔接方式。采用这种衔接方式时，需分别确定支渠闸后最小水位、渠底高程和设计水位。

9. 绘制干渠纵横断面图

在A2坐标纸上绘制干渠纵断面图和各段横断面图。要求设计图比例适宜，布置合理，表达准确、完整。

绘制干渠纵断面图时，为绘图方便，建筑物处的水头损失可集中于中心位置。另外，应处理好上、下段断面的衔接问题，干渠自首至尾各段设计流量逐渐减小，下游段横断面小于上游段横断面，为维持下游段设计水位，需抬高下游段渠底高程，由此会出现倒台阶。倒台阶会破坏均匀流条件，且容易造成上游段渠底淤积，因此需控制倒台阶的高度，一般倒台阶高度不应大于0.15～0.2m。若倒台阶高度大于这一数值，应修改设计方案。

# 课设五　农三师51团滴灌系统规划设计

## 一、目的要求

通过本设计，要求学生掌握滴灌灌溉工程的规划设计要领，滴头选型，管道系统的总体布置，管材的选择，设计流量的确定，管径的选定与水力计算。

## 二、项目区概况

### （一）自然概况

1. 地理位置及范围

51团位于塔克拉玛干沙漠西缘，地处叶尔羌河下游和喀什葛尔河沿岸的冲积平原上，东与53团毗邻，南与50团、52团隔突来买提河相望，西靠乌库马扎山与巴楚县恰尔巴格乡接壤，北面是未利用的荒漠。地理坐标位于东经77°47′～77°56′、北纬38°56′～39°06′之间。耕地以壤土为主，小麦、玉米、棉花为团场三大主要农作物。地下水因含矿物质比例超标，不宜人畜饮用和灌溉。灌溉和饮用水均来自农三师小海子水库，团场以少数民族为主，集体经济占全团经济88%。

2. 水文气象

（1）水文。该团位于叶尔羌河东岸中下游的前进灌区。叶河和喀河均为季节性河流，冬枯夏丰，来水很不均衡，灌区依靠小海子水库调节供水。通过渠道输水进行灌溉。

（2）气象。该团属暖温带大陆干旱气候，主要气候特征：光照充足，热量丰富，降水稀少，蒸发强烈，空气干燥，气温日差较大。根据气象资料，项目区年均气温11.7℃，历年气温极值：最高40.2℃，最低－22.1℃。本区日照充足，日照时数年平均达到2388h，日照率54%。

项目区无霜期较长，一般年份在201～226d，平均214d，初霜一般在10月中旬，终霜一般在次年3月上旬；最大冻土层深度70cm。

区内降水稀少，多年平均降水量57mm，蒸发较强烈，多年平均蒸发量1800mm，是降雨量的32倍。稀少的降水，强烈的蒸发，干燥的气候，决定了灌区农业生产完全依赖于灌溉。

由于该团地处塔克拉玛干大沙漠边缘，叶尔羌河下游，其生态系统十分脆弱，干旱、砂尘暴、浮尘、盐碱、干热风、霜冻、冰雹等自然灾害时有发生。据统计：灌区内多年平均风速1.8m/s，最大风速为24m/s，六级以上大风平均每年有15～25d，大风常发生在4月，瞬时风速可达40m/s，尤其在玉米和棉花出苗的春季常有八级以上大风，并伴有砂尘暴和冰雹，不仅给农作物生长带来危害，给当地居民的生产生活带来不便，而且对人体健康也极为不利。

3. 地形、地貌及土壤

（1）地形地貌。该团位于叶尔羌河中游冲积平原，塔克拉玛干大沙漠边缘，多为第四系松散沉积物。地势西南高东北低，坡度在1/5000～1/2000之间。区内分布着少量的胡杨林、固定沙丘、半固定沙丘、盐碱地、洼地、沼泽地及局部地段的农田，如图2-5-1所示。

（2）土壤。该团土壤质地较轻，主要为壤土，土壤自类型主要有：草甸土、盐土、沼泽土、风沙土和灌耕土。宜于耕作，适宜于作物生长。项目区实施棉花膜下滴灌工程的地块土壤质地为壤土。土壤容重$r=1.40g/cm^3$，田间持水量$\theta_{田}=24\%$，土壤水分容许上下限为田间持水量的90%和60%。

4. 水资源

（1）地表水资源。叶尔羌河发源于叶城县南部的昆仑山北部的世界第二高峰乔戈里

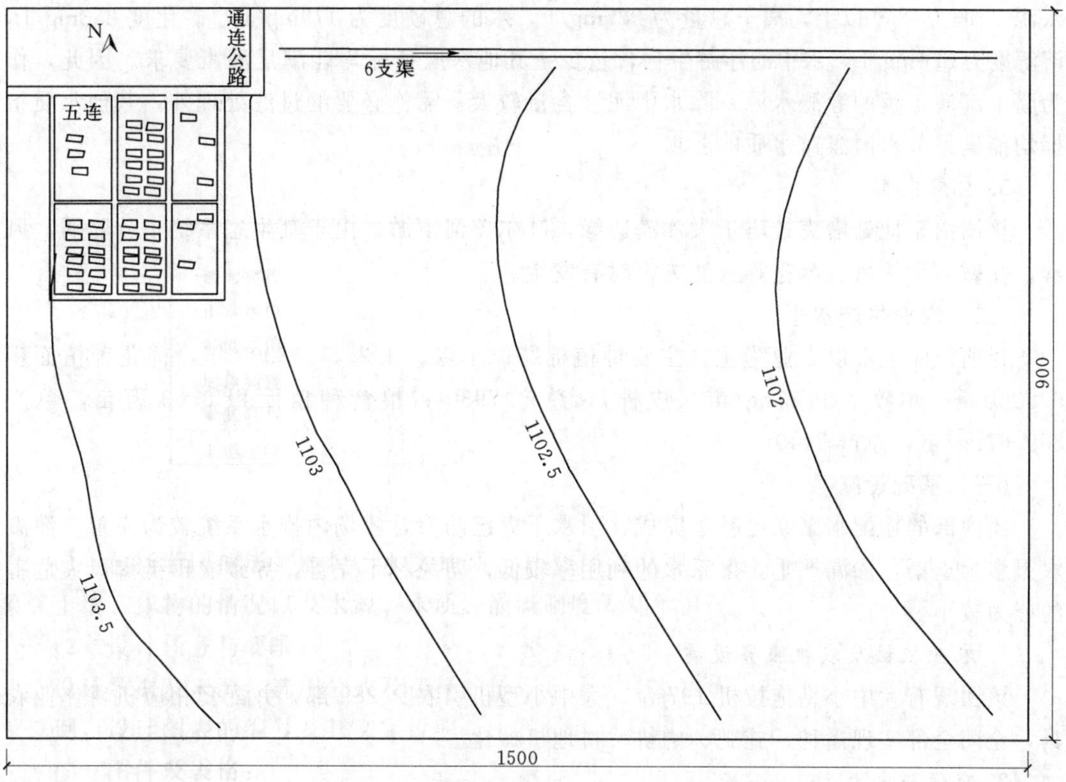


图 2-5-1　51 团滴灌系统规划图（单位：m）

峰，为高山雪水融化补给，水量充沛，水质较好，上游卡群水文资料多年平均径流量 64.57 亿 $m^3/a$，由于上游开发控水能力增强，除丰水年份，近几年来下泄较少，平枯水期叶尔羌河均呈干涸状态。

该团从小海子水库渠首引取水量为 2841.62 万 $m^3$，5 月下旬到 6 月底，叶尔羌河洪水尚未下来，作物需水量较大，水库无水供应，造成严重干旱。

（2）地下水资源。根据叶河流域规划及农某师地下水普查资料，前进灌区地下水均为潜水，地下水埋深一般多在 1.5～3.5m 之间，含水层岩性均为细砂及粉细沙，地下水入渗主要为渠系入渗、田间入渗和河道入渗。该团地处叶河中游，距河道较远，地下水补给来源较少（主要靠田间渗漏水补给），且地下水的矿化度大于 3g/L 的比例占 74%，为 1～3g/L 的占 8%，阴离子以 $SO_4^{2-}$ 为主，阳离子以 $Na^+$ 最多，难以灌溉。

（3）洪水。本工程为田间节水工程，与洪水无直接关联，故不需作洪水分析计算。

（4）泥沙。本设计主要内容是棉花膜下滴灌工程，选择水源为渠水，泥沙主要来源于叶河，主要为悬移质泥沙，叶河多年平均悬移质年输沙量为 2790 万 t，全年各月平均含沙量为 0.05～6.15kg/$m^3$，多年平均含沙量 4.35kg/$m^3$，多年平均输沙率 878.4kg/s。悬移质泥沙平均粒径在 0.0029～0.19mm 之间，平均粒径为 0.06mm，最大粒径为 0.972mm。为避免滴灌带堵塞，在灌溉水进入系统管网前必须进行必要的泥沙处理。

（5）水质。目前，灌区引用的叶尔羌河河水水质良好，水质级别为Ⅱ级，属优质灌溉水源。pH 值 8.0 以上，离子总量为 287mg/L，水的总硬度为 179mg/L，矿化度 253mg/L，溶解度为 8.4mg/L，水中的浮游生物含量少，其他水质指标均能满足灌溉要求。因此，作为膜下滴灌工程的灌溉水源，除水中泥沙含量较大，需作必要的过滤处理外，其他水质指标均能满足节水灌溉对水质的要求。

5. 自然灾害

该团由于地处塔克拉玛干大沙漠边缘，叶尔羌河下游，由于其生态系统十分脆弱，风沙、盐碱、干热风、冰雹等自然灾害时有发生。

**（二）农业生产水平**

目前该团经济以农业为主，主要种植棉花、小麦、玉米等。2005 年，棉花种植面积 6.62 万亩，单产 119.87kg/亩（皮棉），总产 7930t；粮食种植面积 0.63 万亩，单产 339.67kg/亩，总产 2140t。

**（三）基础设施**

团内部的输配水渠系已基本完成，引水干渠已防渗，团场内排水系统较为完善。灌溉农渠多为土渠，渗漏严重，渠系水的利用率较低；防风林不完善，导致农田抵御风灾危害的能力较小。

1. 农业机械及农机服务设施

该团现有大中小型拖拉机 197 台，大中小型机引农具 289 部，并配套相应机耕作业农具，全团全部实现播种、施肥、中耕、耕地机械化。

2. 交通与电力

该团对外交通主要依靠公路。近年来，团场对外交通主干道已实现沥青化，通往麦盖提县和巴楚县均为柏油路，各连队至团部部分主干道实现沥青化。该团的电力主要由农某师电力公司供给，近几年来由于农村电网建设完成，扩大了规模，供电可靠性得到提高，供电保证率较高，一般不会影响城乡正常用电，可满足滴灌工程的用电要求。

**（四）棉花滴灌设计资料**

通过对项目区 1700 亩中低产田实施膜下滴灌技术，实行精确灌水及施肥，减少田间渗漏和大水漫灌对农作物生长的影响，降低项目区的地下水位，同时达到提高作物的品质，减小劳动强度等目标。棉花膜下滴灌基本资料见表 2-5-1。

**表 2-5-1　　棉花膜下滴灌基本资料表**

| 序号 | 分项 | 内容 | |
|---|---|---|---|
| 1 | 地块 | 棉花种植面积：1796.4 亩（119.76$hm^2$） | 地势：南高北低，坡度在 1/2000～1/1000 之间 |
| | | 地理位置：农三师 51 团 | 地形图如图 2-5-1 所示 |
| 2 | 土壤 | 土壤类型：砂壤土 | 土壤容重土壤 $\gamma$（$g/cm^3$）：1.40 |
| | | 田间持水量 $\theta_{田}=24$（%），上限 $\theta_{max}$（%）：90，下限 $\theta_{min}$（%）：60 | |
| 3 | 气象 | 多年平均蒸发量（mm/a）：1800 | 年平均降雨量（mm/a）：57 |
| | | | 有效降雨强度 $P_0$（mm/d）：0 |
| | | 初霜日：10 月中旬 | 终霜日：3 月上旬 |

续表

| 序号 | 分项 | 内容 | |
|---|---|---|---|
| 4 | 作物 | 作物名称：棉花 | 种植方向：由西南向东北 |
| | | 根系活动层深度 $Z$（cm）：45 | |
| | | 自行确定棉花种植方式 | 作物日耗水强度 $E_a$（mm/d）：5 |
| 5 | 水源 | 水源类型：渠 | 地下水直接补给作物水量 $s$（mm/d）：0 |
| | | 水质：含沙量小，有机质含量小，符合滴灌灌溉水质要求 | 水量：渠水流量可满足灌溉要求 |
| 6 | 电力 | 配有动力电源，使用方便 | |

### 三、设计内容

（1）基本资料分析。通过分析资料，熟悉设计地区的基本情况及要解决的问题。

（2）工程规划，选择泵站位置，初步布置管路网，作出整个工程的整体规划。

（3）设计参数的确定。包括设计保证率，灌溉水利用率，设计系统的工作时间，滴头选择等。

（4）棉花膜下滴灌灌溉制度的确定。包括设计灌水定额，设计灌水周期，一次灌水延续时间，灌水次数，滴灌灌水均匀度等。

（5）确定滴灌的工作制度。

（6）滴灌系统的水力计算。包括各级管网的流量推求和水力计算。

（7）滴灌系统首部的设计选型。

（8）其他附属工程的设计。

（9）材料、设备用量及工程预算

### 四、设计成果

（1）设计说明书一份。

（2）设计图。包括滴灌系统平面布置图，管道系统结构图，工程建筑物设计图，首部装置图。

## 课设六　老沙湾镇海子湾棉花滴灌系统规划设计

### 一、目的要求

通过本设计，要求学生掌握滴灌灌溉工程的规划设计要领，滴头选型，管道系统的总体布置，管材的选择，设计流量的确定，管径的选定与水力计算，以及相应的配套建筑物的配置和经济效益分析估算。

### 二、项目区概况

1. 地形地貌

沙湾县位于天山北麓，准噶尔盆地南缘，东与玛纳斯县、石河子市相望，西邻乌苏县，南依天山与和静县毗邻，北连古尔班通古特大沙漠与和布克赛尔县和克拉玛依市接壤。地处东经 84°57′～86°09′，北纬 43°20′～45°56′，东西窄而南北长，东西宽 101km，南北长 280km。总面积 $1.31\times10^4 km^2$。老沙湾灌区滴灌项目区位于沙湾县城以北 45km 处，老沙湾镇境内，距老沙湾镇政府 10km。

项目区所在地所处洪积冲积扇区上，地势平坦，土层较厚，土壤肥力较高，海拔高程在 350～360m 之间，整个地形南高北低，由西南向东北倾斜，平均坡度为 2‰，如图 2-6-1 所示。

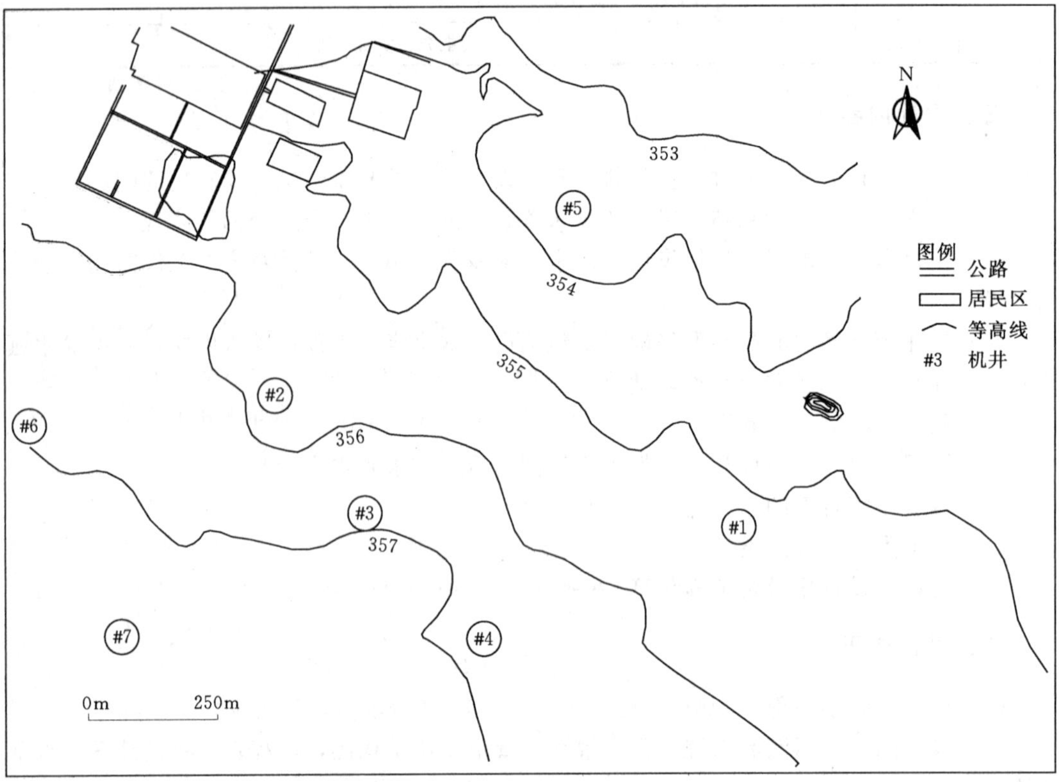


图 2-6-1　海子湾地形图

2. 土壤

项目区所在地所处洪积冲积扇区上，耕作土壤的养分平均含量为：有机质 1.63%，全氮 0.12%，碱解氮 35.2ppm，速效磷 7.2ppm，速效钾 494.58ppm。项目区土层深厚，多为壤土和中壤土，肥力较高，是发展种植业的主要地区，非常适宜于棉花种植。土壤容重 $r=1.41g/cm^3$，田间持水量 $\theta_田=24\%$，土壤水分容许上下限为田间持水量的 90% 和 60%。

3. 气候

沙湾县地处欧亚大陆腹地，远离海洋，属中温带大陆性干旱荒漠气候。夏季炎热，冬季严寒，四季分明，光照充足，热量丰富，降水量少，蒸发量大，空气干燥，气温日较差大。年平均气温 6.8℃，最热（7 月）25.8℃，最冷（1 月）－19.0℃，极端最高气温

43.1℃，极端最低气温－42.3℃，昼夜温差为12～14℃（最大27.6℃）；≥10℃积温3400～3600℃；光能辐射135KC/cm$^2$以上，年日照时数2800～2870h，作物生长季节(4～9月)日照总时数为1794h，占年总日照时数的62%；年平均降水量141.3～149.7mm，年均蒸发量1500～2000mm；无霜期170～190d，是北疆地区光热资源最为丰富和无霜期最长的地区之一。项目区气候环境十分利于棉花生长，且棉花纤维长、品质好。最大冻土深度为1.5m，灌溉季节期间风速为1.5～3.2m/s，多年平均值为2.7m/s，风向为西北风和东南风。计划湿润层深度0.45m，日均最大耗水强度5.0mm/d。

4. 作物

老沙湾镇海子湾片滴灌项目系统的作物为棉花。

5. 水源

老沙湾镇全镇分配水量为7900×10$^4$m$^3$，包括西岸大渠6500×10$^4$m$^3$，玛纳斯河200×10$^4$m$^3$,井水1200×10$^4$m$^3$。河水含沙量平均为3‰～5‰，灌区内所有干渠和90%的支渠进行了防渗处理，灌溉方式为大水漫灌，全生育期灌溉次数平均为5次，每次毛灌水量为90m$^3$/亩左右，用水浪费严重，作物生长季节用水十分紧张。

项目区为老沙湾灌区中典型的井灌区，有7眼机电井，其基本资料见表2－6－1。

**表2－6－1　　水井基本资料**

| 机井编号 | 完工年份 | 井深(m) | 孔径(mm) | 外管径(mm) | 内管径(mm) | 静水位(m) | 动水位(m) | 水泵型号 | 原出水量(m$^3$/h) | 现出水量(m$^3$/h) |
|---|---|---|---|---|---|---|---|---|---|---|
| #1 | 1998 | 50 | 650 | 325 | 219 | 7.0 | 13.7 | 250QJ80—60 | 105 | 90 |
| #2 | 1995 | 50 | 650 | 325 | 219 | 8.2 | 15.0 | 2500QJ80—60 | 93 | 85 |
| #3 | 1997 | 60 | 650 | 325 | 219 | 7.0 | 14.2 | 250QJ80—60 | 97 | 90 |
| #4 | 1999 | 60 | 650 | 325 | 219 | 5.8 | 16.0 | 250QJ80—60 | 92 | 90 |
| #5 | 1996 | 65 | 650 | 325 | 219 | 8.0 | 16.0 | 250QJ80—60 | 95 | 85 |
| #6 | 2000 | 65 | 650 | 325 | 219 | 7.0 | 15.3 | 250QJ80—60 | 91 | 90 |
| #7 | 2000 | 65 | 650 | 325 | 219 | 8.0 | 15.6 | 250QJ80—60 | 90 | 90 |
| 合计 | | | | | | | | | 663 | 620 |

6. 基础设施

沙湾县老沙湾灌区3800亩节水灌溉工程项目区位于沙湾县老沙湾镇附近，施工现场有沙湾县城至老沙湾镇的省级公路，老沙湾镇各乡村之间已有砂石化路面。施工交通对内对外十分方便。老沙湾镇海子湾片项目区施工用电工程用电利用原有机电井的线路。项目区利用原有机电井的电力线路，用电能完全得到满足，电价0.5元/（kW·h)。

7. 社会经济条件

2004年，项目区所在的老沙湾镇经济总收入1.9亿元，农民人均纯收入5578元，该镇是一个以棉花种植、畜牧养殖为主的农业乡镇。

## 三、设计内容

(1) 基本资料分析。通过分析资料，熟悉设计地区的基本情况及要解决的问题。

（2）工程规划，选择泵站位置，初步布置管路网，作出整个工程的整体规划。

（3）设计参数的确定。包括设计保证率，灌溉水利用率，设计系统的工作时间，滴头选择等。

（4）棉花膜下滴灌灌溉制度的确定。包括设计灌水定额，设计灌水周期，一次灌水延续时间，灌水次数，滴灌灌水均匀度等。

（5）确定滴灌的工作制度。

（6）滴灌系统的水力计算。包括各级管网的流量推求和水力计算。

（7）滴灌系统首部的设计选型。

（8）其他附属工程的设计。

（9）材料、设备用量及工程预算

### 四、设计成果

（1）设计说明书一份。

（2）设计图。包括滴灌系统平面布置图，管道系统结构图，工程建筑物设计图，首部装置图。

## 课设七　棉花膜下滴灌规划设计示例

1．基本资料

基本资料见表 2－7－1。

**表 2－7－1　　棉花膜下滴灌系统基本资料**

| 序号 | 分项 | 内容 | |
|---|---|---|---|
| 1 | 地块 | 面积 $A$：1240 亩（82.7$hm^2$） | |
| | | 地理位置：新疆农三师 43 团 | 地形：西南低东北高，坡度在 1/5000～1/3000 之间 |
| 2 | 土壤 | 土壤类型：砂壤土 | 土壤容重 $\gamma$：1.5g/$cm^3$ |
| | | 田间持水量 $\theta_{田}$（%）：25 | 土层厚度：60cm |
| 3 | 气象 | 年均蒸发量：2161mm | 有效降雨强度 $P_0$：0mm/d |
| | | 年平均降水量：37mm | 初霜期：10 月中旬，终霜期：2 月上旬；最大冻土深：70cm |
| 4 | 作物 | 棉花<br>作物耗水强度 $E_a$：6.2mm/d | 栽种方式：一膜一管两行，（10＋66＋10）＋66cm，株距 10cm |
| 5 | 水源 | 水源类型：渠水<br>地下水直接补给作物水量 $S$：0mm/d | 水质：悬移质泥沙，悬移质泥沙平均粒径在 0.0029～0.19mm 之间，平均粒径为 0.06mm，最大粒径为 0.972mm |
| 6 | 电力 | 配有动力电源，使用方便 | |

2．系统规划布置及参数确定

（1）水源工程。本滴灌工程的水源为渠水，水质（采用沉淀池进行初级处理去除大量泥沙后）符合农田灌溉水质标准，水量可满足总的灌水量要求。

（2）首部枢纽。首部枢纽设备分别采用砂石＋网式（200目）二级过滤、压差式施肥罐1套，压力表、水表及各种闸阀。

（3）输配水管网。采用主干管、分干管、支管、毛管的管网结构。一个支管构成一个灌水小区。毛管沿作物种植方向敷设，各级管道相互垂直布置，主干管、分干管采用UP-VC管，埋设在地下；支管、毛管采用PE管，均敷设于地面。

（4）滴水器。土壤为砂壤土，棉花的种植模式为一膜一管两行，（10＋66＋10）＋66cm，间距 $S_l$ 为0.76m，出水孔间距 $S_e$ 为0.4 m。该棉花需水高峰期耗水强度 $E_a$ 为6.2mm/d，按每天供水20h，一次灌水延续时间取5h，灌水定额 $m$＝20.8mm，则出水孔流量为：

$$q_d = \frac{mS_eS_l}{t} = 1.26(\mathrm{L/h})$$

选用新疆天业集团有限公司生产的WDF16/1.8—100单翼迷宫式滴灌带，滴头间距0.4m，流量公式 $q=0.432h^{0.62}$，设计流量取1.26L/h，可以求出设计工作水头为5.6m。滴灌带参数见表2-7-2。

表2-7-2　　滴灌带参数表

| | | | |
|---|---|---|---|
| 型　号 | WDF16/1.8—100 | 滴头间距 $S_e$（m） | 0.4 |
| 设计工作水头 $h_d$（m） | 5.6 | 毛管敷设间距 $S_l$（m） | 0.76 |
| 设计流量 $q_d$（L/h） | 1.26 | 压力流量关系 | $q=0.432h^{0.62}$ |
| 毛管内径 $d$（mm） | 16 | 制造偏差 $C_v$ | 0.03 |

3. 设计参数

（1）系统总供水流量 $Q$。$E_a=6.2\mathrm{mm/d}$，$P_0=0$ mm/d，$S=0\mathrm{mm/d}$，$I_a=E_a-P_0=6.2\mathrm{mm/d}$，$A=82.7\mathrm{hm}^2$，$C=20\mathrm{h/d}$，灌溉水利用率 $\eta$ 取0.93，求出满足作物需水高峰期供水流量：

$$Q=\frac{10I_aA}{\eta C}=\frac{10\times 6.2\times 82.7}{0.93\times 20}=275.7(\mathrm{m^3/h})$$

（2）毛管允许流量偏差率。流量偏差率 $q_v$。本工程毛管进口段安装稳流三通，毛管允许流量偏差率取 $q_v=19\%$。水头偏差率 $h_v=\frac{q_v}{x}\left(1+0.15\frac{1-x}{x}q_v\right)$，其中 $x=0.62$，$q_v=19\%$，则 $h_v=\frac{0.19}{0.62}\times\left(1+0.15\times\frac{1-0.62}{0.62}\times 0.19\right)=0.31$。

（3）土壤湿润比 $P$。毛管单行直线布置，其土壤湿润比 $P$ 为：

$P=\frac{0.785D_w^2}{S_eS_l}\times 100\%$，其中 $D_w$ 取0.5m，$S_e$ 取0.4m，$S_l$ 取0.76m，则 $P=64.6\%$。

（4）设计灌水定额 $m$。土壤容重 $\gamma=1.5\mathrm{g/cm^3}$，计划湿溶层深度 $z=0.5$m，土壤湿润比 $P=64.6\%$，灌溉水利用率 $\eta=0.93$。棉花需水高峰期土壤适宜含水量的上下限分别为田间持水量的78%和62%，即：

$\theta_{max}=78\%\times25\%=19.5\%$，$\theta_{min}=62\%\times25\%=15.5\%$。则作物需水高峰期灌水定额 $m$：

$$m = 0.1\gamma zP\ (\theta_{max}-\theta_{min})\ /\ \eta$$
$$=0.1\times1.5\times0.5\times64.6\times\ (19.5-15.5)\ /0.93$$
$$=20.8(mm)$$

(5) 设计灌水周期 $T$。

$m=20.8mm$，$I_a=6.2mm/d$，$\eta=0.93$，则

$$T=\ (m/I_a)\ \eta=\ (20.8/6.2)\ \times0.93\approx3(d)$$

4. 毛管的水力计算

在毛管进口安装稳流调压装置，毛管水力设计主要是计算毛管允许水头偏差、毛管极限孔数和极限长度。由于地形较平缓，因而按平坡计算。

(1) 毛管允许水头偏差 $\Delta h$：

$h_v=0.31$，$h_d=5.6m$，则 $\Delta h=h_v h_d=0.31\times5.6=1.74(m)$

(2) 毛管的极限孔数 $N_m$ 和极限长度 $L_m$：

毛管的极限孔数 $N_m=INT\left[\frac{5.446\ (\Delta h_2)\ d^{4.75}}{kSq_d^{1.75}}\right]^{0.364}$；其中 $\Delta h_2=\Delta h=1.74m$，$d=16mm$，$S_e=0.4m$，$q_d=1.26L/h$，解出 $N_m\approx319$，极限长度 $L_m=N_m\times S_e\approx127m$。

5. 管网布置与系统工作制度的确定

(1) 管网布置。管网布置采用"丰"字形布置。支管垂直于毛管布置，间距由毛管的实际敷设长度确定。根据条田长度，每个条田敷设 3 列支管，毛管双向敷设，支管间距 176.6m，则毛管长度为 88.3m，小于极限长度，支管长度 97.5m。

(2) 系统工作制度。系统最大轮灌组 $N_m\leqslant\frac{cT}{t}=\frac{20\times3}{5}=12$（组），考虑到管理和轮作需要，本工程轮灌组编组方式采用每次同时开启同一块条田的 2 条分干管上的 4 条支管。本系统共 8 条分干管，48 条支管，则正好分为 12 个轮灌组。

(3) 各级管道设计流量的确定。滴头（出水孔）设计流量 $q_d=1.26L/h$，一对毛管的滴头数为 $(88.3/0.4)\times2=440$，则一对毛管流量为 $1.26\times440=554.4(L/h)$，一条支管的毛管数为 $97.5/0.76=128$ 对，其流量为 $554.4\times128=70963.2(L/h)=70.96(m^3/h)$。

按照系统设计运行情况，出现水泵出口压力最大的水力线路为"$O—A—B—B_1—B_2—B_3$"推算 $B_2B_3$ 段的流量为 $70.96m^3/h$，$B_2B_1BA$ 段的流量为 $70.96m^3/h\times2=141.92m^3/h$，$AO$ 段的流量为 $141.92m^3/h\times2=283.84m^3/h$。以主干管流量 $283.84m^3/h$ 作为系统的设计流量。

6. 管网水力计算和干、支管管径的确定

(1) 毛管水力计算。

1) 毛管水头损失 $h_{毛}$。

$k=1.1$（局部水头损失取沿程水头损失的 10%），$f=0.505$，$m=1.75$，$b=4.75$，$S_e=0.4m$，$q_d=1.26L/h$，$d=16mm$，$N=220$，$S_0=0.2m$

$$h_{毛}=\frac{kfS_eq_d^m}{d^b}\left[\frac{(N+0.48)^{m+1}}{m+1}-N^m\left(1-\frac{S_0}{S_e}\right)\right]$$

$$=\frac{1.1\times0.505\times0.4\times1.26^{1.75}}{16^{4.75}}\times\left[\frac{(220+0.48)^{2.75}}{2.75}-220^{1.75}\times\left(1-\frac{0.2}{0.4}\right)\right]$$

$$=0.64(\mathrm{m})$$

2）毛管进口工作压力水头 $h_{0毛}$：

$h_d=5.6\mathrm{m}$，$R=0.73$，$k=1.1$，$f=0.505$，$m=1.75$，$b=4.75$，$S_e=0.4\mathrm{m}$，$q_d=1.26\mathrm{L/h}$，$d=16\mathrm{mm}$，$N=220$，$S_0=0.2\mathrm{m}$，带入公式

$$h_{0毛}=h_d+R\times\frac{kfS_eq^{1.75}(N-0.52)^{2.75}}{2.75d^{4.75}}+\frac{kfS_0(Nq)^{1.75}}{d^{4.75}}$$

$$=5.6+0.73\times\frac{1.1\times0.505\times0.4\times1.26^{1.75}\times(220-0.52)^{2.75}}{2.75\times16^{4.75}}$$

$$+\frac{1.1\times0.505\times0.2\times(220\times1.26)^{1.75}}{16^{4.75}}$$

$$=6.07(\mathrm{m})$$

当滴头流量为 1.26L/h 时，毛管平均进口压力水头为 6.07m。

（2）稳流三通的选择与进口压力的确定。

1）稳流三通的选择：根据一对毛管进口的流量，选用天津英特泰克公司生产的额定流量为 540～566L/h 的稳流三通。

2）典型毛管进口处稳流三通工作压力的确定：查此稳流三通在大气出流条件下测试的压力—流量关系曲线得：在 8～35m 压力水头范围内，其流量稳定，压力流量符合 $Q=506.9H^{0.031}$的关系式。在有压出流条件下，其工作压力范围应为大气出流条件下工作压力水头上下限值加上毛管进口设计水头，即 14.07～41.07m，故将其进口最小工作水头确定为 14.07m，以此作为典型毛管进口处稳流三通的工作压力水头。

（3）支管管径的确定与水头损失计算。

1）支管管径的确定：根据经验，由于支管流量较大，选用 d90PE 管，壁厚为 1.6mm，内径为 86.8mm，承受压力 0.25MPa。

2）水头损失计算：依然按照多孔出流计算：

$$h_{支}=\frac{kfS_eq_d^m}{d^b}\left[\frac{(N+0.48)^{m+1}}{m+1}-N^m\left(1-\frac{S_0}{S_e}\right)\right]$$

其中：$k=1.1$，$f=0.505$，$m=1.75$，$b=4.75$，$S_e=0.76\mathrm{m}$，$q_d=554.4\ \mathrm{L/h}$，$d=86.8\mathrm{mm}$，$N=128$，$S_0=0.38\mathrm{m}$，则

$$h_{支}=\frac{1.1\times0.505\times0.76\times554.4^{1.75}}{86.8^{4.75}}\times\left[\frac{(128+0.48)^{2.75}}{2.75}-128^{1.75}\times\left(1-\frac{0.38}{0.76}\right)\right]$$

$$=4.78(\mathrm{m})$$

（4）干管管径的确定与水头损失计算。

1）干管直径的确定：根据经验，干管的经济流速一般 $V\leqslant2\mathrm{m/s}$。干管管径计算结果与初选管径见表 2-7-3。

**表 2-7-3　　管径计算与选用表**

| 管段 | | 流量 ($m^3/h$) | 计算管道内径 (mm) | 选用管道外径 (mm) | 选用管道内径 (mm) |
|---|---|---|---|---|---|
| 主干管 | OA | 283.84 | 224.10 | 250 | 236.4 |
| | AB | 141.92 | 158.46 | 200 | 190.8 |
| 分干管 | $BB_1$ | 141.92 | 158.46 | 200 | 190.8 |
| | $B_1B_2$ | 141.92 | 158.46 | 200 | 190.8 |
| | $B_2B_3$ | 70.96 | 112.05 | 160 | 152.6 |

2）干管水头损失的计算：根据公式

$$h_{干} = \frac{fQ^m}{d^b}L$$

其中：$f=0.505$，$m=1.75$，$b=4.75$，各段的计算结果见表 2-7-4。

**表 2-7-4　　水泵出口压力最大时系统的水头损失计算汇总表**

| 项目 | | | 管外径 (mm) | 管内径 (mm) | 管段长 (m) | 流量 ($m^3/h$) | 总水头损失 (m) |
|---|---|---|---|---|---|---|---|
| 毛管 | | | | 16 | 88.3 | 0.2772 | 0.64 |
| 稳流三通进口压力水头（m） | | | 14.07 | | | | |
| 支管 | | | 90 | 86.8 | 97.5 | 70.96 | 4.78 |
| 出地管 | | | 90 | 86 | 1 | 70.96 | 0.11 |
| 干管 | 分干管 | $B_2B_3$ | 160 | 152.6 | 176.7 | 70.96 | 1.21 |
| | | $B_1B_2$ | 200 | 190.8 | 176.7 | 141.92 | 1.43 |
| | | $BB_1$ | 200 | 190.8 | 113.3 | 141.92 | 0.92 |
| | 主干管 | *AB* | 200 | 190.8 | 195 | 141.92 | 1.58 |
| | | *OA* | 250 | 236.4 | 110 | 283.84 | 1.09 |
| | 合计 | | | | | | 6.23 |
| 主干管进口压力水头（m） | | | 14.07+4.78+0.11+6.23=25.19 | | | | |
| 首部枢纽水头损失初估（m） | | | 10 | | | | |
| 水泵出口压力水头（m） | | | 35.19 | | | | |

7. 首部枢纽设计

（1）水泵与动力选型。水泵的确定是根据设计工况需要的扬程和流量选择，水泵扬程根据公式

$H_{总}=H_{滴}+\sum\Delta h_i+\sum\Delta h+\Delta Z$ 计算，由于进口段较短，水头损失忽略不计。

$$H_{总} = h_{泵} + \Delta Z = 35.19 + 0.5 = 35.69(\mathrm{m})$$

水泵的流量 $Q_{泵}$ 为 283.84$m^3/h$，根据扬程和流量，选水泵的型号为 KQW200/345—45/4（Z），其配套电机功率为 45kW。

（2）过滤器。根据水质采用“砂＋筛网（200 目）”过滤器，其型号选择应根据其过水流量确定。初步确定 S250A—W200A 型。

（3）施肥罐。本系统的灌溉面积为 82.7$hm^2$（1240 亩），选用 SFG—300 的施肥罐。

（4）控制量测设施和保护装置。本系统不设变频调速设备，在网筛过滤器和砂石过滤

器之间设有施肥罐和相应的闸阀，网筛过滤器后设置水表，水泵与过滤器之间设逆止阀，过滤器进出口设置压力表，首部枢纽连接管最高处设置排气阀。

8. 沉淀池设计

(1) 设计参数的选用。表面负荷率 $u_0=0.3\text{mm/s}=1.08\text{m/h}$；停留时间 $T_{停留}=1.25\text{h}$；水平流速 $v=10\text{mm/s}=36\text{m/h}$。

(2) 沉淀池设计计算：沉淀池选用矩形断面结构。

沉淀池表面积 $A=Q/u_0=283.84/1.08=262.81$（$\text{m}^2$）

沉淀池长度 $L=vT_{停留}=36\times1.25=45$（m）

沉淀池宽度 $B=A/L=262.81/45=5.84$（m）

沉淀池的有效深度 $H=QT_{停留}/A=1.35$（m）

(3) 沉淀池水力条件复核：

水流截面 $W=B\times H=5.84\times1.35=7.88$（$\text{m}^2$）

水流湿周 $X=B+2H=5.84+2\times1.35=8.54$（m）

水力半径 $R=W/X=7.88/8.54=0.92$（m）

雷诺数 $Re=uR/v=0.01\times0.92/1.01\times10^{-6}=9108>500$，为紊流状态。（其中 $v$ 是水的运动黏滞系数，水温在 20℃时为 $1.01\times10^{-6}\text{m}^2/\text{s}$）

佛劳德数 $Fr=v^2/Rg=0.01^2/(0.92\times9.81)=1.04\times10^{-5}>1\times10^{-5}$

满足水流稳定性条件。沉淀池详细结构设计可参考有关专业书籍。

9. 水锤压力验算及防护

主干管外径 $D$ 为 250mm，壁厚 $e=6.8\text{mm}$，材料为 UPVC，其弹性模量 $E_s$ 为 2500MPa，$\Delta V=1.79\text{m/s}$。依据《微灌工程技术规范》4.5.2-1 和 4.5.2-2 计算得到：$C=257.6\text{m/s}$，$\Delta H=27.6\text{m}$，则记如水锤后的管道工作压力水头为 $27.6+25.19=52.79$（m），小于管道允许压力水头的 1.5 倍（$40\times1.5=60\text{m}$），故可以不采取水锤防护措施。

10. 系统土建设计

包括镇墩、闸门井、排水井、泵房、管槽等。详细结构设计可参考有关专业书籍。

11. 材料设备用量

对易耗材料增加 5%损耗量，滴灌带增加 10%损耗量。所需材料及设备见表 2-7-5。

表 2-7-5　**棉花膜下滴灌工程主要材料设备**

| 序号 | 分项 | 材料名称 | 规格 | 单位 | 材料设备用量 |
|---|---|---|---|---|---|
| 1 | 首部 | 离心泵 | KQW200/345—45/4（Z） | 台 | 1 |
| 2 | | 砂石＋网筛过滤器 | S250A—W200A | 台 | 1 |
| 3 | | 施肥罐 | 300L | 套 | 1 |
| 4 | | 配电柜 | 与水泵配套 | 套 | 1 |
| 5 | | 扰性接头 | 与水泵配套 | 套 | 1 |
| 6 | | 水表 | 与水泵配套 | 个 | 1 |
| 7 | | 空气阀 | KQ42X—10（20） | 套 | 1 |
| 8 | | 其他设备 | 见首部示意图 | | |

续表

| 序号 | 分项 | 材料名称 | 规格 | 单位 | 材料设备用量 |
|---|---|---|---|---|---|
| 9 | 地下管道及管件 | UPVC 管 | d250，0.4MPa，$L$=10m | 根 | 23 |
| 10 | | | d200，0.4MPa，$L$=10m | 根 | 264 |
| 11 | | | d160，0.4MPa，$L$=10m | 根 | 148 |
| 12 | | | d63，0.4MPa，$L$=6m | 根 | 17 |
| 13 | | PVC 出地管 | d90，0.6MPa，L=10m | 根 | 3 |
| 14 | | 双扩 | d250 | 根 | 1 |
| 15 | | | d200 | 根 | 5 |
| 16 | | | d160 | 根 | 3 |
| 17 | | 止水胶圈 | ϕ250 | 个 | 25 |
| 18 | | | ϕ200 | 个 | 274 |
| 19 | | | ϕ160 | 个 | 154 |
| 20 | | | ϕ63 | 个 | 17 |
| 21 | | 法兰 | ϕ250 | 套 | 2 |
| 22 | | | ϕ200 | 套 | 16 |
| 23 | | 闸阀 | DN200 | 套 | 8 |
| 24 | | 90°弯头 | ϕ250 | 个 | 2 |
| 25 | | 正三通 | ϕ200 | 个 | 3 |
| 26 | | 异径三通 | ϕ250×200 | 个 | 4 |
| 27 | | 异径接头 | ϕ250×200 | 个 | 2 |
| 28 | | | ϕ200×160 | 个 | 8 |
| 29 | | | ϕ200×110 | 个 | 1 |
| 30 | | | ϕ110×63 | 个 | 1 |
| 31 | | PVC 胶 | 1kg/瓶 | 瓶 | 8 |
| 32 | | 增接口 | ϕ200×90 | 套 | 16 |
| 33 | | | ϕ160×90 | 套 | 8 |
| 34 | | 堵头 | ϕ160 | 个 | 8 |
| 35 | | 外丝 | 3″ | 个 | 48 |
| 36 | | | 2″ | 个 | 1 |
| 37 | 地面管道及管件 | 阴三通 | $3''_{阳}\times3''_{阴}\times3''_{阳}$ | 套 | 25 |
| 38 | | 球阀 | 3″ | 套 | 50 |
| 39 | | | 2″ | 套 | 1 |
| 40 | | 阳纹直通 | ϕ90×3 | 套 | 50 |
| 41 | | 堵头 | ϕ90 | 套 | 50 |
| 42 | | 稳流三通 | ϕ16 | 套 | 6451 |
| 43 | | 按扣堵头 | ϕ16 | 套 | 25 |
| 44 | | 直通 | ϕ90 | 套 | 82 |
| 45 | | | ϕ16 | 套 | 3906 |
| 46 | | PE 管 | d90×1.6/0.25MPa | m | 4919 |
| 47 | | 滴灌带 | WDF16/1.8—100 | 万 m | 119.7 |

12. 设计成果

设计成果如图 2-7-1、图 2-7-2、图 6-7-3 和图 2-7-4 所示。

13. 滴灌项目总投资（略）

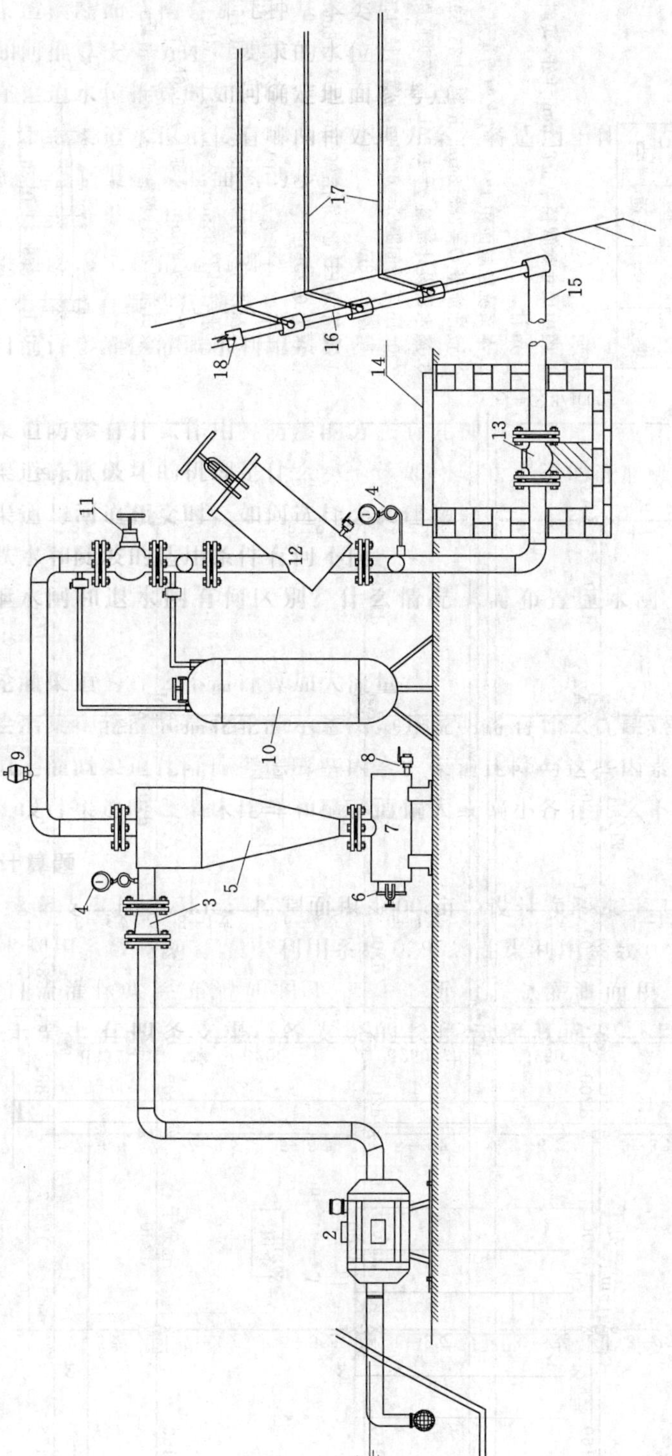


图 2-7-1　系统首部示意图

1—沉淀池；2—泵及电动机；3—逆止阀；4—压力表；5—离心过滤器；6—排砂口；7—集砂罐；8—清洗口；9—排气阀；10—肥料罐；11—闸阀；12—网式过滤器；13—水表；14—观测井；15—干管；16—支管；17—毛管；18—放空闸

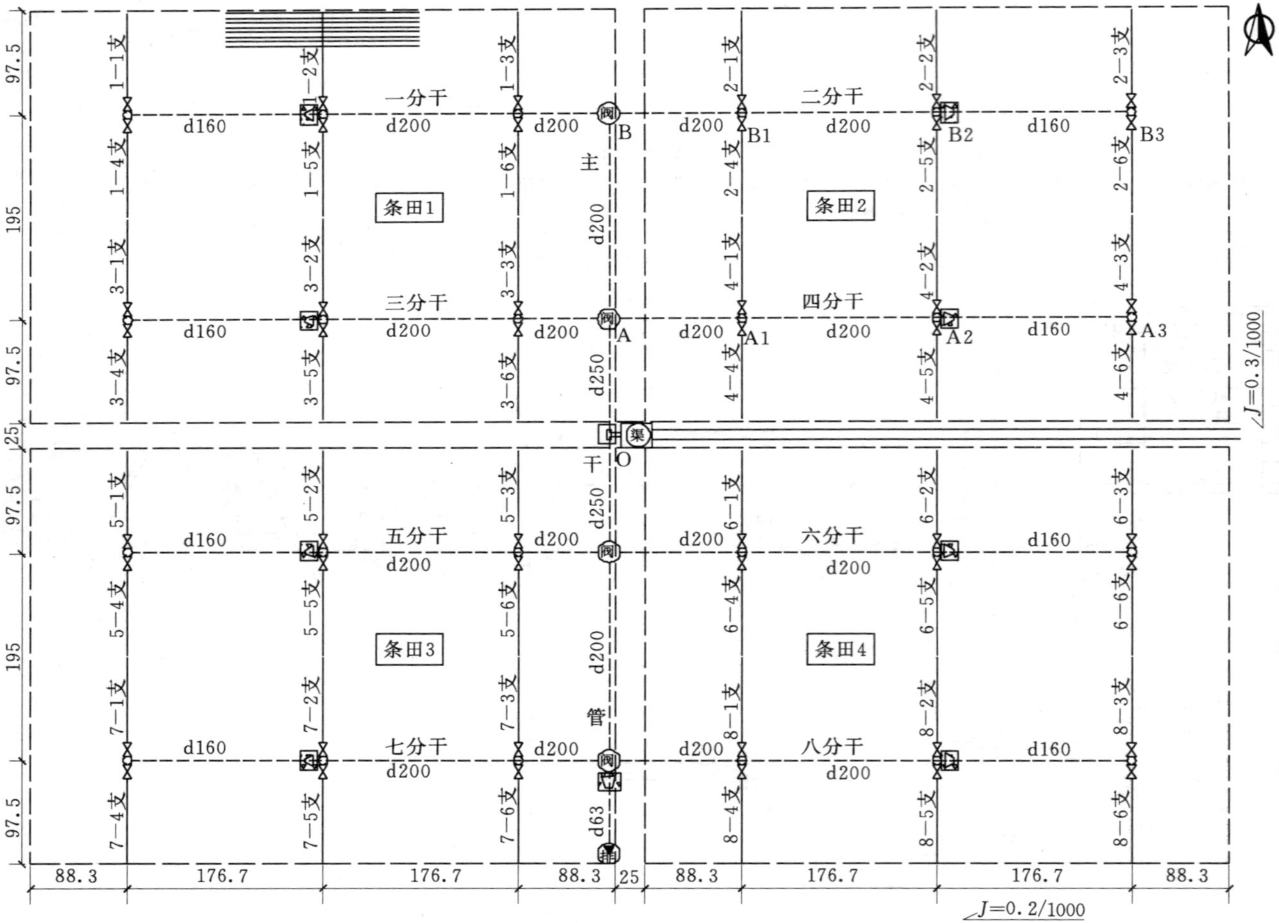

说明

1. 图中尺寸除管径单位以 mm 计外，其斜均以 m 计。
2. 本系统控制面积 1240 亩，水源为渠水，水泵设计流量 $Q=283.84m^3/h$，扬程 35.69m。
3. 灌水器设计流量 $q=1.26L/h$，滴头间距 $S_e=0.4m$ 毛管间距 $S_l=0.76m$，毛管内径为16mm，壁厚 0.18m。
4. 支管为 PE 管，外径 90mm，壁厚 1.6mm公称压力 0.25MPa。
5. 主干管、分干管为 UPVC 管，公称压力 0.4 MPa，外径分别为：205mm，200mm，160mm，排水管外径 63mm，公称压力 0.4MPa；出地管外径为 90mm，公称压力 0.6MPa。
6. 条田东搞西低，坡度 0.2‰，北高南低，坡度 0.3‰。

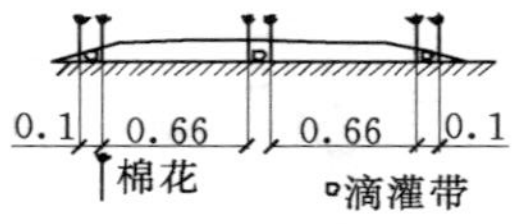


图 2-7-2　系统平面布置图

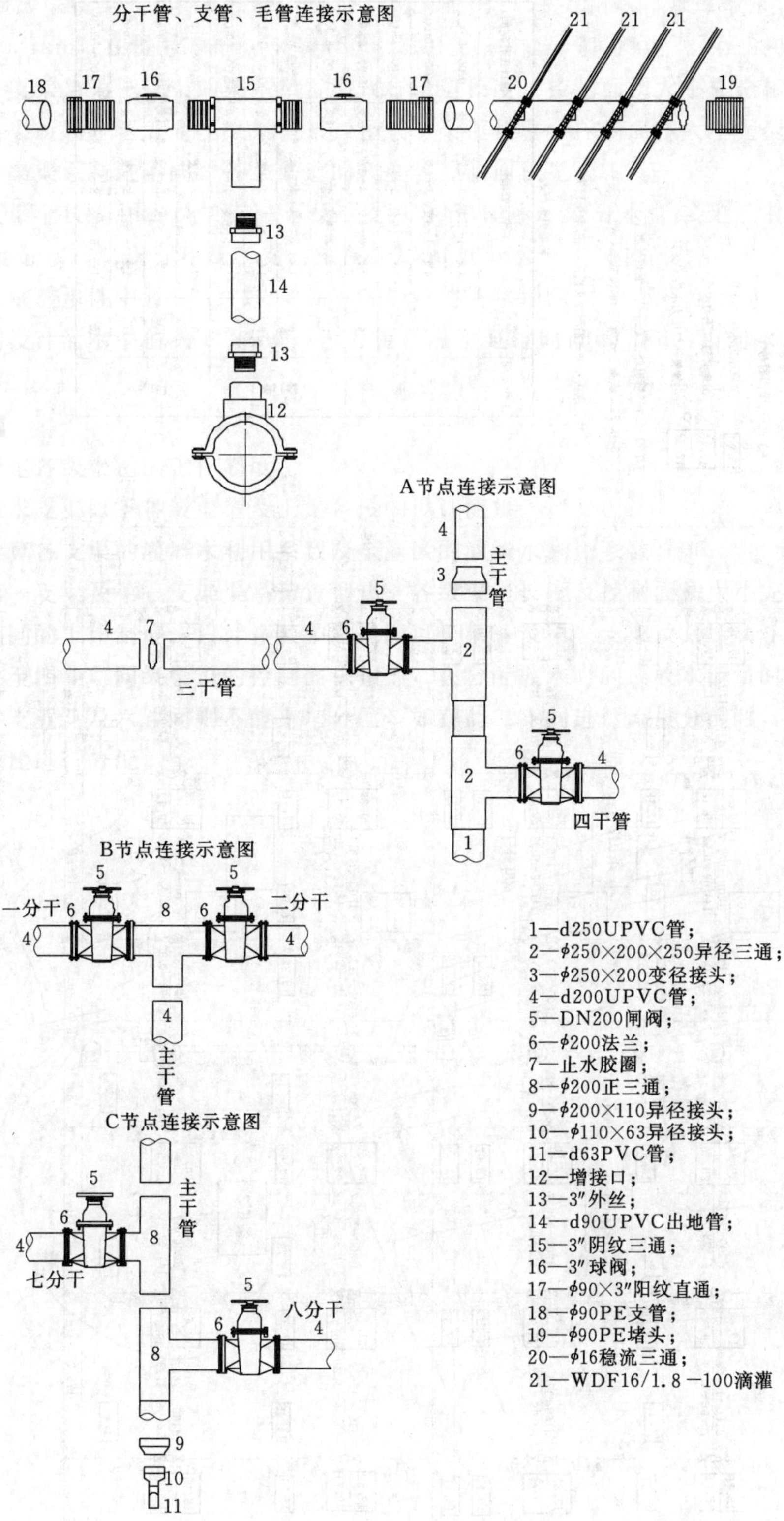


1—d250UPVC管；
2—ϕ250×200×250异径三通；
3—ϕ250×200变径接头；
4—d200UPVC管；
5—DN200闸阀；
6—ϕ200法兰；
7—止水胶圈；
8—ϕ200正三通；
9—ϕ200×110异径接头；
10—ϕ110×63异径接头；
11—d63PVC管；
12—增接口；
13—3″外丝；
14—d90UPVC出地管；
15—3″阴纹三通；
16—3″球阀；
17—ϕ90×3″阳纹直通；
18—ϕ90PE支管；
19—ϕ90PE堵头；
20—ϕ16稳流三通；
21—WDF16/1.8－100滴灌

图 2－7－3　节点连接示意图

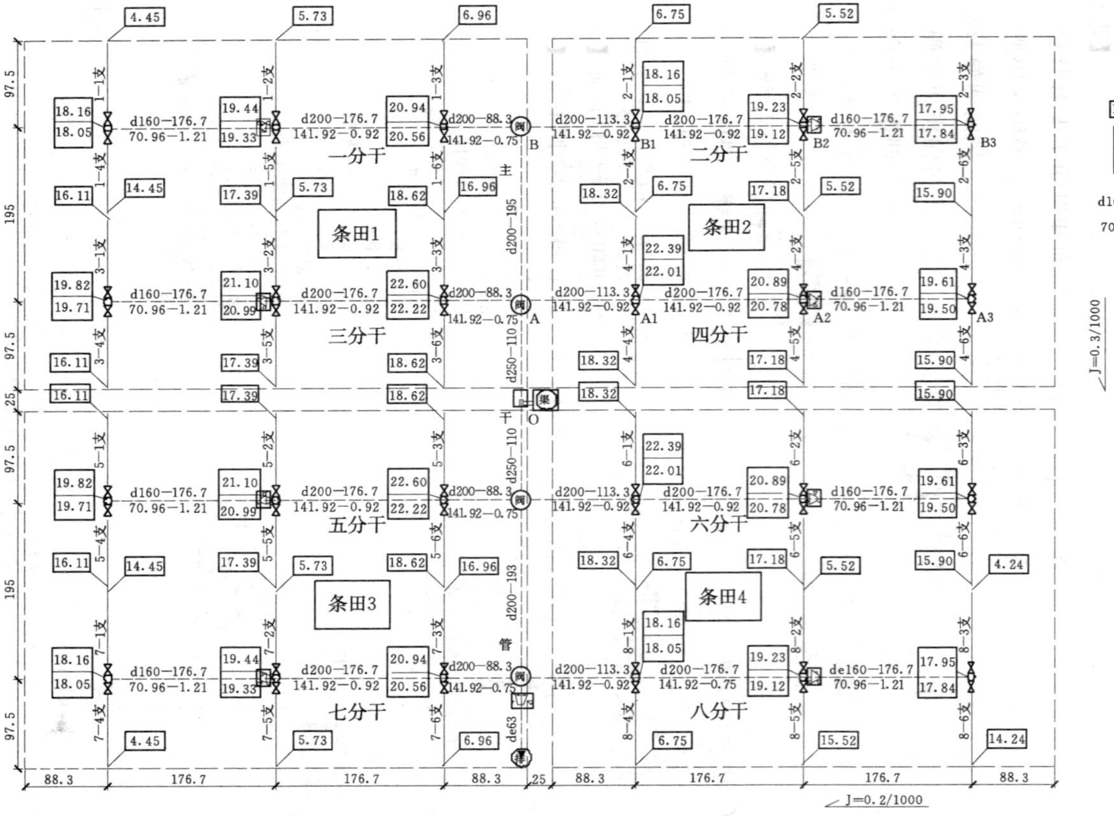


B3　节点符号

15.90　节点压力水头（m）

17.95　出地管进口压力水头（m）

17.84　出地管出口压力水头（m）

d160—176.7　管道外径（mm）—管道长度（m）

70.96—1.21　流量（$m^3/h$）—水头损失（m）

注：水头损失=沿程水头损失+局部水头损失

轮灌组运行表

| 工作日期 | 轮灌组编号 | 工作支管编号 | 设计工作时间 |
|---|---|---|---|
| 第一天 | 1 | 1—1支，1—2支，3—1支，3—2支 | 0:00～5:00 |
| | 2 | 1—4支，1—5支，3—4支，3—5支 | 5:00～10:00 |
| | 3 | 1—3支，1—6支，3—3支，3—6支 | 10:00～15:00 |
| | 4 | 2—2支，2—3支，4—2支，4—3支 | 15:00～20:00 |
| 第二天 | 5 | 2—5支，2—6支，4—5支，4—6支 | 0:00～5:00 |
| | 6 | 2—1支，2—4支，4—1支，4—4支 | 5:00～10:00 |
| | 7 | 5—1支，5—2支，7—1支，7—2支 | 10:00～15:00 |
| | 8 | 5—4支，5—5支，7—4支，7—5支 | 15:00～20:00 |
| 第三天 | 9 | 5—3支，5—6支，7—3支，7—6支 | 0:00～5:00 |
| | 10 | 6—2支，6—3支，8—2支，8—3支 | 5:00～10:00 |
| | 11 | 6—5支，6—6支，8—5支，8—6支 | 10:00～15:00 |
| | 12 | 6—1支，6—4支，8—1支，8—4支 | 15:00～20:00 |

图2-7-4　滴灌系统压力分布图

# 课设八　大棚黄瓜滴灌工程设计示例

## 一、基本资料

大棚长宽分别为 60m 和 9m，面积 $A=0.81$ 亩；土质为壤土，容重 $\gamma=1.45\mathrm{g/cm^3}$，田间持水率 $\theta_{田}=26\%$；作物为黄瓜，沿南北向种植，株行距为 0.3m×0.6m。大棚内全额灌溉，黄瓜是喜水作物，生长时间长，需水量较大，根据本地试验研究结果，成果期灌溉补充强度 $I_a=8\mathrm{mm/d}$；水源为井水，水质良好，适于饮用，井的出水量为 $40\mathrm{m^3/h}$，井旁边有容积为 $25\mathrm{m^3}$ 高 8m 的水塔。

## 二、系统布置及参数设计

1. 系统布置

本系统由四部分组成，沿水流方向依次为水源工程、首部枢纽、输配水管网、灌水器，系统平面布置如图 2-8-1 所示。

(1) 水源工程：本滴灌系统的水源为已建水井，井水经水塔以重力流方式输入大棚，向作物供水。井的出水量可以满足灌溉要求。

(2) 首部枢纽：包括过滤设施、施肥装置等。由于水质好，选用“筛网过滤器”即可满足使用要求，施肥装置采用文丘里施肥器施肥（安装于筛网过滤器之前）。

(3) 输配水管网：大棚南北向短，东西向长，种植方式为南北向，本系统只设支管，沿东西向敷设，既承担输水任务，又起向毛管配水的作用；毛管与支管垂直及沿南北向敷设；支管、毛管采用 PE 管，均敷设于地面。

(4) 灌水器：根据土壤、作物、气候条件选用单翼迷宫式滴灌带，滴灌带参数见表 2-8-1。

**表 2-8-1　　滴灌带参数表**

| 型　号 | WDF12/1.8—100 | 滴头间距 $S_e$ (m) | 0.3 |
|---|---|---|---|
| 灌水器设计流量 $q_d$ (L/h) | 1.2 | 毛管敷设间距 $S_L$ (m) | 0.6 |
| 灌水器设计工作水头 $h_d$ (m) | 5 | 灌水器压力流量关系式 | $q=0.479h^{0.5709}$ |
| 毛管内径 $d$ (mm) | 12 | 滴灌带敷设长度 (m) | 9 |

2. 设计参数

(1) 系统流量 $Q$：系统面积较小，灌溉时所有毛管全部打开，假设同时工作的灌水器流量相等，同时工作的灌水器的个数为 $N=(9/0.3)\times(60/0.6)=3000$（个），灌水器设计流量为 $q_d=1.2\mathrm{L/h}$，则 $Q=1.2\times3000=3600\ (\mathrm{L/h})=3.6\ (\mathrm{m^3/h})$。

水塔的容积为 $25\mathrm{m^3}$，可满足系统连续工作 25/3.6=6.94h。

(2) 灌水小区允许水头（流量）偏差率：流量偏差率 $[q_v]$ 取 20%，水头偏差率 $[h_v]=\dfrac{q_v}{x}\left(1+0.15\dfrac{1-x}{x}q_v\right)$，其中 $x=0.5709$，则 $[h_v]=0.358$。

(3) 土壤湿润比 $P$：$P=\dfrac{0.785D_w^2}{S_eS_l}\times100\%$，其中 $S_e=0.3\mathrm{m}$，$S_l=0.6\mathrm{m}$，$D_w=0.42\mathrm{m}$，则 $P=75\%$。

(4) 设计灌水定额 $m$：灌溉水利用率取 $\eta=0.95$，按黄瓜需水高峰期根系深度 $z$ 取

0.4m，$\theta_{max}=90\%\times26\%=23.4\%$，$\theta_{min}=65\%\times26\%=16.9\%$。则作物需水高峰期灌水定额：

$$\begin{aligned} m &= 0.1\gamma zP(\theta_{max}-\theta_{min})/\eta \\ &= 0.1\times1.45\times0.4\times75\times(23.4-16.9)/0.95 \\ &= 29.76(\text{mm}) \end{aligned}$$

(5) 设计灌水周期 $T$：$m=29.76\text{mm}$，$I_a=8\text{mm/d}$，$\eta=0.95$，则 $T=(m/I_a)\eta=(29.76/8)\times0.95=3.5$ (d)，取 $T=3\text{d}$。

(6) 一次灌水延续时间 $t$：$m=29.76\text{mm}$，$S_e=0.3\text{m}$，$S_l=0.6\text{m}$，$q=1.2\text{L/h}$，$t=\dfrac{mS_eS_l}{q_d}=4.5\text{h}$。

3. 毛管和支管的水力设计

大棚的管网结构简单，一个棚内支管与其供水的毛管，构成一个灌水小区，毛管的敷设长度已定，其水力计算主要是计算小区内允许水头偏差和毛管水头损失，以确定支管水头损失，从而确定支管管径和进口压力。

(1) 灌水小区允许水头偏差：$[h_v]=0.358$，$h_d=5\text{m}$，则 $[\Delta h]=[h_v]h_d=0.358\times5=1.79\text{m}$。

(2) 毛管水头损失 $h_{毛}$：$k=1.1$，$f=0.505$，$m=1.75$，$b=4.75$，$N=30$，$q_d=1.2\text{L/h}$，$S_0=0.15$，$S_e=0.3\text{m}$ 带入公式可以得到

$$\begin{aligned} h_{毛} &= \frac{kfS_eq_d^m}{d^b}\left[\frac{(N+0.48)^{m+1}}{m+1}-N^m\left(1-\frac{S_0}{S_e}\right)\right] \\ &= \frac{1.1\times0.505\times0.3\times1.2^{1.75}}{124.75}\left[\frac{(30+0.48)^{1.75+1}}{1.75+1}-N^{1.75}\left(1-\frac{0.15}{0.3}\right)\right] \\ &= 0.007 \end{aligned}$$

(3) 毛管进口工作压力 $h_{0毛}$：毛管水头损失极小，可认为灌水器的设计工作水头即为毛管进口工作压力水头 $h_{0毛}=5\text{m}$。

(4) 支管允许水头偏差：毛管水头损失为 0.007m，则支管允许的水头偏差

$$[h_1]=[\Delta h]-h_{毛}=1.79-0.007=1.783(\text{m})$$

(5) 支管管径的确定：支管长度、毛管间距、支管允许水头偏差都已经确定，支管为多孔管，孔数为 100，大于 3，可以采用以下公式计算其最小管径：

$$\begin{aligned} d_{min} &= \left\{\frac{kfSlq^m}{[\Delta h_1]}\left[\frac{(N+0.48)}{m+1}-N^m\left(1-\frac{S_0}{S_e}\right)\right]\right\}^{\frac{1}{b}} \\ &= \left\{\frac{1.1\times0.505\times0.6\times36^{1.75}}{1.783}\times\left[\frac{(100+0.48)}{2.75}-100^{1.75}\times\left(1-\frac{0.3}{0.6}\right)\right]\right\}^{\frac{1}{4.75}} \\ &= 29.97(\text{mm}) \end{aligned}$$

取 d40PE 管 (0.25MPa)，其内径为 35.2mm。

(6) 支管水头损失计算：$k=1.1$，$f=0.505$，$m=1.75$，$b=4.75$，$S_e=0.6\text{m}$，$q_d=36\text{L/h}$，$d=35.2\text{mm}$，$N=100$，$S_0=0.3\text{m}$

$$h_{支}=\frac{kfS_eq_d^m}{d^b}\left[\frac{(N+0.48)^{m+1}}{m+1}-N^m\left(1-\frac{S_0}{S_e}\right)\right]$$

$$=\frac{1.1\times0.505\times0.6\times36^{1.75}}{d^b}\left[\frac{(100+0.48)^{1.75+1}}{1.75+1}-100^{1.75}\left(1-\frac{0.3}{0.6}\right)\right]$$

$$=0.91$$

小于允许水头差 1.783m，满足要求。

(7) 支管进口压力计算：支管为多孔管，$h_d=5\text{m}$，$R=0.73$，$k=1.1$，$f=0.505$，$m=1.75$，$b=4.75$，$S_e=0.6\text{m}$，$q_d=36\text{L/h}$，$d=35.2\text{mm}$，$N=100$，$S_0=0.3\text{m}$，带入公式

$$h_{0毛}=h_d+R\times\frac{kfS_eq^{1.75}(N-0.52)^{2.75}}{2.75d^{4.75}}+\frac{kfS_0(Nq)^{1.75}}{d^{4.75}}$$

$$=5.6+0.73\times\frac{1.1\times0.505\times0.4\times1.26^{1.75}\times(100-0.52)^{2.75}}{2.75\times16^{4.75}}$$

$$+\frac{1.1\times0.505\times0.2\times(100\times1.26)^{1.75}}{16^{4.75}}$$

$$=5.67(\text{m})$$

即支管进口设计压力为 5.67m。

4. 首部枢纽设计

本系统为重力滴灌，首部枢纽的设计包括过滤设置、施肥设施、控制量测设施及保护装置的设计。

(1) 过滤器：因为水源为井水，水质好，根据系统设计流量并结合灌水器对水质的要求，选用规格型号为 1″、过滤精度为 200 目的筛网过滤器即可。

(2) 施肥设施：本系统选用 1″文丘里施肥器。

(3) 其他装置如图 2-8-2 所示。

5. 材料设备用量

本滴灌系统所需材料及设备用量详见表 2-8-2，在表中对易耗材料增加 5%损耗量，滴灌带增加 10%损耗量。

表 2-8-2　　大棚重力滴灌材料表

| 序号 | 名称 | 规格型号 | 单位 | 数量 |
|---|---|---|---|---|
| 1 | PE 管 | d40 | m | 70 |
| 2 | 滴灌带 | WDF12/1.8—100 | m | 990 |
| 3 | 旁通 | ϕ12 | 个 | 105 |
| 4 | 网式过滤器 | 1″ | 个 | 1 |
| 5 | 施肥器 | 1″ | 个 | 1 |
| 6 | 内丝 | ϕ40 | 个 | 1 |
| 7 | | ϕ32 | 个 | 1 |
| 8 | 外丝 | ϕ40 | 个 | 1 |
| 9 | | ϕ32 | 个 | 1 |
| 10 | 球阀 | 1.5″ | 个 | 1 |
| 11 | 阳文直通 | ϕ40×1.5″ | 个 | 2 |
| 12 | 变径接头 | ϕ40×32 | 个 | 2 |
| 13 | 堵头 | ϕ40 | 个 | 1 |
| 14 | 直通 | ϕ12 | 个 | 4 |
| 15 | 水表 | 与 d40 相配套 | 个 | 1 |

6. 投资概算（略）

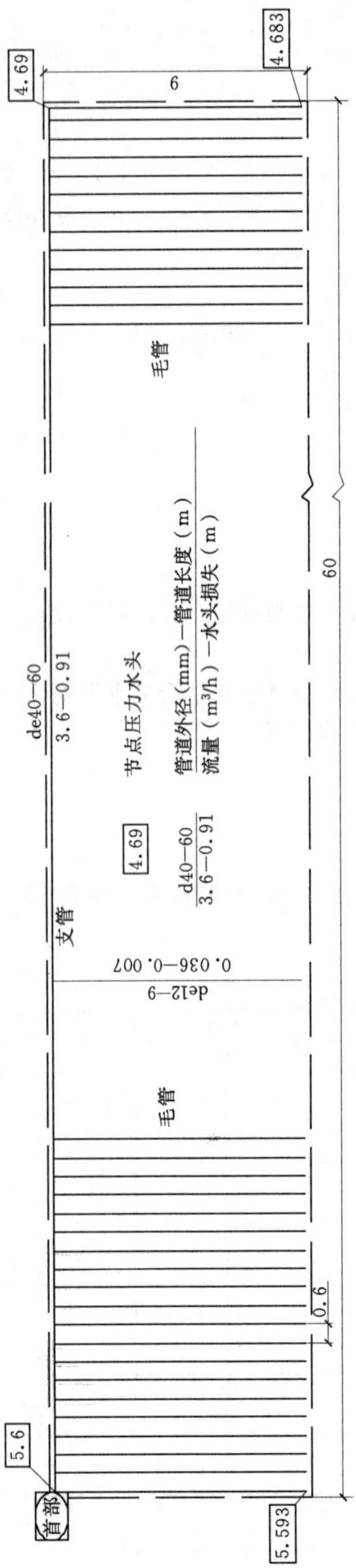


图 2-8-1　系统平面图

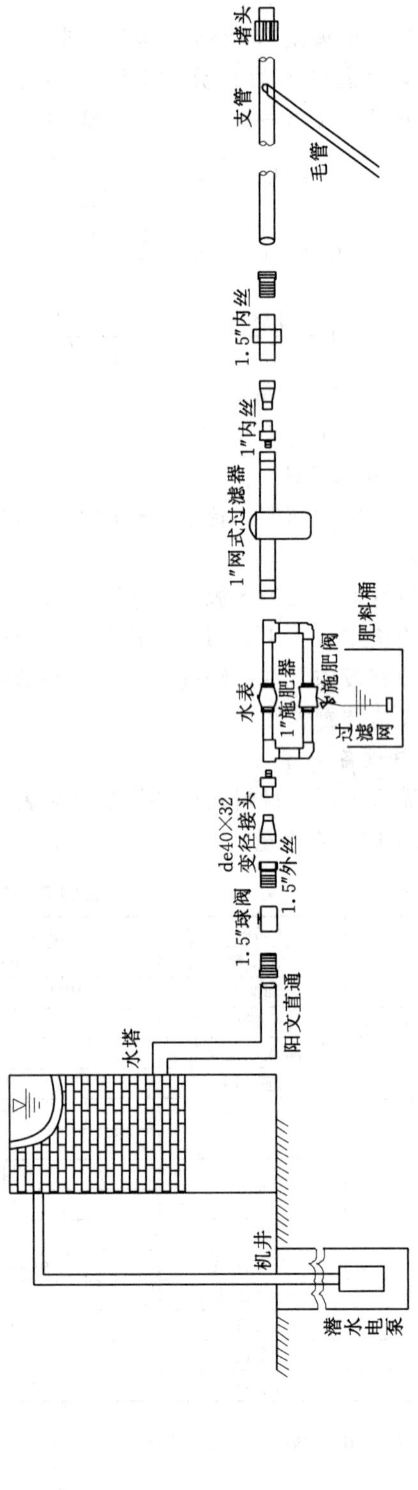


图 2-8-2　系统连接图

# 课设九　低压管道灌溉工程规划设计

## 一、目的要求

通过本设计，要求学生掌握低压管道灌溉工程的规划设计要领，及管道系统的总体布置，管材的选择，设计流量的确定，管径的选定与水力计算，以及相应的配套建筑物的配置和经济效益分析估算。

## 二、基本资料

北干十一支十四斗位于陕西省扶风县城北法门寺南 1km 处，属冯家山水库灌区法门寺管理处北干十一支法门寺段管辖。

十四斗原控制面积为 2661 亩，呈长方形，东西长约 2700m，南北宽约 800m。斗渠控制范围内的地形，公路以西较平整，公路以东起伏较大，地面坡度较陡，具有零星局部坑洼地。地面坡度，西东向平均约 0.0054，北南向 0.0035～0.0075，平均约 0.0055。地形呈西北高而东南低，属古老黄土台塬。海拔高程近 600.00m。

斗渠控制范围内的土壤为典型娄土，质地中壤，地下水埋深不到 19m，年平均气温为 12～14℃，最高气温 39～42℃，最低气温为零下 15～20℃，年降雨量一般在 540～750mm 间，降水日数为 80～110d，多集中在 7、8、9 三个月内。气候基本特征是春季干旱，而秋季多雨，平均初霜期为 10 月下旬到 11 月上旬；终霜期在 3 月下旬到 4 月上旬，无霜期约 206d。冻土层深度约 0.3m 左右。

十四斗全长近 2700m，设计流量为 200L/s，渠道比降为 1/700，沿斗渠设有四座跌水，总跌差为 6m。斗渠内有分渠 12 条；分渠设计流量约 50L/s。

法门寺乡灌区主要种植作物小麦、油菜、玉米以及西瓜、豆类等经济作物。

灌水方法，冬小麦采用畦灌法，油菜和玉米采用畦灌法和沟灌法，以畦灌法为主。为节约用水，增加产量，该灌区拟采用低压管道输水灌溉。

## 三、设计内容

（1）根据上述十四斗的地形资料，进行各级管道的总体布置，以及管道灌溉系统的选型。建议采用半固定式低压管道灌溉系统。

（2）各级管道设计流量的确定；根据实地调查分析确定，管道设计采用灌水定额 $m=40m^3$/亩，灌水周期仍采用原 14 斗轮灌时间。$T=7d$，管道系统水的有效利用率采用 $\eta_{水}=0.95$，则设计灌水率 $q_{设}=m/8.64T\eta_{水}$。已知管道设计灌水率 $q_{设}$ 和各级管道控制面积 $\omega$，即可按下式计算各级管道的设计流量 $Q_{设}=q_{设}\ \omega$。

（3）各级管道的工作制度：一般干、分干管两级管道实行续灌，分干管内部采用分组轮灌方式。

（4）管径的选定：根据管道设计流量 $Q_{设}$ 和管道适宜流速 $V$，可按下式初步选定管径：

$$D = Q_{设}\ /\pi V$$

式中　$V$——管道适宜流速，本设计初步决定，地埋固定管道现浇素混凝土管和石棉水泥管的适宜流速为0.5～1.5m/s。管内不淤流速一般为0.3～0.4m/s。

（5）管道水力计算。

（6）绘出干管纵横断面图，标明桩号，地面高程，地形落差，设计流量、管径、流速以及工作水头。

（7）材料清单和概预算。

### 四、设计成果

（1）设计说明书一份。

（2）设计图。包括：管道系统平面布置图；管道纵剖面图；管道系统结构示意图；工程建筑物设计图；首部装置示意图。

## 课设十　低压管道规划设计示例

### 一、基本情况

某新建井灌区长3000m，宽2000m，总面积6km$^2$（8996亩）。土壤为中壤土，土壤容重为1.45g/cm$^3$，单井出水量80m$^3$/h，灌区以种植小麦、玉米和其他经济作物为主，生育期最大耗水强度为5.3mm/d，灌溉期间水泵运行时间为18h/d，灌溉水利用系数为0.8，抽水消减系数为0.2，田间持水率为25%，土壤含水率上限取田间持水率的95%，下限取65%，计划湿润层深度55cm。小麦全生育期需水357mm，生育期内有效降雨量为120mm。为节约用水，增加产量，该灌区拟采用低压管道输水灌溉。

### 二、工程规划布置

1. 拟定灌溉制度

（1）设计灌水定额。灌区内小麦是需水量大的作物，设计时以小麦日需水量最高的灌浆期确定灌水定额。

$m=1000\gamma H(\beta_1-\beta_2)=1000\times1.45\times0.55\times25\%\times(95\%-65\%)=59.81$mm；约等于40m$^3$/亩。

（2）灌水次数。小麦全生育期需水357mm（238m$^3$/亩），降雨量120mm（80m$^3$/亩），缺水158m$^3$/亩，进行灌溉补充，灌水定额40m$^3$/亩，故小麦全生育期内应灌水4次，分别为返青水、拔节水、抽穗水合灌浆水。玉米生育期一般灌水2次即可。其他经济作物可适时灌溉。

（3）灌水周期。即

$$T=\frac{m}{E}=\frac{59.81}{5.3}=11.3(\mathrm{d})(取\ T=11\mathrm{d})$$

2. 机井规划布置

（1）单井控制灌溉面积：

$$F_0 = \frac{QT\eta t(1-\eta_1)}{m} = \frac{80 \times 11 \times 0.8 \times 18 \times (1-0.2)}{40} = 253.4(\text{亩})$$

（2）机井眼数：

$$N = \frac{F}{F_0} = \frac{8996}{253.4} = 35.5(\text{眼})$$

（3）机井布置。井群采用方形网格布置，井距为：

$$L_0 = 25.8\sqrt{F_0} = 25.8\sqrt{253.4} = 408(\text{m})$$

长边机井布置列数为：3000/408≈8；

短边机井布置列数为：2000/408≈5。

实际布置井距为 400m，机井 40 眼，单井实际控制面积 224.9 亩。

3. 管网布置

以单井控制面积为例，当地形起伏不大时，采用丰字形固定管道布置，双向分水，给水栓出水量 20m3/h。管道规划布置如图 2-10-1 所示。

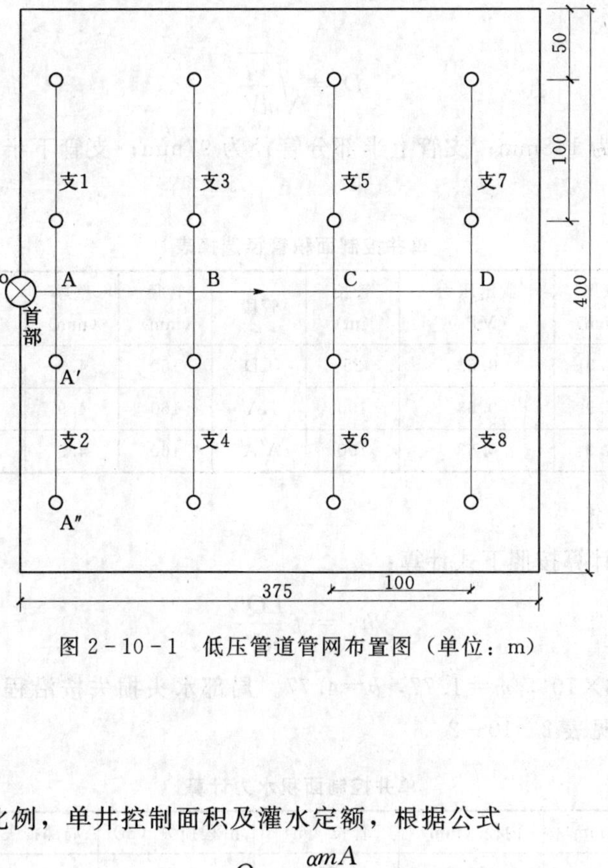


图 2-10-1 低压管道管网布置图（单位：m）

## 三、工程设计

1. 设计流量

根据作物种植比例，单井控制面积及灌水定额，根据公式

$$Q_0 = \frac{\alpha m A}{\eta T t}$$

计算的灌溉系统设计流量小于单井出水量，故采用单井出水量为设计流量。

2. 管道流量分配

由系统设计流量和给水栓设计流量可知，该系统采用轮灌方式灌溉，按分配计算各管段流量。

轮灌组数：$N=\text{int}(nq/Q_{设})=\text{int}(16\times 20/80)=4$（组）。

各轮灌组同时开启的给水栓个数：$n/N=16/4=4$（个）。

轮灌组编组：支1、支2，第一轮灌组；

支3、支4，第二轮灌组；

支5、支6，第三轮灌组；

支7、支8，第四轮灌组。

干管各段流量均为 $80m^3/h$。

支管入口段流量均为 $40m^3/h$，末端管段流量均为 $20m^3/h$。

3. 管材与管径的选择

管材选用硬质PVC管。

按照经济流速确定管径，该系统有两级管道，干管经济流速取1.3m/s，支管取1.5m/s。对于井灌区，平均经济流速均在允许流速范围内，故按平均经济流速确定管道流速后计算管径。

$$D=\sqrt{\frac{4q}{\pi V}}$$

计算得到干管管径为148mm；支管上半部分管径为97mm；支管下半部分管径为69mm。见表2-10-1。

表2-10-1　单井控制面积管径选择表

| 管段 | 管径(mm) | 壁厚(mm) | 额定压力(MPa) | 管长(m) | 管段 | 管径(mm) | 壁厚(mm) | 额定压力(MPa) | 管长(m) |
|---|---|---|---|---|---|---|---|---|---|
| OA | 160 | 4.9 | 0.63 | 25 | CD | 160 | 4.9 | 0.63 | 25 |
| AB | 160 | 4.9 | 0.63 | 100 | AA′ | 160 | 4.9 | 0.63 | 100 |
| BC | 160 | 4.9 | 0.63 | 100 | A′A″ | 160 | 4.9 | 0.63 | 100 |

4. 管道水力计算

沿程水头损失计算按照下式计算：

$$h_f=f\frac{LQ^m}{d^b}$$

其中 $f=0.948\times 10^5$，$m=1.77$，$b=4.77$。局部水头损失按沿程水头损失的10%计入。管道水力计算见表2-10-2。

表2-10-2　单井控制面积水力计算

| 流量($m^3/h$) | 管径(mm) | 内径(mm) | 管长(m) | 沿程损失(m) | 局部损失(mm) | 总损失(m) |
|---|---|---|---|---|---|---|
| 80 | 160 | 150.2 | 25 | 0.23 | 0.023 | 0.253 |
| 80 | 160 | 150.2 | 325 | 2.98 | 0.298 | 3.278 |
| 40 | 110 | 103.2 | 50 | 0.81 | 0.081 | 0.891 |
| 20 | 75 | 70.4 | 100 | 2.93 | 0.293 | 3.223 |

第一轮灌组管道进口工作压力：

$$H_1 = 0.253 + 0.891 + 3.223 = 4.367(\mathrm{m})$$

第四轮灌组管道进口工作压力：

$$H_4 = 3.278 + 0.891 + 3.223 = 7.392(\mathrm{m})$$

管道系统设计工作压力：

$$H_0 = (4.367 + 7.392)/2 = 5.88(\mathrm{m})$$

5. 水泵的选择

(1) 水泵扬程：

$$H_p = H_0 + H_m + h_{泵} + \Delta Z + 0.15$$

式中　$H_p$——水泵设计扬程，m；

$H_0$——管道系统进口工作压力，m；

$H_m$——机井动水位，根据水文地质资料分析，该灌区机井动水位25m；

$h_{泵}$——水泵进出水管总损失，约为5m；

$\Delta Z$——管道进口与灌区内最高点处给水栓的地面高差，顺坡为负，逆坡为正，该灌区 $\Delta Z$ 为0.2m；

0.15——田间灌溉水头，m。

即

$$H_p = 5.88 + 25 + 5.0 + 0.2 + 0.15 = 36.23(\mathrm{m})。$$

(2) 水泵流量 $Q=80m^3/h$。根据设计流量和设计扬程，选取250QJ80－40/2型潜水泵。效率为73%，转速为2875r/min，配套功率为15kW。

(3) 水泵工况校核。绘出该泵流量扬程 $Q-H$ 曲线以及 $Q-\eta$ 曲线，并在该图上绘出第一轮灌组及第四轮灌组系统运行时管道特征曲线。这两条曲线与 $Q-H$ 的焦点均位于 $Q-\eta$ 的高效区内。说明所选水泵型号在运行时水泵在高效区工作。

6. 经济效益分析（略）

# 课设十一　喷灌工程规划设计

## 一、目的要求

通过本设计，要求学生掌握喷灌工程的规划设计要领，喷头选型和组合，管道系统的总体布置，管材的选择，设计流量的确定，管径的选定与水力计算，以及相应的配套建筑物的配置和经济效益分析估算。

## 二、工程概况

南方某郊区，气候湿润但降雨量分配不均，夏秋炎热少雨正值蔬菜需水高峰期，灌溉要求最迫切。由于蔬菜灌水频率高，管理精细，人工灌溉施肥需要大量劳动力，且生产效率低下。故为了提高工效，拟采用可兼施肥和灌水的喷灌系统。

1. 地形地貌

地处冲积平原，地势平坦，水网密布。规划的标准田块如图 2-11-1 所示。尺寸为 365m×365m，中间为宽 5m 的十字形道路，将田块划分成四小块，每小块 180m×180m，四周水网宽 10m，为灌溉水源与排水所用。

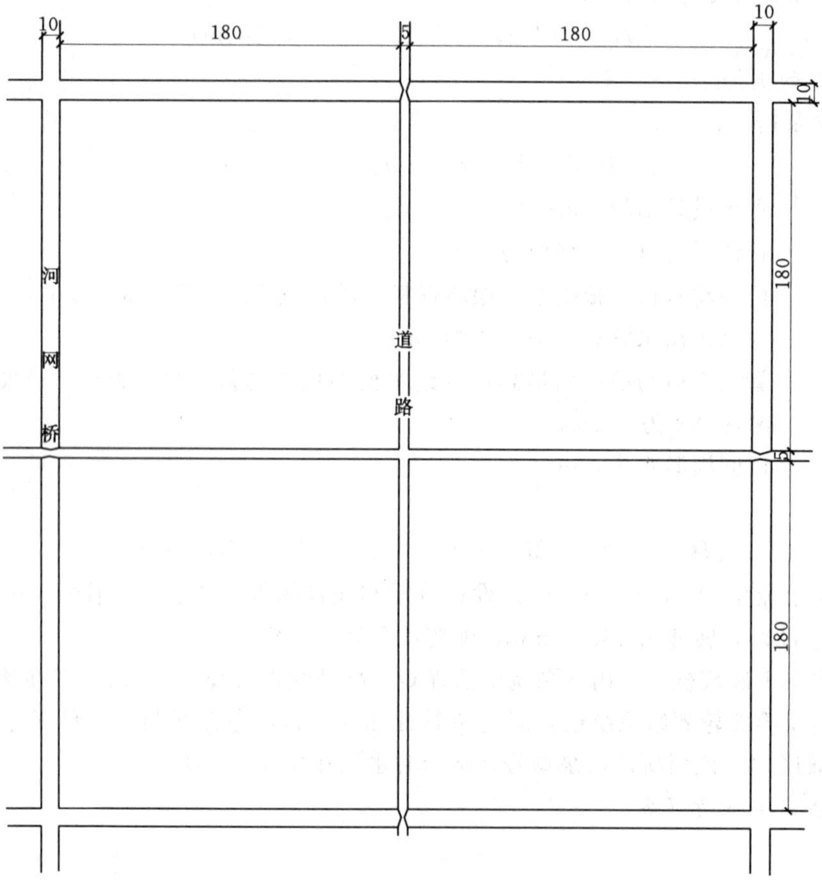


图 2-11-1 田块示意图（单位：m）

2. 气象

该地区雨量充沛，但年内分配不均，除多雨低温的春季外，蔬菜一般都要灌水，每年 7～9 月炎热少雨，为蔬菜需水高峰期。该地区常有风速为 1～3m/s，风向多变。

3. 土壤

属中壤土，肥力中等，稳定入渗强度 10mm/h。

4. 水源

已建有大型泵站，控制水网与大江之间的水分转换，旱时可抽江水入河网，水源充足，水网水位距地面 1.5m，涝时可抽水网之水入大江，水网水位也不会过高。

5. 灌溉试验资料

田间持水率为 32%（占土体的百分数），凋萎系数为 14%，蔬菜田间允许消耗的水量占土壤有效持水量的20%～30%，在需水高峰期，蔬菜的需水强度为7.5mm/d。

6. 作物对喷灌的要求

喷灌区种植产值高的蔬菜，故对喷灌的要求是灌水均匀，水滴雾化良好。

7. 现有设备供应情况

本地区电源有保障，道路通畅，各种管材和施工设备临近市场可以供应。

### 三、设计内容

(1) 基本资料分析，通过分析资料，熟悉设计地区的基本情况及要解决的问题，同时绘制出1/1000的平面图。

(2) 工程规划。选择泵站的位置，初步布置管路网，做出整个工程的总体规划。灌溉制度的拟定。

(3) 喷灌系统的选型。

(4) 管道系统的平面布置。

(5) 喷头的选型与组合。

(6) 拟定喷灌的工作制度。

(7) 编制轮灌组。

(8) 管道干支管设计。

(9) 管道纵剖面设计和管道结构设计。

(10) 材料清单和概预算。

### 四、设计成果

(1) 设计说明书一份。

(2) 设计图。包括：喷灌系统平面布置图；管道纵剖面图；管道系统结构示意图；工程建筑物设计图；首部装置示意图。

## 课设十二　喷灌工程规划设计示例

### 一、基本资料

喷灌区东西长532m，南北宽216～293m不等，总面积约14.2$hm^2$，经整治后地势平坦，土质为砂壤土。灌溉季节风向以东风为主，设计风速为3.0m/s。种植作物为蔬菜，需水临界期日均腾发量为6mm。喷灌区东侧有一河流，水量和水质均满足灌溉要求。

### 二、工程总体规划

本系统采用管道式喷灌系统，系统以附近河流为水源，泵站布置在地块东侧中间位置，由泵站自东向西布置干管，垂直于干管布置支管。为管理方便，沿地块东侧河边以及干管布置道路。具体布置如图2-12-1所示。

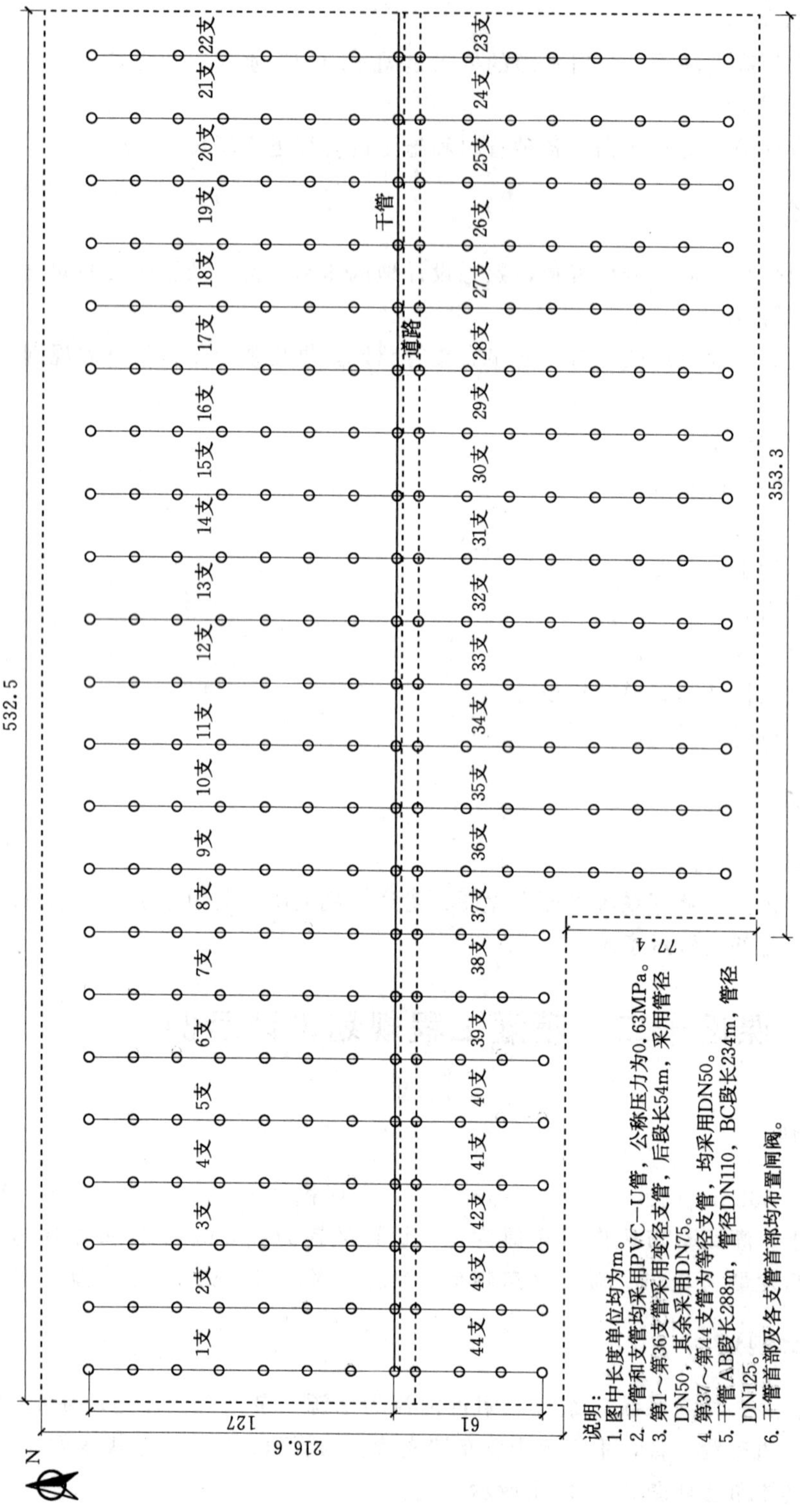


说明：
1. 图中长度单位均为m。
2. 干管和支管均采用PVC-U管，公称压力为0.63MPa。
3. 第1～第36支管采用变径支管，后段长54m，采用管径DN50，其余采用DN75。
4. 第37～第44支管为等径支管，均采用DN50。
5. 干管AB段长288m，管径DN110，BC段长234m，管径DN125。
6. 干管首部及各支管首部均布置闸阀。

图 2-12-1 管道式喷灌系统规划布置图

## 三、喷头的选型

选用 ZY—2 型喷头，其性能参数见表 2-12-1。

**表 2-12-1　　　　喷头参数表**

| 喷头型号 | 喷嘴直径（mm） | 工作压力（kPa） | 喷头流量（$m^3/h$） | 喷头射程（m） |
|---|---|---|---|---|
| ZY—2 | 7 | 300 | 3.67 | 19.9 |

注　1英寸＝2.54cm。

喷头设计工作压力为 300kPa，喷嘴直径为 7mm，因此雾化指标为

$$P_d = \frac{100h_p}{7} = 4286$$

蔬菜适宜雾化指标为 4000～5000，所以喷灌雾化指标满足要求。

## 四、确定喷头组合间距

支管南北向布置，风向与支管垂直，设计风速为 3.0m/s，支管上喷头间距和支管间距分别为：$a=0.9\times19.9=17.91$（m）；$b=1.2\times19.9=23.88$（m）。

考虑 PVC—U 管材长度规格（每根长 4m 或 6m），支管上喷头间距取为 18m，支管间距取为 24m。

支管喷灌方式采用单支管多喷头同时全圆喷洒，已知风速为 3.0m/s，则风系数为

$$K_w = 1.08v^{0.194} = 1.08\times3^{0.194} = 1.34$$

已知 $a=18$m，$R=19.9$m，则喷头有效控制面积为

$$A = \frac{\pi R^2[90-\arccos(a/2R)]}{90} + \frac{a\sqrt{4R^2-a^2}}{2} = 690.6(m^2)$$

田间喷洒水利用系数取 0.85，则喷灌强度为

$$\rho = K_w\frac{1000q\eta_p}{A} = 1.34\times\frac{1000\times3.67\times0.85}{690.6} = 6.1(mm/h)$$

砂壤土的允许喷灌强度为 15mm/h，设计喷灌强度小于最大允许喷灌强度，所以喷灌强度满足要求。

上述计算结果表明，喷头的雾化指标和喷灌强度均满足要求，故所选喷头是适宜的。

## 五、设计灌溉制度

### 1. 灌水定额

灌区内土壤为砂壤土，田间持水率 20%（以占土重的百分比计），土壤容重为 1.55g/cm³，计划湿润层深度取 0.3m，适宜土壤含水率上、下限分别为田间持水率的 85%和 65%，则灌水定额为：

$$m = 1000\gamma H(\beta_1-\beta_2) = 12.4(mm)$$

### 2. 灌水周期

设计取需水强度为 6mm/d。则灌水周期为：

$$T=\frac{m}{E_a}\eta=2.01(\mathrm{d})$$

为管理方便，实际灌水周期取整数，所以灌水周期取为2d，实际灌水定额为：

$$m=6\times2=12(\mathrm{mm})$$

## 六、确定工作制度

喷头在每个位置上的工作时间为：

$$t=\frac{abm}{1000q\eta_p}=\frac{18\times24\times12}{1000\times3.67\times0.85}=1.66(\mathrm{h})$$

根据实际情况，全喷灌区包括20个轮灌组。每天工作10个轮灌组，每天工作总时间为16.6h。综合考虑节省干管投资、受益均衡及管理方便等因素，确定轮灌工作制度见表2-12-2。

表2-12-2　　　　轮灌组划分

| 第一天 | | 第二天 | |
|---|---|---|---|
| 轮灌组 | 轮灌组中的喷头 | 轮灌组 | 轮灌组中的喷头 |
| 第一组 | 1支，13支 | 第一组 | 11支，23支 |
| 第二组 | 2支，14支 | 第二组 | 12支，24支 |
| 第三组 | 3支，15支 | 第三组 | 33支，25支 |
| 第四组 | 4支，16支 | 第四组 | 34支，26支 |
| 第五组 | 5支，17支 | 第五组 | 35支，27支 |
| 第六组 | 6支，18支 | 第六组 | 36支，28支 |
| 第七组 | 7支，19支 | 第七组 | 37支，38支，29支 |
| 第八组 | 8支，20支 | 第八组 | 39支，20支，30支 |
| 第九组 | 9支，21支 | 第九组 | 41支，21支，31支 |
| 第十组 | 10支，22支 | 第十组 | 43支，22支，32支 |

注　各支管编号情况见管网布置图；两条支管均为半圆喷洒时，工作时间减半。

## 七、管道设计

管道设计包括竖管、支管和干管设计。竖管采用普通镀锌钢管，管径根据经验采用DN32，支管和干管均采用PVC—U，公称压力PN0.63MPa，管径需通过计算确定。

1. 确定支管管径

根据规范要求，支管上任意两个喷头工作压力之差不大于喷头设计工作压力的20%。由于地形平坦，只需要考虑支管上首末喷头之间的工作压力差应不超过喷头设计工作压力的20%即可。

由于地块不规则，支管有两种不同长度，喷头数分别为8个和4个。具有8个喷头支管长度较长，且数量较多，为节省投资，拟采用变径支管。考虑施工方便，只变径一次。以支管首末喷头之间的管段为分析对象，该管段总长度为126m。为了采用不同管径，再将其分为两段，后端长为54m，采用较小直径，前段长为72m，采用较大管径，根据下列公式试算管径：

$$1.15f\frac{L_2Q_2^m}{d_2^b}F_2+\left(1.15f\frac{LQ^m}{d_1^b}F-1.15f\frac{L_2Q_2^m}{d_1^b}F_2\right)+\Delta Z\leqslant 0.2h_p$$

式中 $L$、$L_2$——总长和后端长，m；

$Q$、$Q_2$——总流量和后端进口流量，$m^3/s$；

$d_1$、$d_2$——前段内径和后段内径，mm；

$F$、$F_2$——全段的多口系数和后端多口系数。

$f=0.948\times10^5$，$m=1.77$，$b=4.77$，由于地势平坦，在首末两喷头间管段总长为126m，$\Delta Z=0$。

经试算，后段54m采用DN50（内径46mm），前段72m采用DN75（内径70.4mm），此时该支管首末喷头间水头损失为5.15m。支管首末喷头间允许工作压力差为0.2×30.6=60.1（m），因此采用这种变径方案后支管首末喷头间支管工作压力偏差能满足规范要求。对于具有4个喷头的较短支管，不必采用变径设计，全部采用DN50，总水头损失为2.62m，该水头损失小于允许工作压力差。

2. 干管设计

干管管径由经济流速确定，PVC—U管经济流速取1.3m/s。根据轮灌方案可知，AB段设计流量为$33.52m^3/h$，BC段设计流量为$67.04m^3/h$，相应经济管径分别为：

$$d_{AB}=18.8\sqrt{\frac{Q}{V}}=18.8\sqrt{\frac{29.36}{1.3}}=89.3(mm)$$

$$d_{BC}=18.8\sqrt{\frac{Q}{V}}=18.8\sqrt{\frac{58.72}{1.3}}=126.4(mm)$$

结合管径规格，AB段实际选用DN110，压力0.63MPa，壁厚2.7mm，内径104.6mm；BC段实际选用DN140，压力0.63MPa，壁厚3.5mm，内径133mm。

## 八、计算系统需要扬程

1. 计算干管进口工作压力

轮灌顺序表中第一天第一轮灌组（即1支、13支同时工作）工作时较为不利，因此依据该轮灌组工作时系统状况计算系统设计扬程。

喷头的工作设计压力为300kPa（约30m水头），竖管用DN32钢管，内径为28mm，埋深0.6m，地面以上高度1.6m，扣除喷头进口0.2m，则竖管计算长度为2.0m。计算后竖管水头损失为0.62m；支管沿程水头损失为：

$$h_f=\frac{0.948\times10^5\times48\times7.34^{1.77}\times0.648}{46.8^{4.77}}+\left(\frac{0.948\times10^5\times169\times29.36^{1.77}\times0.348}{70.4^{4.77}}-\frac{0.948\times10^5\times48\times7.34^{1.77}\times0.648}{46^{4.77}}\right)=4.42(m)$$

局部水头损失估取沿程水头损失的15%，则支管水头损失为4.42×1.15=5.09（m）干管局部水头损失为取沿程水头损失的15%，AB段水头损失为：

$$h_{fAB}=1.15\times\left(\frac{0.948\times10^{5}\times288\times29.36^{1.77}}{104.6^{4.77}}\right)=2.9(\mathrm{m})$$

$$h_{fBC}=1.15\times\left(\frac{0.948\times10^{5}\times234\times58.72^{1.77}}{133^{4.77}}\right)=2.55(\mathrm{m})$$

参考喷头工作压力水头为 30m，喷头进口工作压力点处（喷头进口以下 0.2m 处）至干管进口的高差为 1.8m，则干管进口工作压力为 41.09m。

2. 计算系统流量与扬程

（1）系统设计流量。喷灌系统中同时工作的喷头数为 16 个，因此喷头总流量为 3.67×16=58.72$m^3$/s，管道系统水利系数取 0.96，则水泵设计流量为 58.72/0.97=60.54$m^3$/s。

（2）系统设计扬程。水泵进、出水管长各为 5m，进水管采用 DN100 镀锌钢管（外径 114mm，壁厚 4mm），出水管采用 DN80 镀锌钢管（外径 88.5mm，壁厚 4mm）。经计算，进、出水管沿程水头损失为 0.26m 和 1.45m，总沿程水头损失为 1.71m。

进水管包括 1 个进口滤网、1 个闸阀、一个渐缩接头和水泵进口，局部水头损失系数为 2.5+0.2+0.2+1=3.9m，计算得到局部水头损失为 0.54m；出水管包括 1 个渐扩接头、3 个 90 度弯头、1 个闸阀和一个旋翼式水表，局部水头损失系数为 0.1+0.25×3+0.4=1.25m，计算得局部水头损失为 0.7m，另 LXS－80 水表水头损失估计为 0.35m，则进、出水管总局部水头损失为 0.54+0.7+0.35=1.59m。

进、出水管总水头损失为 1.71+1.59=3.3m，河流最小水位距地面 2.5m，则系统需要扬程为 41.09+3.3+2.5=46.89m。

## 九、机组选型

1. 水泵选型

根据喷灌系统流量与扬程选择水泵，水泵型号及其技术参数见表 2-12-3。

表 2-12-3　　水泵型号及其技术参数

| 型号 | 流量 ($m^3$/h) | 扬程 (m) | 转速 (r/min) | 效率 (%) | 电机功率 (kW) | 允许吸上真空高度 (m) |
|---|---|---|---|---|---|---|
| IS80－50－200 | 31 | 55 | 2900 | 69 | 15 | 6.6 |
| | 50 | 50 | | | | |
| | 64 | 45 | | | | |

2. 选择动力机

根据水泵配套功率选择电机，电机为 Y160M－2/15 型。

## 十、其他配套设备与设施

每条支管进口处各配置闸阀一个，第 1～36 支管用 DN75 闸阀，第 37～44 支管采用 DN50 闸阀，各闸阀应建闸阀井。干管末端布置一空气阀。水泵进水管布置一个 DN100，出水管布置一个 DN80 闸阀、一个水表（型号 LXS－80）和一个压力表。

## 十一、设备用量及费用估算（略）

# 第三部分　实　（试）　验

## 实验一　非饱和土壤的入渗特性及渗吸速度试验

### 一、试验目的

通过本实验了解土壤渗吸速度变化的一般规律，掌握土壤渗吸速度的测定方法，数据整理与计算分析方法。

(1) 了解农田灌溉或降雨在田面形成水层时，水向土中入渗的过程及其变化规律。

(2) 利用室内或野外实测入渗资料，推求入渗速度与时间关系的经验公式（即考斯加可夫渗吸速度公式，霍顿公式）。

(3) 探讨在野外条件下测定渗透系数（垂直方向）$K$ 值的条件。

(4) 了解双套环装置及量水技术。

### 二、试验原理

在地面形成一定水层的入渗称为有压入渗，对于均质土的入渗强度，已有若干计算公式，菲利普根据严格的数学推导，求得解析解为：

$$i = \frac{S}{2}t^{-1/2} + i_f \tag{3-1-1}$$

式中　$i$——$t$ 时刻的入渗强度；

$S$——与土壤初始含水率有关的特性常数，称为吸水率；

$i_f$——稳定入渗率，即饱和土壤渗透系数。

考斯加可夫根据野外实测资料的分析，发现入渗强度（渗吸速度）与时间之间呈指数关系，其形式为：

$$i = i_1 t^{-a} \tag{3-1-2}$$

式中　$i_1$——第一个单位时间的入渗强度；

$a$——反映土壤性质与入渗初始时土壤含水率的经验常数。

无论是式（3-1-1）和式（3-1-2），都表明：在入渗初期，即 $t$ 较小时，$i$ 值比较大，从式（3-1-1）可知，此时 $i>>i_f$，随着入渗时间增加，$i$ 逐渐减小，$t$ 值足够大之后，$i$ 值与 $i_f$ 值十分接近。根据达西定律，也可以定性地说明这一现象。

饱和与非饱和土壤水运动均服从达西定律，所不同者，在饱和情况下，认为渗透系数是常量；而在非饱和情况下，渗透系数是变量，其值随土壤含水率而异，含水率愈低，渗透系数愈小。

入渗初期，表土首先被湿润，湿锋逐渐向下部土层推进。表土处，水力坡降近似地写成差分形式为：

$$J=\frac{\partial h}{\partial Z}\approx\frac{\Delta h}{\Delta Z}=\frac{a-(\Delta z+h)}{\Delta z}=\frac{a+\Delta Z-h}{\Delta Z} \qquad (3-1-3)$$

式中 $a$——土表面水层的厚度；

$h$——$\Delta Z$ 处的压力势（由于土壤为非饱和的，其势为土壤的基质势，为负值），入渗初期，土壤远未饱和，仍具有较大的吸力，即 $h$ 为较大的负值，水力坡降 $J$ 远大于 1，因而 $i$ 值较大，随着表土含水率的增大，土壤吸力减小，$i$ 值也随之减小，在吸力为零时，$J\approx1$，此时的入渗速度即接近土壤的饱和渗透系数 $K$ 值。由于水流的运动方向是垂向的，因而所测得的渗透系数为垂向渗透系数值。

## 三、测定土壤渗吸速度试验装置

土壤渗吸速度有在试验室内和田间现场测定两种方法，其原理相同，测试装置、方法略有不同，本实验采用同心环法。

同心环法测试装置由双环及水位测针组成，内环直径 30～40cm，高 25～30cm。外环直径 45～55cm。高 25～30cm。为计算方便，使内外环的面积为整数，如内环直径为 35.68cm，其面积为 1000cm，外环直径为 50.46cm，其面积为 2000cm。其他设备包括秒表及量杯、量筒和水桶。

## 四、土壤渗吸速度的测定步骤

根据土壤入渗条件不同，可分为有压入渗和无压入渗，漫灌、畦灌和沟灌均属有压入渗，喷灌、滴灌为无压入渗。本实验采用双圆筒法来模拟有压入渗条件下的土壤渗吸速度的测定。

### （一）同心环法测定土壤入渗导水率（定水量，定水头，变时间）

1. 试验前的准备工作

选择测定试验点，实验前将渗吸内环和外环打入土中 10～20cm，保持两个环在同一圆心上。

2. 试验人员分工

实验准备工作做好后，实验人员必须精力集中，认真负责，根据统一指挥做好记录，其具体分工如下：

（1）计时（兼指挥）1 人。

（2）视读水位测针 1 人。

（3）向外环加水 1 人。

（4）记录 1 人。

3. 试验步骤

（1）装好双环后，将测针固定在内环上，调整好测针位置，使针尖处离地面高度为 5cm 的入渗水层厚度。

(2) 计算好相应于入渗水层厚度的内环及外环的体积并准备好相当的水量。

(3) 盛 1000mL 水于量筒内备用（看土壤渗透性较差，则可以用小量筒如 500mL 或 200mL)。

(4) 试验开始时间时完成三个操作：掀动秒表，迅速向内外环注入水建立入渗水层，(如果计算准确，此时建立的水层刚好为测针所示高度）将盛于量筒内的 1000mL 水亦同时注入内环，此时水面应淹没针尖。

(5) 继续准备好 1000mL 的水量。

(6) 入渗开始后，水面缓慢下降，当水面下降至针尖处时，记下秒表读数，同时将 1000mL 水注入内环中。

(7) 在整个试验过程中，随时要注意保持内、外环水位一致，内环为计算的方便，采用定水量变时间的测量方法，外环则不必严格要求按此要求，随时加水，且水量不必记录。

(8) 重复 (5)、(6)、(7) 操作，直至试验结束。

4. 试验时间的长短

这视入渗状况而定，看质土层有相当的厚度，且希望测量饱和土壤的渗透系数时，试验这应在入渗速度达到稳定后终止，即当连续 4 个相同水量（1000mL）入渗所需时间相同时，停止试验。

**（二）同心环入渗法测导水率（定时间，定水头，变水量）**

1. 实验前的准备工作

选择测定试验点，将覆盖在土壤表面的枯落物清理干净（同时避免对地表植被及表层土壤造成土壤破坏）实验前将渗吸内环和外环打入土中 10～20cm，保持两个环在同一圆心上。

2. 实验人员分工

实验准备工作做好后，实验人员必须精力集中，认真负责，根据统一指挥做好记录，其具体分工如下：

(1) 计时（兼指挥）1 人。

(2) 视读水位测针 1 人。

(3) 向外环加水 1 人。

(4) 记录 1 人。

3. 实验步骤

(1) 装好双环后，将刻度尺或浮标置于内环中，并使刻度部分保持竖立。

(2) 量筒里盛一定水，准备随时给外环加水，保持内外环水面一致，当读一次数据时，给内环加水，使内环水面保持设定水头的高度。

(3) 掀动秒表并向内外环内注水，并使水面保持在设定水头高度，利用放置于内环的标尺或浮标读取单位时间内所消耗的水量。

(4) 试验开始后每隔一定时间记录水面下降总高度，前 3min 每一分钟读取一次数据，后面每 5min 读取数据一次，共读两次。最后每 10min 读一次数据，直到连续 4 个相同的时间段（10min）内入渗的水量相同时停止。

## 五、土壤渗吸速度的计算

1. 同心环法测定土壤渗吸速度记录

同心环法测定土壤导水率记录表见表3-1-1。

**表 3-1-1　　同心环法测定土壤导水率记录表**

| | | | |
|---|---|---|---|
| 测定地点 | | 日期 | |
| 土质 | | 实验者 | |
| 内环面积 | | 水温 | |

| 观测时间段（min） | $t$ 时间内下降水面高度（cm） | 土层厚度（cm） | 入渗率（cm/min） | 水层深度（cm） |
|---|---|---|---|---|
| 1 | | | | |
| 1 | | | | |
| 1 | | | | |
| 5 | | | | |
| 5 | | | | |
| 10 | | | | |
| 10 | | | | |
| 10 | | | | |
| 10 | | | | |

2. 利用达西模式计算土壤入渗系数

$$K = Lh/(H+L)t \qquad (3-1-4)$$

式中　$h$——$t$ 时间内内环下降的水面高度；

$H$——固定水位深；

$L$——土层厚度（内外环打入土中的深度）；

$t$——时间间隔。

## 六、试验数据分析

（1）分析土壤入渗试验过程中土壤含水率和土壤入渗速度的变化规律。

（2）绘制 $K$—$T$ 过程图，根据数据分析表和 $K$—$T$ 过程图分析土壤入渗规律。

（3）绘制不同压力水头 $K$—$T$ 过程图，通过数据分析表和 $K$—$T$ 过程图，分析不同压力水头条件下双环法测定土壤水入渗过程中各时刻入渗系数、稳渗系数和稳渗时间的差异。

（4）根据试验实测数据推求考斯加可夫渗吸速度公式，霍顿渗吸速度公式；并分析各公式中系数与土壤情况的关系。

# 实验二　盐碱土冲洗试验

## 一、试验目的

冲洗是盐碱地改良中一项普遍采用的水利工程措施，土壤中的盐分，有时固体结晶，有时溶于水形成含盐溶液。冲洗就是渗入淡水，使土壤中各种状态的盐分溶解于水中，通过对流与弥散作用，随冲洗水的下渗，将溶解于水中的盐分带至深层并经由排水系统排至承泄区。

冲洗定额是指将计划冲洗土层（一般指作物根系层）中的含盐量冲洗到作物能允许的含盐程度时，单位面积所需要冲洗水量，以 $m^3$/亩计。冲洗定额的大小取决于土壤的盐碱化程度，盐分组成及其在土壤中分布状况，计划冲洗土层厚度。冲洗脱盐标准还取决于土壤的水分物理性质，地下水出流条件，此外，还与冲洗技术和时间有关。这些关系比较复杂且互相影响，一般情况下，要精确计算冲洗定额是比较困难的。最好通过野外试验确定。

野外现场试验能综合反映各种因素的影响，所测得的资料数据反应试区的实际情况，实验结果可靠，能直接在与试验区相似区应用。室内试验不可能完全模拟野外的情况，但可以进行单因子影响试验，便于取得较完整的资料，有利于进行理论上的分析研究。

室内试验多在垂直土柱中进行，可进行的试验内容有：

(1) 不同冲洗水质冲洗效果的对比试验。

(2) 不同冲洗方式下，如连续冲洗，间断冲洗，不同冲洗间隔时间等的冲洗效果对比试验。

(3) 不同冲洗水质，不同冲洗方式下，盐分分布的动态过程。

(4) 不同冲洗水质，不同冲洗方式下，冲洗定额的试验。

(5) 在一定冲洗水质，冲洗方式和冲洗定额情况下，达到要求冲洗效果时的冲洗时间的实验等。

上述各种实验的实验原理，测试设备及操作方法基本上是一致的，以下以冲洗定额试验为例，使实验者掌握饱和溶质运移的室内运移装置，量测设备，实验原理和方法。

## 二、实验原理

根据冲洗定额的概念，可用公式表达如下：

$$M = m_1 + m_2 + e - p \tag{3-2-1}$$

式中　$M$——冲洗定额，$m^3$/亩；

$m_1$——计划冲洗层内，冲洗前的含水量与最大持水量的差额，$m^3$/亩；

$m_2$——冲走计划冲洗层中的过多盐分所需要的水量或冲洗定额中起运输作用的水量，$m^3$/亩；

$e$——冲洗时期内的蒸发损失量，$m^3$/亩；

$p$——冲洗时期内可利用的降水量，$m^3$/亩。

当 $e$ 与 $p$ 大致相等时，上式可简化为：

$$M = m_1 - m_2 \tag{3-2-2}$$

$$m_1 = w - w_0$$

式中　$w$——计划冲洗层最大持水量；

$w_0$——冲洗前计划层含水量。

$m_2$ 的确定比较困难，上述各种实验内容或冲洗定额的实验都是指 $m_2$ 这部分水量，以下简要介绍两种确定冲洗定额方法。

1. 以实验资料为基础的计算法

$$m_2 = 667H\gamma(S_0 - S)/k \tag{3-2-3}$$

式中　$H$——计划湿润层深度，m；

$\gamma$——土壤容重，$kg/m^3$；

$S_0$——冲洗前土壤中的含盐量（以干土重的百分数计）；

$S$——冲洗后所允许的土壤含盐量（以干土重的百分数计）；

$k$——排盐系数，即每立方米冲洗水所能冲走的盐分重量，$kg/m^3$。

2. 以水动力弥散理论为基础的计算方法

盐分之所以能冲洗，主要是通过对流和水动力弥散两个途径实现。在压力差的作用下，溶液有压力高的地方向压力低的地方运动，称为对流。水动力弥散又由分子扩散和机械扩散两部分组成，分子扩散是一种物理化学现象，它是由溶质浓度的不同而产生的由浓度高向浓度低的地方运动。在静止的溶液中，只要存在浓度差，这种过程就存在。机械弥散是溶质在土壤中的对流传输而产生，它主要是由于流速的局部变化而产生的溶质弥散。根据费克定律和质量守恒原理，均质各向同性含水层中溶质运移方程为：

$$\frac{\partial c}{\partial t} = \mathrm{D}_x \frac{\partial c^2}{\partial x^2} + \mathrm{D}_y \frac{\partial c^2}{\partial y^2} - U_x \frac{\partial c}{\partial x} - U_y \frac{\partial c}{\partial y} \tag{3-2-4}$$

对于一维问题，其方程为：

$$\frac{\partial c}{\partial t} = \mathrm{D}_x \frac{\partial c^2}{\partial x^2} - U_x \frac{\partial c}{\partial x} \tag{3-2-5}$$

对于冲洗改良的盐碱地来说，式（3-2-5）的定解条件为：

$$c(x,t) = c_1 \qquad t = 0$$

$$c(x,t) = c_0 \qquad x = 0$$

$$c(x,t) = c_1 \qquad x = \omega$$

上述定解问题的解析解为：

$$\frac{c_1 - c}{c_1 - c_0} = \frac{1}{2}\left[\operatorname{erfc}\left(\frac{x - ut}{2\sqrt{Dt}}\right) + \exp\left(\frac{ux}{D}\right)\operatorname{erfc}\left(\frac{x + ut}{2\sqrt{Dt}}\right)\right] \tag{3-2-6}$$

式中　$D$——弥散系数；

$u$——水流空隙流速；

$c$——$x$ 点的浓度；

$c_0$、$c_1$——冲洗水和土层中原来的含盐浓度。

当已知弥散系数 $D$ 时，可由式（3-2-6）求得冲洗定额 $m_2$，方法是：根据要求的冲

洗深度 $x$，冲洗后含盐浓度 $c$，由式（3-2-7）求出冲洗时间 $t$，由 $t$ 和孔隙流速 $u$ 求出要求的冲洗定额 $m_2$，即

$$m_2 = 0.67unt \tag{3-2-7}$$

孔隙流速 $u$ 根据排水系统的布置形式和规格由相应的计算公式推求（单位为 cm/n），$n$ 为土层有效孔隙率，$t$（小时）为冲洗时间。

## 三、测试设备及试验装置

在采用冲洗措施改良盐碱土地区，一般均开挖配套完善的排水系统，在排水沟中间断面处的变化情况可以作为衡量冲洗效果的指标。

饱和土壤中全盐量（即可溶性盐分总量）的测定方法很多，但比较简单，快速，准确又可以定位观测的方法是电导法。

土壤中可溶盐是强电解质，在水溶液中为带电粒子，它在电场作用下产生的运动具有导电作用，其导电能力的强度称为电导度。溶液浓度不同，其电导度（或称电导率）不同，因电极常数（即极板间距与极板截面积之比）是定值，故可以通过电报用电导仪测出溶液的浓度。

因为电导仪测出的是溶液的电导率，为此应事先做出不同盐类的浓度与其相应电导率的标准关系曲线，实验时，依据土壤盐溶液的类型及所测的电导率，查相应盐溶液的标准曲线即得溶液的浓度值。

同一浓度纯溶液的电导率与其土壤中溶液的电导率是不一样的，需要事先测定纯溶液电导率折算成相应纯溶液时的电导率值。

溶液电导率值受温度的影响较明显，据测定，大多数离子，温度每增加 1℃，其电导率约增加 2%，因此，看实验过程中温度变化较大或试验时温度与测定标准曲线的温度差别较大时，需将测定值进行温度校正。

试样可采用原状土或扰动土，采用原状土时，土柱与土筒壁要进行密封处理。在进行扰动土的试验时，式样先进行风干，然后按一定容量分层填装在有机玻璃圆管内，管的内径 10～15cm，管长 1～1.5m，土柱下端装设滤层，在有机玻璃圆管的一侧，安装四个测压管，用以测量各测压管位置的测压管水头并兼作充水结构时排气之用。

咸水供水本水装置：冲洗试验是在饱和垂直土柱中进行的，试验前应将土柱用盐溶液充分饱和（盐溶液的种类和浓度根据实验要求配置），为保证良好的饱和效果，成水供水平水装置应能调节自如，根据需要置于不同的高度。

冲洗水供水平水装置：冲洗试验是控制在一定的渗透速度下进行的，通过调整整个渗流运动的水头差控制冲洗流量的大小。如图 3-2-1 所示。

排水出流装置：与土柱底部出水管相连，在饱和过程中它是关闭的，冲洗开始后，从出水口处可量得冲洗排水量和不同的入渗速度。

量测系统：包括电导电极、电导仪器及电子电位差计（长图自动平衡记录仪），电极按一定间隔埋设在土柱中（埋设时应使电极的两个铂金板极与水流方向平行），在土柱上部间隔较小（取 5cm）30cm 以后，每隔 10cm 埋设，由电导电极直接与电导仪连接，试验人员可直接测读测点电导值，若要进行多点连续观测，可采用长图自动平衡记录仪，该

仪可顺序施测十二个测点的电导值（测点数视长图自动平衡记录仪的型号而异），它可根据试验者预置的测量时间间隔自动走点测量和记录。

试验以 20g/L（可按各地要求用其他浓度）的 NaCl 溶液作为盐碱地土壤水的浓度，冲洗水为一般的自来水，为便于由溶液电导率换算成相应的溶液浓度，试验前应测定电导率与浓度关系。

仪器设备清单：

（1）有机玻璃土柱及附属的供水平水装置。

（2）电导电板，依测点数目确定。

（3）电导仪 1 台。

（4）长图自动记录仪 1 台。

（5）秒表及量筒量杯等。

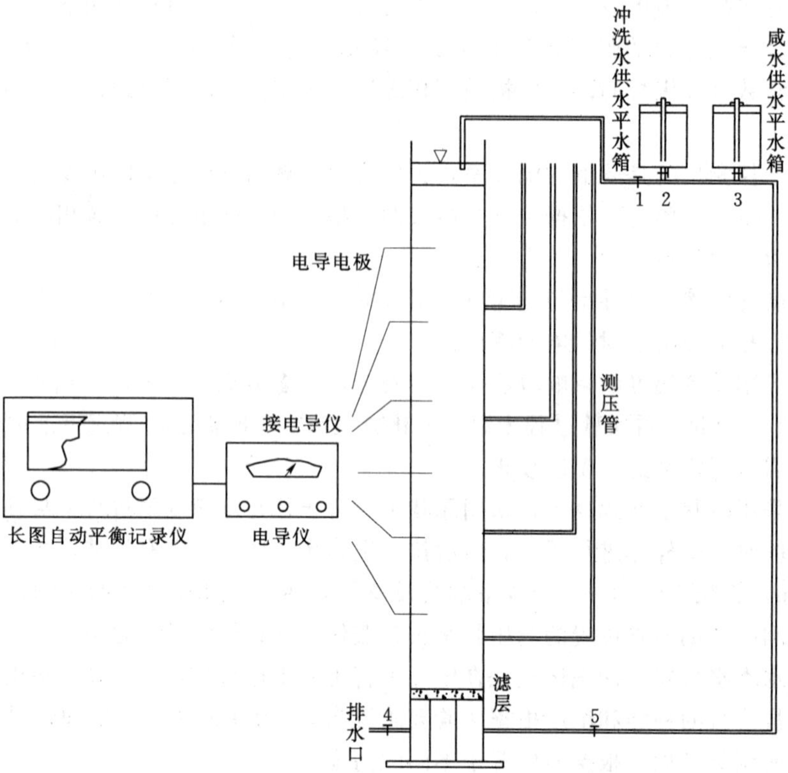


图 3-2-1　垂直土柱中冲洗试验装置示意图

## 四、试验步骤及人员分工

### （一）试验前准备工作

（1）按规定容量分层装填试样，装填完毕后测定试样的干容重和比重，计算孔隙率 $n$。

（2）以一定浓度的盐溶液（例：可取 20%的 NaCl 溶液）饱和土柱。饱和自土柱下部开始，首先关闭排水阀 4，控制阀 1 及 2，打开控制阀 3 及 5，咸水由供水平水箱通过土柱下端进下土柱内，为保证土柱能充分饱和，可通过改变咸水供水平水箱的高度或调节控制阀 5 进行控制。当供水速度过快，土壤中的空气来不及排逸，一部分空气将残留在土壤中影响饱和质量，严重时还可能造成土壤被空气托起而破坏土柱的整体结构。

(3) 土柱自底部一直饱和至顶部后，应继续供咸水 3～4h，以使土柱全部浓度相等，然后关闭控制阀，供水水箱的位置应保持进气管下缘与拟控制的土柱淹灌水层同一高度处。

(4) 用电导仪测定各测点浓度，如果各测点电导率均相等，只需测出一条纯溶液电导率与相同浓度下土壤溶液浓度电导率关系曲线即可；如果各测点测得的值不相等，则需对每一电极分别求得上述关系曲线。

(5) 固定咸水供水平水装置，打开控制阀 1 及排水阀 4，调整排水出口高程，使咸水的流速度在要求的范围内（注：此时土柱内使咸水在流动；土柱顶部水层厚度即为冲洗格田中淹灌水层的厚度，约 2～4cm，水高程可通过改变供水平水箱位置进行调节，在试验过程中不改变）。

**(二) 试验过程测试**

渗流达到稳定后（可通过测定流量判定），即可以开始正式冲洗试验。

(1) 将冲洗水供水平水装置与咸水供水平水装置放在同一高程上（指控制作用水头的进气管下缘）。

(2) 计时开始，迅速将供水水源由咸水改成冲洗水，并应设法将原咸水淹灌层换成冲洗水淹灌层。

(3) 保持排水出口的高程不变，亦即渗流状况与冲洗前完全一样。

(4) 定期测定各测点的电导值，如果不用自动记录仪，则按事先确定测量时间间隔人工测读，对于砂性土壤，时间间隔不宜太长，如用轻壤土进行试验，开始时每 20min 或 30min 读一次数，后期可逐渐加大。当淡水前锋到达某一观测点的位置后，给测点应加密观测次数，当该断面淡化水尚未抵达或淡水已通过，则不予观测或较长时间观测一次即可。

(5) 自土柱底部的排水浓度也应定期进行测定，前者是监测渗流是否仍维持稳定状态，发现变化较大时要及时进行调整。后者可以了解冲洗水是否抵达土柱底部及自底部排水的浓度变化过程。

**(三) 人员分工**

若有可能，试验者应参加试样装填，电导电极埋设，咸水饱和的试验前准备阶段的工作，冲洗开始后，应设指挥及计时一人，自土柱底部测量排水过程（兼取水样）1～2 人，采用长图自动记录仪时，因一起自动走时走点，试验者仅需监视仪器是否正常工作即可，若人工观测记录，则设观测记录 2 人。

## 五、数据试验结果确定冲洗定额 $m_2$

测定出试验过程中达到冲洗要求（即土壤水浓度淡化深度）时的排水量 $w$，即可求出相应的冲洗定额 $m_2$，即

$$m_2 = 6.67\frac{W}{A}(\text{m}^3/\text{亩}) \tag{3-2-8}$$

式中　$A$——土柱截面积，$\text{cm}^3$ 达到 $m_2$ 时的时间即为所要求的冲洗时间。

# 实验三 土壤容重和三相比试验

## 一、试验目的

（1）通过本试验了解土壤三相组成，掌握土壤三相和容重的测定方法，数据整理与计算分析方法。

（2）了解土壤容重与土壤结构之间的关系。

## 二、试验原理

土壤容重是指在自然结构状况条件下，单位体积土壤的重量，通常是以立方厘米多少克来表示。一般来讲土壤容重小，说明土壤质地比较疏松。孔隙多，结构性好；反之土壤容重愈大，说明土壤愈结实。结构性差，孔隙少。环刀法是测定土壤容重的方法之一。它是利用一定体积的环刀切割自然状态土壤，使其充满其中，然后称量计算。

## 三、试验步骤

（1）将已知重量的环刀内壁涂上一层薄薄的凡士林，然后将环刀垂直插入要测定的土层中，不能左右摇摆，以免改变土壤成分自然状况。待环刀全部进入土壤后，用铲子挖去环刀四周的土壤，取出环刀，用小刀仔细削平两端土壤后称重。（注意：环刀插入深度要适当，如插入深度不够，则不能填满环刀的容积，插入过深会影响环刀内土壤紧松状况；如果土壤中含有大的石块、树根、动物时，则土样作废，重新再做；每层需采三个重复样品，允许平行绝对误差小于0.03g/cm，取其算术平均值。）另称取10g土壤，放入铝盒中用酒精燃烧法测得土壤含水量。换算出烘干土重量。

（2）使用土壤三相仪做试验。

1）打开压力室，放入体积为80mL的试件，盖上压力室的盖子并打开压力表开关。

2）转动手柄使体积表的读数为零并关闭压力室放气阀，顺时针旋转手柄，使体积表的读数为80mL，记录相应的压力表数值。然后打开压力室的放气阀，逆时针旋转手柄，使体积表的读数归零。

3）打开压力室，从压力室内拿出30mL试件，压力室内留置50mL试件。操作同上，记录相应的压力数值。

4）打开压力室，从压力室内拿出50mL试件，压力室内放置30mL试件，操作同上，记录相应的压力值。

5）比较三次测试压力值，如果三次数值，相差小于正负0.3kPa，说明压力室无漏气现象，并记录三次测试值的平均值。反之，说明压力室漏气，应检查压力室盖子是否盖好并重新测压。

6）将100mL的土样放入压力室内，顺时针旋转手柄，使压力表达到记录数值时，停止旋转，读取体积表上的数值。此体积为固、液体积。

## 四、试验结果分析

试验结果分析表见表3-3-1。

表3-3-1　　试验结果分析表

| 土层深度（m） | 固液体积（$m^3$） | 湿土重量（kg） | 第一次燃烧干土重量（kg） | 第二次燃烧干土重量（kg） | 第三次燃烧干土重量（kg） | 土壤中水分重量（kg） |
|---|---|---|---|---|---|---|
| | | | | | | |
| | | | | | | |
| | | | | | | |
| | | | | | | |
| | | | | | | |
| | | | | | | |
| | | | | | | |

注　1. 通过数据计算分析土壤三相与土壤容重之间的关系。
2. 通过土壤三相计算土壤的干容重和湿容重。

# 实验四　滴头流量偏差系数测试实验

## 一、实验目的

（1）通过对滴灌试验设备和装置的参观，了解滴灌系统的组成、首部枢纽的结构形式，加深对滴灌系统工作原理的感性认识。

（2）通过实测毛管上各滴头的滴水量，进一步掌握毛管及滴头的水力计算方法及毛管均匀系数的计算。

（3）滴头是从工厂成批购进的，目前，通用的评价滴头质量的方法是测定滴头的制造偏差，以滴头流量偏差系数 $C_V$ 作为衡量滴头制造精度的指标，但无统一的国家标准，按有关文献介绍，$C_V<0.5$ 为优质，$C_V$ 在0.05～0.1之间属中等水平，$C_V>0.15$ 则为劣等产品。本实验通过测定一组滴头（以25个滴头为一组），求得其 $C_V$ 值，对测试产品进行评价。

## 二、实验器材

实验的滴灌系统包括首部枢纽—水源、水泵、水表、压力表、筛网过滤器等；管道系统—支管、毛管、三通、旁通、堵头等配件及滴头或滴灌带等，滴头的间距0.3m，每支毛管至少装设滴头25个以上。量测设备包括受水量杯、量筒及秒表等。

## 三、测试内容及操作步骤

（1）滴灌系统各组成部分的认识。

观察整个滴灌系统，确认各组成部分的功能，掌握首部枢纽各部分的作用及安装位置，观察各种形式的滴头的工作情况，并在试验报告中进行适当的描述。

（2）测定滴头的出水量，以25个滴头为一组，测定滴头流量偏差系数。

（3）测试操作步骤。每次测定时间为10min。

1）首先将毛管纵坡调至水平，滴头出水口高度应与毛管进口等高。

2）打开阀门向毛管供水，观察各滴头有无异常现象（如水量过大、过小或漏水），确信一切正常后，调节进口水压至厂家给定的额定压力，如厂家无额定压力资料则调至100kPa，在施测过程中压力变化不大于±2%。

3）摆好接水量杯，均放在同一侧，但此时不能让受水量杯内有水，准备秒表及准备读水表起始读数。

4）指挥发出实验开始命令，按下计时秒表；各受水量杯同时进入滴头下受水，同时记录水表读数。

5）测试时间为10min，在此期间应密切监视各受水量杯，防止滴头水流滴至量杯外，调节闸阀以保持进口压力稳定在额定值上，5min读一次水表及压力表读数。

6）临近测试结束时，各测试人员做好准备，到10min时，使各受水量杯同时脱离滴头，记录水表及压力表读数，关闭供水阀门。

7）用量筒（或量杯）依次测受水量杯水量，按滴头序号排列依次填入表中。

8）按上述相同步骤再进行第二次测试。

## 四、试验成果整理和分析

（1）计算流量偏差系数。

$$C_V = \frac{S}{\bar{q}} \times 100\% \qquad (3-4-1)$$

式中 $C_V$——流量偏差系数，%；

$S$——滴头出流量标准偏差；

$\bar{q}$——25只滴头的平均流量。

$$S = \sqrt{\frac{\sum_{i=1}^{n}(q_i - \bar{q})^2}{n-1}} \qquad (3-4-2)$$

式中 $n$——滴头数。

取两次重复的平均值，根据 $C_V$ 值的大小，初步评价该试样的质量。

（2）计算毛管上滴头出水量的均匀系数，根据每次测试结果，计算毛管上滴头出水量均匀系数，其计算式为：

$$K = 1 - \frac{|\Delta\bar{q}|}{\bar{q}};\ |\Delta\bar{q}| = \frac{\sum|q_i - \bar{q}|}{n} \qquad (3-4-3)$$

式中 $n$——滴头数。

（3）实验数据成果分析。如表3-4-1所示。

表 3-4-1　　滴头出水量记录表

| 滴头编号 | 1 | 2 | 3 | 4 | 5 | 6 | 7 | 8 | 9 | 10 |
|---|---|---|---|---|---|---|---|---|---|---|
| 受水量（mL） | | | | | | | | | | |
| 出流量（mL/s） | | | | | | | | | | |
| 滴头编号 | 11 | 12 | 13 | 14 | 15 | 16 | 17 | 18 | 19 | 20 |
| 受水量（mL） | | | | | | | | | | |
| 出流量（mL/s） | | | | | | | | | | |
| 滴头编号 | 21 | 22 | 23 | 24 | 25 | | | | | |
| 受水量（mL） | | | | | | | | | | |
| 出流量（mL/s） | | | | | | | | | | |

（4）试验数据分析。在整个试验过程中，尽量排除由于人为操作而影响到实验结果的准确性。所有量杯在同一指令下同时放到滴头下，避免了由于测试时间的不同而影响试验结果。

根据目前通用的评价滴头质量的方法，以滴头流量偏差系数 $C_V$ 作为衡量滴头制造精度的指标，但无统一的国家标准，按有关文献介绍，$C_V<0.5$ 为优质，$C_V$ 在 0.05～0.1 之间属于中等水平，$C_V>0.5$ 则为劣等产品。评价本次试验结果。

# 实验五　单喷头水力性能测试实验

## 一、实验目的

喷头是喷灌系统的主要组成部分，喷头性能的优劣，对喷头质量影响较大，在进行喷灌系统的水力计算中，喷头的水力性能参数是喷灌系统设计计算的基本依据。因此无论是生产新的喷头系列或进行喷灌系统设计，选定喷头型号，均应进行喷头水力性能测定。本次试验的目的：

（1）测试单喷头在某一工作压力情况下的各种水力参数。

（2）计算所测试的单喷头水力参数。

（3）了解喷头主要水力参数之间的关系。

（4）掌握实验测试和实验数据整理、计算方法。

（5）认识实验设备的功能和使用方法，了解金属摇臂式喷头的结构及工作原理。

## 二、测试项目

（1）喷头工作压力 $P$（MPa），即喷头进水口前 20cm 处的静水压力，用压力表量测。

（2）喷洒流量 $q$（$m^3/h$），用水表量测。

（3）点喷洒水量 $W$（$cm^3$），即每个雨量筒单位时间内所收集的喷洒水量。

（4）喷头旋转周期（min/周），即喷头每旋转一周所需时间。

（5）摇臂打击频率（次/min），即每分钟内摇臂打击的次数。

（6）水滴直径 $d$ 水（mm），用滤纸法测试。

（7）风速风向，主要用风速仪量测。

（8）喷头主、副喷嘴直径（mm），用游标卡尺量测。

## 三、测试操作程序

1. 准备工作阶段

（1）安装调试喷头。测试的喷头为 PY—20 型摇臂式喷头，全圆周喷洒。将摇臂式喷头扭力弹簧调整至既能打击喷头旋转又使喷头转速最低。

安装喷头的竖管一般在 1.0～1.2m，安装好的竖管不得倾斜，保证喷头旋转轴线与水平面垂直，喷头工作时，竖管不得振动，可用支撑或拉线固定。

喷头的工作压力是指喷头进水口 10cm 处的压力，在距竖管上口 10cm 处焊接测压孔嘴，压力表用软管与测压孔嘴连接。测压孔与压力表等高。

（2）布设雨量筒。以喷头为圆心，沿径向 45°放射型或 90°布置 4 行～8 行雨量筒，雨量筒间距 0.5～1.0m，为了较准确测定射程，射程末端可适当加密雨量筒。

（3）调节工作压力。当已布置好雨量筒再调节工作压力时，必须控制喷头，不使水滴落入雨量筒中，缓慢调节阀门使喷头工作压力稳定在试验压力值。

首次测量压力时，打开压力表上的三通放气阀，以排除测压管内滞留的空气，当水从排气阀中流出后，即关闭阀。

2. 喷头喷洒阶段

喷头测试历时为 30～60min，测试前标记喷头起始点，取整圈数。

在喷头喷洒过程中，分别记录下列各项：

（1）工作压力：由专人监测压力，由于某种原因压力突变时要中断实验。

（2）喷水量：即喷头的流量，可由管道上的流量计测定，如果流量计的记录器未清零时，在喷头开始工作的瞬间记下初始水量值。

（3）水滴直径：将滤纸放在水滴接收盒内，在喷洒水舌的末端定点取样，迅速平稳地快速接受若干滴水，使滤纸上留下清晰的水滴印迹，每次实验要有 5 张以上的有效滤纸。

（4）喷头旋转周期：在喷洒过程中，旋转周期要测定五次，用秒表计时，计算平均值。

（5）摇臂打击频率：打击次数用秒表计时并计算平均值。

（6）喷洒历时：用秒表记下试验开始及终止的时间，旋转式喷头的终止时间以水舌所达起点标记时为准。

（7）风速风向监测：由专人监测风速，风向值，测量次数不少于 3 次，将风速仪上读取的指示风速转换成实际风速。测风时，风速仪距地面 2m 高。可用支架固定，也可手持，在喷头的上风水滴落不到的地方测定。

（8）量测雨量筒水量：喷洒停止后。从喷头开始由近而远量测每一排雨量筒水量，量测时要仔细用量筒计量。末端雨量筒无痕迹或水量小于 5mm 的记作“0”，量测数据应填入喷头水力性能测试记录计算表。

## 四、测试数据调整及计算

1. 喷头喷洒流量

喷头的流量可用下式计算：

$$Q=V/t \tag{3-5-1}$$

式中　$V$——喷水量（流量计净累计水量值），$m^3$；

$t$——喷洒历时，h。

2. 喷洒强度计算

（1）点喷洒强度：

计算各测点喷洒强度可用下式计算

$$P_i=\frac{10W}{St}(mm/h) \tag{3-5-2}$$

式中　$W$——雨量筒承接的水量，$cm^3$；

$S$——雨量筒承口的面积，$cm^2$。

（2）单喷头平均喷洒强度：

$$\overline{P}_{头}=\frac{1000Q}{\pi R^2} \tag{3-5-3}$$

式中　$Q$——喷洒流量，$m^3/h$；

$R$——喷头射程，m。

（3）径向各平均雨强：

$$\overline{P}_{计}=\frac{\sum P_i}{n} \tag{3-5-4}$$

式中　$\overline{P}_{计}$——各点喷灌强度平均值；

$P_i$——径向各测点的喷灌强度；

$n$——径向测点雨量筒点数；

$i$——径向等距离点的序号。

3. 喷头有效射程的确定

绘制各径向水量分布图。在线上寻找 $P=5\%\overline{P}_{计}$ 的点。该点到喷头的距离即为射程，喷头射程取径向各行射程的算术平均值。

4. 水滴直径

量取滤纸上的水滴直径（小于 5mm 不计），水滴直径按照印迹直径 $D_{印}$～水滴直径 $d_{水}$ 的关系式计算：

$$d_{水}=0.34D_{印}^{0.728}(mm) \tag{3-5-5}$$

用杭州新华造纸厂中速定性分析滤纸测定。求水滴直径，然后计算平均水滴直径。

5. 风速

将风速仪读数值换算成实际风速，风速取实测最大风速，最后将上述各参数填入喷头性能测试总表中。

6. 绘制喷洒强度等值线图

将各点喷洒强度点绘在各点的相应位置上，勾绘出喷洒强度等值线图，同时绘出顺风向和垂直风向的水量剖面分布图。在图上标明风向、风速、喷头型号、喷嘴直径、工作压力、喷水量、比例尺可取1∶200。

## 五、测试人员分工

(1) 喷洒历时（1人兼指挥）。

(2) 监测工作压力、流量计（2～4人）。

(3) 监测喷头旋转周期、摇臂打击频率和量测水滴直径（2人）。

(4) 监测风向风速（2人）。

(5) 监测雨量筒水量（12～16人），其他监测人员完成任务后也参加量测雨量筒水量。

以上人员分工后，必须各负其责，作好承担的监测记录任务。

## 六、测试仪表及实验用品

仪器及试验用品表见表3-5-1。

**表3-5-1　仪表及实验用品表**

| 名称 | 型号及规格 | 单位 | 数量 | 用途 |
|---|---|---|---|---|
| 压力表 | 100×1MPa | 只 | 1 | 测喷头压力 |
| 风速仪 | 手持旋杯式 | 台 | 1 | 测风速风向 |
| 秒表 | 1/100 | 只 | 2 | 计时 |
| 游标卡尺 | 0～150mm | 把 | 1 | 测量喷嘴直径 |
| 雨量筒 | $\phi$11.3cm，$A=100\text{cm}^2$ | 只 | 40 | 承接水量 |
| 水滴接收盒 | 自制铁盒 | 个 | 1 | 放滤纸 |
| 量筒 | 50mL 100mL | 只 | 各4 | 量水 |
| 滤纸 | $\phi$150定型滤纸 | 张 | 10 | 测水滴印迹 |

## 七、实验数据计算

实验数据表见表3-5-2～表3-5-5。

**表3-5-2　喷头水力性能数据汇总表**

喷头型号：　　　　　喷嘴直径 $D$：

| 序号 | 工作压力（MPa） | 喷水量（$\text{m}^3$/h） | 射程 $R$（m） | 喷洒强度 $P_i$（mm/h） | 摇臂打击频率（min/次） | 旋转周期（min/转） | 雾化指标 $H_d$ | 水滴直径（mm） | 最大风速（m/s） |
|---|---|---|---|---|---|---|---|---|---|
| 1 | | | | | | | | | |
| 2 | | | | | | | | | |
| 3 | | | | | | | | | |

表 3-5-3　　喷头风向风速测试记录表

| 项目次序 | 1 | 2 | 3 | 4 | 5 | 6 |
|---|---|---|---|---|---|---|
| 风向 | | | | | | |
| 风速（m/s） | | | | | | |

表 3-5-4　　水滴直径测试记录计算表

喷头型号：　　　　测试压力：

| 编号 | 方向 | 距离（m） | 水滴色斑直径（mm） | 水滴直径（mm） | |
|---|---|---|---|---|---|
| | | | | $D_水$ | 平均 $d$ |
| 1 | | | | | |
| 2 | | | | | |
| 3 | | | | | |

表 3-5-5　　喷头射程测试记录计算表

| 喷头型号 | | 结构形式 | |
|---|---|---|---|
| 测试压力 | | 流量 | |
| 测试时间 | | 日期 | |

| 序号 | 径向距离（m） | E | | W | | S | | N | |
|---|---|---|---|---|---|---|---|---|---|
| | | $W$（$cm^3$） | $P_i$（mm/h） | $W$（$cm^3$） | $P_i$（mm/h） | $W$（$cm^3$） | $P_i$（mm/h） | $W$（$cm^3$） | $P_i$（mm/h） |
| 1 | | | | | | | | | |
| 2 | | | | | | | | | |
| 3 | | | | | | | | | |
| 4 | | | | | | | | | |
| 5 | | | | | | | | | |
| 6 | | | | | | | | | |
| 7 | | | | | | | | | |
| 8 | | | | | | | | | |
| 9 | | | | | | | | | |
| 10 | | | | | | | | | |
| 11 | | | | | | | | | |
| 12 | | | | | | | | | |
| 13 | | | | | | | | | |
| 14 | | | | | | | | | |
| 15 | | | | | | | | | |
| 16 | | | | | | | | | |
| $P_i$ | | | | | | | | | |
| 5% $P_i$ | | | | | | | | | |
| $r$（m） | | | | | | | | | |
| $R$（m） | | | | | | | | | |

# 第四部分　附　　录

## 附录一　农业水利工程常用相关规范

1. SL207—98　节水灌溉技术规范
2. SL/T4—1999　农田排水工程技术规范
3. SL103—95　微灌工程技术规范
4. SL254—2000　泵站技术改造规程
5. SL256—2000　机井技术规范
6. SL18—91　渠道防渗工程技术规范
7. SL/T153—95　低压管道输水灌溉工程技术规范（井灌区部分）
8. GB50288—99　灌溉与排水工程设计规范
9. GB/T50265—97　泵站设计规范
10. SL23—91　渠系工程抗冻胀设计规范
11. SL/T246—1999　灌溉与排水工程技术管理规程
12. SL236—1999　喷灌与微灌工程技术管理规程
13. SL109—95　农田排水试验规范

## 附录二　灌溉与排水工程设计规范（GB50288—99）摘选

蓄水枢纽工程等别应根据总蓄水容积的大小按表 4-2-1～表 4-2-18 确定。

**表 4-2-1　　蓄水枢纽工程分等指标**

| 工程等别 | Ⅰ | Ⅱ | Ⅲ | Ⅳ | Ⅴ |
|---|---|---|---|---|---|
| 规模 | 大（1）型 | 大（2）型 | 中型 | 小（1）型 | 小（2）型 |
| 总蓄水容积（$10^8 m^3$） | ＞10 | 1.0～1 | 1～0.1 | 0.1～0.01 | ＜0.01 |

引水枢纽工程等别应根据引水流量的大小按表 4-2-2 确定。

**表 4-2-2　　引水枢纽工程分等指标**

| 工程等别 | Ⅰ | Ⅱ | Ⅲ | Ⅳ | Ⅴ |
|---|---|---|---|---|---|
| 规模 | 大（1）型 | 大（2）型 | 中型 | 小（1）型 | 小（2）型 |
| 引水流量（$m^3/s$） | ＞200 | 200～500 | 50～10 | 10～2 | ＜2 |

提水枢纽工程等别应根据单站装机流量或单站装机功率的大小按表确定当提水枢纽工程按单站装机流量和单机装机功率分属两个不同工程等别时应按其中较高的等别确定。见表4－2－3。

表4－2－3　提水枢纽工程分等指标

| 工程等别 | Ⅰ | Ⅱ | Ⅲ | Ⅳ | Ⅴ |
|---|---|---|---|---|---|
| 规模 | 大（1）型 | 大（2）型 | 中型 | 小（1）型 | 小（2）型 |
| 单站装机流量（$m^3/s$） | ＞200 | 200～500 | 50～10 | 10～2 | ＜2 |
| 单站装机功率（MW） | 30 | 30～10 | 10～1 | 1～0.1 | ＜0.1 |

注　“装机”系指包括备用机组在内的全部机组。

蓄水引水和提水枢纽工程中的水工建筑物级别应根据所属枢纽工程的等别与建筑物重要性按表4－2－4确定。

表4－2－4　水工建筑物级别划分

| 工程等别 | 永久性建筑物级别 | | 临时性建筑物级别 |
|---|---|---|---|
| | 主要建筑物 | 次要建筑物 | |
| Ⅰ | 1 | 3 | 4 |
| Ⅱ | 2 | 3 | 4 |
| Ⅲ | 3 | 4 | 5 |
| Ⅳ | 4 | 5 | 5 |
| Ⅴ | 5 | 5 | — |

灌溉渠道或排水沟的级别应根据灌溉或排水流量的大小按表4－2－5确定对灌排结合的渠道工程当按灌溉和排水流量分属两个不同工程级别时应按其中较高的级别确定。

表4－2－5　灌排渠沟工程分级指标

| 工程级别 | 1 | 2 | 3 | 4 | 5 |
|---|---|---|---|---|---|
| 灌溉流量（$m^3/s$） | ＞300 | 300～100 | 100～20 | 20～5 | ＜5 |
| 引水流量（$m^3/s$） | ＞500 | 500～200 | 200～50 | 50～10 | ＜10 |

水闸渡槽倒吸虹涵洞隧洞跌水与陡坡等灌排建筑物的级别应根据过水流量的大小按表4－2－6确定。

表4－2－6　灌排建筑物分级指标

| 工程级别 | 1 | 2 | 3 | 4 | 5 |
|---|---|---|---|---|---|
| 过水流量（$m^3/s$） | ＞300 | 300～100 | 100～20 | 20～5 | ＜5 |

表4－2－7　灌溉设计保证率

| 灌水方法 | 地区 | 作物种类 | 灌溉设计保证率（%） |
|---|---|---|---|
| 地面灌溉 | 干旱地区或水资源紧缺地区 | 以旱作为主 | 50～75 |
| | | 以水稻为主 | 70～80 |
| | 半干旱半湿润地区或水资源不稳定地区 | 以旱作为主 | 70～80 |
| | | 以水稻为主 | 75～85 |
| | 湿润地区或水资源丰富地区 | 以旱作为主 | 75～85 |
| | | 以水稻为主 | 80～95 |
| 喷灌、微灌 | 各类地区 | 各类作物 | 85～95 |

注　1. 作物经济价值较高的地区，宜选用表中较大值；作物经济价值不高的地区，可选用表中较小值。
2. 引洪淤灌系统的灌溉设计保证率可取30%～50%。

**表 4-2-8**　　**地下水临界深度**　　单位：m

| 工程等别 | 地下水矿化度（g/L） | | | |
|---|---|---|---|---|
| | ＜2 | 2～5 | ＞5～10 | ＞10 |
| 砂壤土轻壤土 | 1.8～2.1 | 2.1～2.3 | 2.3～2.6 | 2.6～2.8 |
| 中壤土 | 1.5～1.7 | 1.7～1.9 | 1.8～2.0 | 2.0～2.2 |
| 重壤土黏土 | 1.0～1.2 | 1.1～1.3 | 1.8～1.4 | 1.3～1.5 |

**表 4-2-9**　　**蓄水枢纽工程建筑物防洪标准**

| 枢纽建筑物级别 | | | | 1 | 2 | 3 | 4 | 5 |
|---|---|---|---|---|---|---|---|---|
| 防洪标准（重现期 a） | 山区、丘陵区 | 设计 | | 100～500 | 500～100 | 100～50 | 50～30 | 30～20 |
| | | 校核 | 混凝土坝<br>浆砌石坝 | 5000～2000 | 2000～1000 | 1000～500 | 500～200 | 200～100 |
| | | | 土石坝<br>堆石坝 | 1000～5000 | 5000～2000 | 2000～1000 | 1000～3000 | 300～200 |
| | 平原、滨海区 | 设计 | | 300～100 | 100～50 | 50～20 | 20～10 | 10 |
| | | 校核 | | 2000～1000 | 1000～300 | 300～100 | 100～50 | 50～20 |

引水提水枢纽工程建筑物的防洪标准应根据其级别按表 4-2-10 确定。

**表 4-2-10**　　**引水提水枢纽工程建筑物防洪标准**

| 枢纽建筑物级别 | | 1 | 2 | 3 | 4 | 5 |
|---|---|---|---|---|---|---|
| 防洪标准（重现期 a） | 设计 | 100～50 | 50～30 | 30～20 | 20～10 | 10 |
| | 校核 | 300～200 | 200～100 | 100～50 | 50～30 | 30～20 |

灌排建筑物灌溉渠道的防洪标准应根据其级别按表 4-2-11 确定。

**表 4-2-11**　　**灌排建筑物灌溉渠道设计防洪标准**

| 建筑物级别 | 1 | 2 | 3 | 4 | 5 |
|---|---|---|---|---|---|
| 防洪标准（重现期 a） | 100～50 | 50～30 | 30～20 | 20～10 | 10 |

注　1. 灌排建筑物的设计防洪标准，宜取表列上限值。
2. 灌排建筑物的校核防洪标准，可视工程具体情况和需要研究决定。

**表 4-2-12**　　**续灌渠道加大流量的加大百分数设计**

| 设计流量（$m^3/s$） | ＜1 | 1～5 | 5～20 | 20～50 | 50～100 | 100～300 | ＞300 |
|---|---|---|---|---|---|---|---|
| 加大百分数（%） | 35～30 | 30～25 | 25～20 | 20～15 | 15～10 | 10～5 | ＜5 |

表 4-2-13　　**挖方渠道的最小边坡系数**

| 土质 | 渠道水深（m） | | |
|---|---|---|---|
| | <1 | 1～2 | >2～3 |
| 稍胶结的卵石 | 1.00 | 1.00 | 1.00 |
| 夹砂的卵石或砾石 | 1.25 | 1.50 | 1.50 |
| 黏土重壤土 | 1.00 | 1.00 | 1.25 |
| 中壤土 | 1.25 | 1.25 | 1.50 |
| 轻壤土砂壤土 | 1.50 | 1.50 | 1.75 |
| 砂土 | 1.75 | 2.00 | 2.25 |

表 4-2-14　　**填方渠道的最小边坡系数**

| 土质 | 渠道水深（m） | | | | | |
|---|---|---|---|---|---|---|
| | <1 | | 1～2 | | >2～3 | |
| | 内坡 | 外坡 | 内坡 | 外坡 | 内坡 | 外坡 |
| 黏土重壤土 | 1.00 | 1.0 | 1.00 | 1.00 | 1.25 | 1.00 |
| 中壤土 | 1.25 | 1.0 | 1.25 | 1.00 | 1.50 | 1.25 |
| 轻壤土砂壤土 | 1.50 | 1.25 | 1.50 | 1.25 | 1.75 | 1.50 |
| 砂土 | 1.75 | 1.5 | 2.00 | 1.75 | 2.25 | 2.00 |

表 4-2-15　　**末级固定排水沟深度和间距**　　单位：m

| 末级固定排水沟深度 | 排水沟间距 | | |
|---|---|---|---|
| | 黏土、重壤土 | 中壤土 | 轻壤土、砂壤土 |
| 0.8～1.3 | 15～30 | 30～50 | 50～70 |
| 1.3～1.5 | 30～50 | 50～70 | 70～100 |
| 1.5～1.8 | 50～70 | 70～100 | 100～150 |
| 1.8～2.3 | 70～100 | 100～150 | — |

表 4-2-16　　**土质排水沟最小边坡系数**

| 土质 | 排水沟开挖深度（m） | | | |
|---|---|---|---|---|
| | <1.5 | 1.5～3.0 | 3.0～4.0 | >4.0～4.5 |
| 黏土、重壤土 | 1.0 | 1.25～1.5 | 1.5～2.0 | >2.0 |
| 中壤土 | 1.5 | 2.0～2.5 | 2.5～3.0 | >3.0 |
| 轻壤土、砂壤土 | 2.0 | 2.5～3.0 | 3.0～4.0 | >4.0 |
| 砂土 | 2.5 | 3.0～4.0 | 4.0～4.5 | >5.0 |

表 4-2-17　　黏性土渠道允许不冲流速

| 土质 | 允许不冲流速（m/s） |
|---|---|
| 轻壤土 | 0.60～0.80 |
| 中壤土 | 0.65～0.85 |
| 重壤土 | 0.70～0.95 |
| 黏土 | 0.75～1.00 |

注　表中所列允许不冲流速值为水力半径 $R=1.0$m 时的情况；当 $R\neq1.0$ 时，表中所列数值应乘以 $R^{\alpha}$ 指数 $\alpha$ 值可按下列情况采用：①疏松的壤土、黏土 $\alpha=1/3\sim1/4$；②中等密实和密实的壤土、黏土 $\alpha=1/4\sim1/5$。

表 4-2-18　　非黏性土渠道允许不冲流速　　单位：m/s

| 土质 | 粒径（mm） | 水深（m） | | | |
|---|---|---|---|---|---|
| 淤泥 | 0.005～0.050 | 0.12～0.17 | 0.15～0.21 | 0.17～0.24 | 0.19～0.26 |
| 细砂 | 0.050～0.250 | 0.17～0.27 | 0.21～0.32 | 0.24～0.37 | 0.26～0.40 |
| 中砂 | 0.250～1.000 | 0.27～0.47 | 0.32～0.57 | 0.37～0.65 | 0.40～0.70 |
| 粗砂 | 1.000～2.500 | 0.47～0.53 | 0.65～0.80 | 0.65～0.75 | 0.70～0.80 |
| 细砾石 | 2.500～5.000 | 0.53～0.65 | 0.65～0.80 | 0.75～0.90 | 0.80～0.95 |
| 中砾石 | 5.000～10.000 | 0.65～0.80 | 0.80～1.00 | 0.90～1.10 | 0.95～1.20 |
| 大砾石 | 10.000～15.000 | 0.80～0.95 | 1.00～1.20 | 1.10～1.30 | 1.20～1.40 |
| 小卵石 | 15.000～25.000 | 0.95～1.20 | 1.20～1.40 | 1.30～1.60 | 1.40～1.80 |
| 中卵石 | 25.000～40.000 | 1.20～1.50 | 1.40～1.80 | 1.60～2.10 | 1.80～2.20 |
| 大卵石 | 40.000～75.000 | 1.50～2.00 | 1.80～2.40 | 2.10～2.80 | 2.20～3.00 |
| 小漂石 | 75.000～100.000 | 2.00～2.30 | 2.40～2.80 | 2.80～3.20 | 3.00～3.40 |
| 中漂石 | 100.000～150.000 | 2.30～2.80 | 2.80～3.40 | 3.20～3.90 | 3.40～4.20 |
| 大漂石 | 150.000～200.000 | 2.80～3.20 | 3.40～3.90 | 3.90～4.50 | 4.20～4.90 |
| 顽石 | ＞200.000 | ＞3.20 | ＞3.90 | ＞4.50 | ＞4.90 |

注　表中所列允许不冲流速值为水力半径 $R=1.0$m 时的情况；当 $R\neq1.0$ 时表中所列数值应乘以 $R^{\alpha}$，指数值 $\alpha$ 可采用 $\alpha=1/3\sim1/5$。

# 附录三　灌溉排水工程汉英词汇释义

## 一、农田水利词汇

1. 农田水利（irrigation and drainage）：为防治干旱、渍、涝和盐碱灾害，对农田实施灌溉、排水等人工措施的总称。

2. 灌溉（irrigation）：按照作物生长的需要，利用水利工程设施将水送到田间，以补充农田水分的人工措施。

3. 农田排水（farmland drainage）：将农田中过多的地面水、土壤水和地下水排除，改善土壤的水、肥、气、热关系，以利于作物生长的人工措施。

4. 机电排灌（pumping drainage and irrigation）：利用水泵抽水对农田进行排水或灌溉的措施。

5. 农田水利基本建设（capital construction of farmland water conservancy; capital construction of irrigation and drainage）：为建设旱涝保收、高产稳产基本农田所采取的工程技术措施。

6. 旱涝碱综合治理（comprehensive harness of drought，waterlogging，salinization and alkalization）：为防治旱、涝、渍、碱等灾害，改善农业生态环境所采取的水利、农业、林业、生物和化学等综合措施。

7. 小流域综合治理（comprehensive harness of small basin）：为保持小流域的水土，减轻自然灾害，改善农业生态环境，合理开发和保护水、土资源而采取的工程和生物等措施。

8. 水利土壤环境（soil environment and water conservancy project）：施行水利措施，使农业土壤性状发生变化的现象。

9. 农业水利区划（zoning of agricultural water conservancy）：为合理开发利用区域水土资源，按照各地区的自然条件、农业生产条件及水利条件划分不同区域进行综合开发治理的规划工作。

10. 灌溉水源（water resources for irrigation）：可用于灌溉的地表水、地下水和经过处理并达到利用标准的污水的总称。

11. 井灌（well irrigation）：利用提水设备提取井水灌溉农田的措施。

12. 灌溉回归水（irrigation return flow）：灌溉水由田间、渠道排出或渗入地下并汇集到沟、渠、河道和地下含水层中，成为可再利用的水源。

13. 地面灌溉（surface irrigation）：采用沟、畦等地面设施，对作物进行灌水的方式。

14. 地下灌溉（subsurface irrigation）：水量通过地面以下的设施渗出并浸润耕作层土壤的灌水方式。

15. 局部灌溉（partial irrigation）：水源条件受限制时，对灌区中的部分耕地实施灌溉的方式。

16. 充分灌溉（sufficient irrigation）：在作物生育期完全按作物高产需要水量实施的灌溉方式。

17. 非充分灌溉或限额灌溉（unsufficient irrigation；deficient irrigation；limited irrigation）：在作物生育期部分地按作物生长需要水量实施灌溉的方式。

18. 节水灌溉（water saving irrigation）：采取工程措施、改进灌水技术和管理工作等以提高灌溉水利用率和效益的综合措施。

19. 设计灌溉面积（design irrigation area）：按规定的保证率设计的灌区面积。

20. 有效灌溉面积（effective irrigation area）：灌溉工程设施基本配套，有一定水源，土地较平整，一般年景可进行正常灌溉的耕地面积。

21. 保证灌溉面积（guaranteed irrigation area）：在灌溉工程控制范围内，可按设计保证率和灌溉制度实施灌溉的耕地面积。

22. 灌溉系统（irrigation system）：灌区引水、输水、配水、蓄水、退水等各级渠沟或管道，及相应建筑物和设施的总称。

23. 灌溉管理（irrigation management）：建立灌溉机构，制定法规，实施工程管理、用水管理、组织管理和经营管理的总称。

24. 农田排水系统（farmland drainage system）：排除农田中多余的地表水、地下水和土壤水的各级排水沟、管、水闸和泵站等建筑物的总称。

## 二、农田灌溉词汇

1. 地表水灌溉（surface - water irrigation）：以地表水为水源所进行的灌溉。

2. 蓄水灌溉（water storage irrigation）：以水库、塘堰等蓄水工程为水源所进行的灌溉。

3. 引水灌溉（water diversion irrigation）：以自流引取河川径流为水源所进行的灌溉。

4. 提水灌溉（pumping irrigation）：以水泵等提水设备抽水所进行的灌溉。

5. 自流灌溉（gravity irrigation）：借助于水的重力作用，通过引水、输水、配水等设施所进行的灌溉。

6. 蓄引提结合灌溉（combined irrigation by storage，diversion and pumping）：联合运用蓄水、引水和提水工程进行灌溉的一种方式。

7. 地下水灌溉（groundwater irrigation）：以地下水为水源所进行的灌溉。

8. 地下水库（groundwater reservior）：贮存在某一地域地下含水层内的水体，可供开发利用的地下贮水场所。

9. 井渠结合灌溉（irrigation by conjunctive use of surface and groundwater）：联合利用水井和渠道进行灌溉的一种方式。

10. 污水灌溉（sewage irrigation）：以经过处理并达到灌溉水质标准要求的污水为水源所进行的灌溉。

11. 咸水灌溉（saline water irrigation）：以矿化度为 2～5g/L 的地下水为水源所进行的灌溉。

12. 浑水灌溉（high silt content water irrigation）：以引用含沙量大于15%（重量比）的河水为水源所进行的灌溉。

13. 肥水灌溉（fertilized groundwater irrigation）：以含氮量较高的地下水为水源所进行的灌溉。

14. 引洪灌溉（irrigation by flood diversion）：以引用河流洪水为水源所进行的灌溉。

15. 淤灌（warping irrigation）：以引用高含沙河水淤填、改造盐碱地等进行灌溉的一种方式。

16. 灌溉规划（irrigation planning）：在一定范围内，根据水土资源、农业发展需要、技术水平和投入能力而确定灌溉工程规模、效益及开发步骤的总体安排。

17. 无坝取水（intake without dam）：无拦河坝的灌溉取水方式。

18. 有坝取水（intake with dam）：修建拦河坝调节河流水位的灌溉取水方式。

19. 地下水埋藏深度（depth of groundwatet table）：地下水自由水面或压力面与地表面间的距离。

20. 地下水下降漏斗（funnel of groundwater depression）：在地下水超采条件下，形成的一个向下凹陷、形似漏斗的地下水自由水面或压力面。

21. 井水静水位（static level in well）：本井不抽水又不受其他抽水井影响的井中水位。

22. 井水动水位（dynamic level in well）：井中出现出水平衡或降落平衡时的水位。

23. 渗透系数（coefficient of permeability）：在单位水力梯度下，水流通过多孔介质单位断面积的流量，亦称渗透率、水力传导率、达西系数。

24. 土壤饱和含水量（saturated moisture）：土壤颗粒间所有孔隙都充满水时的含水量，亦称持水度。

25. 灌溉水质（irrigation water quality）：水的化学、物理性状和水中含有固体物质的成分及数量。

26. 灌溉水矿化度（mineralised degree of irrigation water）：单位体积灌溉水中所含各种离子、分子与化合物的总量。

27. 灌溉水质标准（water quality standard）：为防止土壤和水体污染及作物质量下降而规定的对灌溉水质的要求。

28. 土壤-植物-大气连续体（soil - plant - atmosphere continuum）：在水势梯度作用下，土壤水被植物吸收、传输，并转化成水汽从叶面扩散进入大气的连续过程。

29. 土壤孔隙度（soil porosity）：在一定容积土体内，其孔隙容积所占的百分数。

30. 土壤水（soil water）：土壤孔隙中的水分。

31. 土壤含水量或土壤含水率（water content of soil）：一定量土壤中含有水分的数量，常以占烘干土重或土壤容积的百分数表示。

32. 田间持水量（field moisture capacity）：农田土壤某一深度内保持吸湿水、膜状水和毛管悬着水的最大水量。

33. 凋萎系数（wilting coefficient）：植物开始发生永久凋萎时的土壤含水率，也称凋萎含水率或萎蔫点。

34. 土壤有效含水量（available water content of soil）：土壤中能被作物吸收利用的水量，即田间持水量与凋萎系数之间的土壤含水量。

35. 土壤蒸发（soil evaporation）：土壤水分从土壤表面以水汽的形式向大气中散失的现象。

36. 土壤入渗（soil infiltration）：水从土壤表面渗入土壤内部的现象。

37. 土壤水势（soil water potential）：在恒温恒压条件下，单位数量的土壤水以纯自由水为参照状态，从一点移至另一点所需做的功。

38. 土壤水吸力（soil water suction）：土壤基质对水分的吸持能力。

39. 土壤水分特征曲线（soil moisture characteristic curves）：土壤水吸力随土壤含水量变化的关系曲线。

40. 土壤水力传导度（hydraulic conductivity of soil water）：单位水力梯度下的土壤水流通量。

41. 土壤水扩散度（diffusivity of soil water）：不计重力影响时，水流通量与含水量梯度的比值，亦即单位含水量梯度下的土壤水流通量。

42. 土壤侵蚀（soil erosion）：在水力、重力、风力等作用下，土壤表层逐渐受到破坏的现象。

43. 土壤改良（soil amelioration）：改善土壤物理、化学性状，恢复和提高土壤肥力的技术措施。

44. 土壤盐渍化（soil salinization）：土壤底层或地下水的盐分随毛管水上升到地表，水分蒸发后，使盐分积累在表层土壤中的过程。

45. 土壤碱化（soil alkalization）：土壤表层碱性盐逐渐积累、交换性钠离子饱和度逐渐增高的现象。

46. 干旱（drought）：因大气、土壤、生理等原因导致作物体内水分亏缺的现象。

47. 大气干旱（atmospheric drought）：大气温度过高、相对湿度过低以及干热风等特殊气象原因造成植物缺水的现象。

48. 土壤干旱（soil drought）：土壤水分不能满足植物根系吸收和正常蒸腾所需而造成的干旱。

49. 生理干旱（physiological drought）：植物因水分生理方面的原因不能吸收土壤中水分而造成的干旱。例如，土壤溶液浓度过高、土壤温度过低和土壤中严重缺氧等，都能使植物根系吸水的正常生理过程遭到破坏而致缺水受害。

50. 作物水分亏缺（water deficit in crop）：作物吸水量小于腾发量，使体内水分不足，妨碍正常生理活动的现象。

51. 蒸腾作用（transpiration）：植物体内的水分转变成水汽散发到体外的过程。

52. 叶面积指数（leaf area index）：农田单位面积上作物叶片一侧面积之和，也称叶面积系数。

53. 积温（accumulation temperature）：作物在其他生活因子得到满足的情况下，完成生长发育周期所要求的日平均温度的总和。

54. 作物需水临界期（critical period of crop water requirement）：作物全生育期中因

需水得不到满足，最易影响生长发育并导致减产最大的时期。

55. 作物腾发量（crop evapotranspiration）：作物蒸腾量与棵间蒸发量之和。

56. 参照作物腾发量（reference crop evapotranspiration）：生长旺盛、高度整齐、不缺水而且地面完全被覆盖的低矮青草地（草高 8～15cm）的腾发量，我国又称参照作物需水量。

57. 作物需水量（crop water requirement）：作物腾发量与构成作物体的水量之和。由于后者与前者相比甚小，实际应用中常以作物腾发量代替作物需水量。

58. 作物-水生产函数（crop - water production function）：在作物生长发育过程中，投入水量与作物产量之间的数量关系。

59. 作物需水系数（crop evapotranspiration coefficient）：作物全生育期内的蒸发蒸腾水量与收获的干物质量或产量之比。

60. 灌溉制度（irrigation scheduling）：按作物需水要求和不同灌水方法制定的灌水次数、灌水时间、灌水定额及灌溉定额的总称。

61. 作物灌水指标（indexes of crop irrigation）：确定适宜灌水时期的指标，包括土壤水分指标、作物形态指标、作物水分生理指标以及气象指标等。

62. 灌水定额（irrigating quota on each application）：单位灌溉面积上的一次灌水量或灌水深度。

63. 灌溉定额（irrigstion quota）：作物播种前及全生育期单位面积的总灌水量或灌水深度。

64. 土壤计划湿润层（designed moisting layer of soil）：旱作物灌水时计划湿润的土层深度。

65. 深层渗漏（deep percolation）：灌溉水或降水下渗到不能为作物利用的深层土壤的过程。

66. 地下水补给量（supplement from ground water）：地下水借土壤毛管作用上升，补充到上层土壤，并能为作物利用的水量。

67. 有效降水（effective rainfall）：降水量减去地表径流量及作物无法利用的深层渗漏水量。

68. 储水灌溉（storage irrigation）：为缓解水资源供需矛盾，储水于土壤，供作物生长期利用的灌溉方式。

69. 冬灌（winter irrigation）：土地封冻前对作物进行的灌溉。

70. 播前灌溉（preseeding irrigation）：为保证种子萌芽和苗期用水，在作物播种前进行的灌溉。

71. 灌溉设计保证率（ensurance probability of irrigation water）：在工程设计使用期内，能保证正常灌溉供水年数所占的百分数。

72. 灌溉设计典型年（typical year for irrigation design）：灌溉工程设计中，根据灌溉设计保证率的要求和来水、用水情况所选定的代表年份。

73. 灌水技术（irrigation technique；irrigation method）：把渠道或管道中的水分配到田间各个地块对作物实施灌水的方式与技术措施，也称灌水方法。

74. 灌水均匀度（irrigation uniformity；efficiency of distribution）：灌溉范围内，田间土壤湿润的均匀程度。

75. 灌溉效率（irrigation efficiency）：单位流量在24h内能灌溉的面积。

76. 沟灌（furrow irrigation）：灌溉水流经作物行间垄沟，借重力与毛管作用湿润土壤的灌水方法。

77. 畦灌（border irrigation）：灌溉水在规格畦田上的流动过程中，以重力作用渗入土壤的灌水方法。

78. 漫灌（flood irrigation）：灌溉水在较大的田面上漫流，借重力作用浸润土壤的灌水方法。

79. 喷灌（sprinkler irrigation）：利用专门灌溉设备将有压水送到灌溉地段，以均匀喷洒方式灌溉农田的方法。

80. 滴灌（drip irrigation；trickle irrigation）：利用专门灌溉设备，以水滴浸润土壤表面和作物根区的灌水方法。

81. 微喷灌（microspray irrigation）：通过低压管道将水送到作物根部附近，并以微小水量喷洒在土壤表面的灌水方法。

82. 地下灌溉（subirrigation）：借助工程设施将水送入地面以下，并从缝隙或孔洞渗出，以浸润根层土壤的灌水方法。

83. 喷灌均匀度（uniformity of water distribution）：喷灌面积上喷洒水量分布的均匀程度。

84. 喷灌强度（sprinkler intensity）：单位时间内喷洒在地面上的水深。

85. 雾化程度（degree of mist）：以水滴平均直径或以喷头工作压力与喷嘴直径的比值表示的喷射水流的粉碎程度。

86. 水滴打击强度（impact intensity of droplet）：单位受水面积内水滴对土壤和作物的打击动能。

87. 滴灌技术（drip irrigation technology）：滴灌实践中积累起来的技能、装备、方法及经验的总称。

88. 滴灌工程（drip irrigation project）：采用滴灌技术的灌溉工程设施。

89. 滴灌系统（drip irrigation system）：由水源工程、首部枢纽、输配水管道和滴水设备等部分组成的灌溉系统。

90. 膜上灌溉（irrigation above ground membrane）：水流通过地膜表面经膜凹槽或装有滴水器的管道进入作物根区的一种灌水方法。

91. 膜下灌溉（irrigation under ground membrane）：水流通过铺在地膜下的管道并经滴水器进入作物根区的一种滴灌。

92. 湿润比（percentage of wetted area）：在计划湿润层内，滴灌湿润的土体与灌溉区域总土体的比值。

93. 湿润半径（rsdius of wetted bulb）：湿润球体在水平方向的平均最大半径。

94. 湿润深度（the depth of wetted soil）：一次滴灌所湿润土体的最大深度。

95. 滴水均匀系数（uniformity coefficient of drip）：一定范围内，表示同时工作的滴水量均匀程度的系数。

96. 毛管间距（lateral spacing）：滴灌系统中最末级相邻管道的水平距离。

97. 设计滴头工作压力（designed operating pressure of emitter）：滴灌工程设计中选定的滴头工作压力。

98. 设计滴头流量（designed discharge of emitter）：设计工作压力下单个滴头的流量。

99. 滴灌系统设计流量（designed discharge of drip irrigation system）：滴灌系统设计的最大流量。

100. 渠道（canal；channel）：人工或机械开挖与填筑的用以引取、输送及分配水量的水道。

101. 灌溉渠道（irrigation canal）：用于灌溉的渠道。

102. 灌溉渠道系统（irrigation canal system）：由干渠、支渠、斗渠和农渠组成的固定灌溉网络。

103. 总干渠（general main canal）：从灌溉水源取水，担负输水任务的一级渠道。

104. 干渠（main canal）：从灌溉水源或总干渠取水，主要担负输水任务的一级或二级渠道。

105. 支渠（branches；main laterals）：从干渠取水，主要担负配水任务的二级或三级渠道。

106. 斗渠（sublaterals；distributors）：从支渠取水，主要担负配水任务的三级或四级渠道。

107. 农渠（minors；farmland canals）：从斗渠引水并分配到田间的最末一级固定渠道。

108. 退水渠（canals for water release；escape canals）：排泄灌溉余水或入渠洪水的渠道。

109. 灌溉渠系规划（planning of irrigation canal system）：各级灌溉排水渠道的布置、渠系建筑物定位与选型、田间工程规划及有关技术经济指标的初步评估等工作的总称。

110. 灌溉渠道设计流量（正常流量）（design discharge of irrigatlon canal；normal flow of irrigationcanal）：设计典型年渠道需要通过的最大灌溉流量，也称正常流量。

111. 灌溉渠道加大流量（maximum discharge of irrigation canal）：在短时增加输水的情况下，渠道需要通过的最大灌溉流量。

112. 灌溉渠道最小流量（minimum discharge of irrigation canal）：设计典型年渠道需要通过的最小灌溉流量。

113. 净流量（net discharge of canal）：未计入渠道输水损失的流量。

114. 毛流量（gross discharge of canal）：渠道净流量与输水损失之和。

115. 渠道渗漏量（seepage losses from canal）：在渠道输配水过程中，通过底部、边坡土壤孔隙渗漏掉的水量。

116. 渠道输水损失（conveyance losses of irrigation canal）：渠道输配水过程中的渗漏和蒸发损失之和。

117. 渠道水利用系数（water efficiency of canal）：渠道净流量与毛流量的比值。

118. 渠系水利用系数（water efficiency of canal system）：各级固定渠道水利用系数的乘积。

119. 田间水利用系数（water efficiency of application）：灌入田间可被作物利用的水量与农渠净水量的比值。

120. 灌溉水利用系数（water efficiency of irrigation）：灌入田间可被作物利用的水量与渠首引进的总水量的比值。

121. 渠道工作制度（working regime of canals）：各级渠道在管理运用中实行连续或轮流供水的工作方式，也称渠道配水方式。

122. 续灌（continuous irrigation）：上级渠道向下级渠道连续供水的工作方式。

123. 轮灌（rotational irrigation）：上级渠道向下级渠道轮流供水的工作方式。

124. 允许不冲流速（permissitile velocity for erosion control of canal）：不使渠床冲刷的允许的最大水流速度。

125. 允许不淤流速（permissible velocity for sedimentation control of canal）：不使渠道泥沙淤积的允许的最小水流速度。

126. 挖方渠道（canal in cutting；channel in cutting）：在地面以下开挖的、设计渠顶低于地面或与地面齐平的渠道。

127. 填方渠道（canal on embankment；channel in filling）：在地面以上填筑的、设计渠底高于地面的渠道。

128. 半挖半填渠道（canal in cutting and filling）：在渠道横断面上既有挖方又有填方的渠道。

129. 明渠（open canal）：在地表开挖或填筑的具有自由水面的渠道。

130. 暗渠（underground canal）：在地下开挖或砌筑的具有自由水面或压力水面的渠道。

131. U形渠（U－typed canal）：横断面周内呈U形的渠道。

132. 马道（戗道、戗台）（berm；inside berm）：为保持深挖方或填方渠道的稳定和满足交通需要，在其边坡上设置的有一定宽度的平台。

133. 地面参考点（reference point of irrigation land）：为推算渠道分水口水位选定的距离较远或位置较高的地面受水点。

134. 灌排相间布置（separate layout of irrigation channel and drainage ditch）：同级灌溉渠道和排水沟道实行两侧控制的布置形式。

135. 灌排相邻布置（adjacent layout of irrigation channel and drainage ditch）：同级灌溉渠道和排水沟道实行单侧控制的布置形式。

136. 纵向布置（lengthwise layout of field channel）：毛渠沿田间灌水沟、畦的水流方向延伸，灌溉水经输水沟放入田间的布置方式。

137. 横向布置（transversal layout of field channel）毛渠垂直田间灌水沟、畦的水流方向延伸，直接向沟、畦放水的布置方式。

138. 首部枢纽（head of pivot）：从水源取水并使水质、水量、水压符合灌溉管道系统设计要求的水工建筑物和相应设备的总称。

139. 压力调节器（pressure regulator）：在上级管道压力上升时，能保持下级管道压力恒定的装置。

140. 管道量测设备（measuring appliance）：测量管道内部流量、压力、水量、水温等的装置的总称。

141. 管网（pipe network）：从水源取水，向受水部位供给一定流量和压力的管道所组成的网络。

142. 输配水管网（transport and distribution pipe networks）：用于输送和分配水流的管网。

143. 低压输水管（low pressure water conveyance pipe）：工作压力小于 0.2 MPa 的刚性或柔性输水管道。

144. PVC 薄壁管（polyvinyl chloride thin wall pipe）：用聚氯乙烯制成的、管壁较薄且有柔性的输水管道。

145. PVC 内光外波纹双壁管（smooth on inside PVC double wall corrugated pipe）：用聚氯乙烯制成的内壁光滑，外壁沿管轴向成波纹状的具有双层管壁的柔性输水管道。

146. 盐碱地（saline—alkali land）：由于土壤中含有过量盐碱而危害作物正常生长的土地。

147. 盐碱地排水（drainage of saline—alkali land）：为改良和预防土壤盐碱化采取的控制地下水位及改善地下水出流条件的工程措施。

148. 积盐（salt accumulation）：因蒸发作用使土壤和地下水中的可溶盐分向表土层聚积的过程。

149. 脱盐（desalinization）：土壤中可溶盐分在降雨、地表水和灌溉水下渗时被淋溶和排出的过程。

150. 淋洗（冲洗）（leaching）：利用大定额灌水使土壤中可溶盐随地表水外排及随入渗水体向深层运移的措施。

151. 溶质运移（solute transport）：地下水和土壤水中的可溶物质在土壤孔隙中的运动和迁移现象。

152. 作物耐盐度（salt tolerance of crop）：不影响作物正常生长所允许的土壤最大含盐量。

153. 盐碱地冲洗脱盐标准（criteria for leaching of saline—alkali soil）：盐碱地进行冲洗改良时要求达到的土壤含盐量和脱盐深度。

154. 盐碱地冲洗技术（leaching techniques of saline—alkali soil）：为达到冲洗脱盐标准，在冲洗过程中所采取的技术措施。

155. 盐碱地冲洗制度（schedule for leaching of saline—alkali soil）：冲洗定额、冲洗次数、每次冲洗水量和冲洗日期的总称。

## 三、农田水利新技术词汇

1. 灌区信息遥测（telemetering for irrigation information）：利用电子仪器和传感器

对灌区有关信息的远距离量测。

2. 水力自动闭门（hydraulic automatic gate）：借水力启闭及控制开启度的闸门。

3. 田间控制盘（field control panel）：设在田间，联系控制对象及遥测参数点和中央主控制台的中间控制装置。

4. 程序化灌溉（programmed irrigation）：在几天或几周的短周期内，按照预定的灌溉程序自动进行配水的技术。

5. 半自动化田间配水系统（semi—automatic field water distribution system）：自动控制和人工控制相结合的田间灌溉系统。

6. 自动给水栓（auto hydrant）：根据预置的物理量（如水压力）自动控制启闭的给水栓。

7. 压力水头调节器（pressure head regulator）：在喷灌系统中，用以保持恒定压力水头的装置。

8. 压力水箱系统（pressure tank system）：在水泵出水口装设按照出流量大小控制水压力的装置系列。

9. 水力调节器（hydraulic regulator）：借水力作用调节渠道或管道进水量的控制装置。

10. 电磁阀（solenoid valve）：用螺旋管产生的电磁力驱动的闸阀。

11. 自动遥测水文站（telemetering automatic hydrologic station）：能远距离自动量测水文参数的水文站。

12. 数据采集器（data logger）：能实现数据采集，记录和巡回检测的电子仪器。

13. 水位记录仪（water stage recorder）：能自动绘制水位随时间升降变化曲线的仪器。

14. 浮子水位计（float gauge）：借水面浮子随水位上下运动记录或指示水位的量测仪器。

15. 中子土壤湿度计（neutron soil moisture probe）：借助测定快中子在土壤中被氢原子碰撞后散射回到探头的慢中子密度，从而换算为土壤湿度的仪器。

16. 浮子开关（float switch）：借水面浮球随水位上下运动来控制水泵机组（或闸阀）启闭的装置。

17. 负压计（tensiometer）：测定土壤基模吸力的装置。

18. 传感器（transducer；sensor）：把被测物理量（如温度、流量、水位、土壤含水量等）转变为电讯传输信号的器件。

19. 自动数据处理系统（automatic data processing system）：对接收的数据或信息按给宁的方法和规则自动进行分类、排序、计算、归纳和记录等处理的自动操作系统。

20. 灌排系统目标函数（objective function of irrigation and drainage system）：评价灌排系统功能的度量的数学表述。

21. 灌排系统约束条件（constraints of irrigation and drainage system）：制约灌排系统功能并影响决策的自然、技术和社会方面的系统属性。

22. 线性规划（linear programming）：具有线性目标函数和线性约束条件的数学

规划。

23. 非线性规划（non linear programming）：目标函数或（和）约束条件中包含非线性函数的数学规划。

24. 动态规划（dynamic programming）：把研究的问题分成若干阶段，在每个阶段做出决策，最后形成总效果最优的决策序列的数学规划。

25. 多目标规划［multiple objective planning（multiple objective program—ming)］：具有多个相互矛盾、相互竞争的目标的数学规划。

26. 评审技术（program evaluation and review technique（PERT））：通过网络分析制订日程计划，达到完工期、资源和成本综合优化的生产组织方法。

27. 水资源系统模拟（water resource system simulation）：利用计算机的操作运行模仿水资源系统的操作运行活动的系统分析方法。

28. 灌溉系统模拟（irrigation system simulation）：通过电子计算机的运行模仿灌溉系统输配水活动的系统分析方法。

29. 灌溉系统最优规划（optimum planning of irrigation system）：根据国家、地区或部门给定的开发标准，应用系统分析方法制定的水资源开发利用方案。

30. 灌溉系统最优扩建（optimum expansion of irrigation system）：根据国家、地区和部门对已建灌溉系统给定的开发运用标准，应用系统分析方法制定的扩充改造方案。

31. 灌溉系统优化运行（optimal operation of irrigation system）：应用系统理论，以获得最优综合效益为目标进行的灌溉管理调度。

32. 地面水地下水联合运用系统（conjunctive system of surface and ground water resources）：由地面供水设施、地下供水设施联合运用，最大限度满足用水要求而组成的联合体系。

33. 灌区最优配水（optimum distritiutlon of irrigation water）：以全灌区总净效益最大或费用最小为准则制定的灌区用户水量分配方案。

34. 最优灌溉制度（optimum irrigation procedure；optimum irrigation scheduling）：在有限的水资源条件下所确定的灌水次数、灌水日期、灌水定额等最优灌水决策的总称。

35. 最优种植比例（optimum pattern of crops）：在一定水源条件下，全灌区效益最高的作物组合方式，以各种作物种植面积与全区耕地面积的比值表示。

36. 灌溉环境系统分析（irrigation environment system analysis）：对于受灌溉影响的灌区土地、农业和水文状况等进行分析、评价、优化设计和管理的技术。

37. 水质系统分析（water quality system analysis）：对供水的水质进行分析、评价、选择最优规划或管理方案的技术。

38. 除涝系统最优规划（optimum planning of waterlogging control system）：应用系统分析方法，以除涝净效益最大或一定治理标准下费用（含损失）最小为准则，确定除涝系统各项工程的平面布局及规模的优化方法。

39. 微型计算机系统（microcomputer system）：由具有运算控制功能的微处理器和输入、输出器件组成的，能进行快速运算和自动控制的设备。

40. 灌区计算机中心（comguter centre of irrigation district）：全灌区计算机监测、控

制调度网络的主机单元。

41. 灌区计算机网络（computer network of irrigation district）：以大、中型计算机为中心，联结灌区内各用户终端，形成设备、信息资源共享的计算机群系统。

42. 计算机终端（computer terminal）：与计算机网络联结，调用网络共用设备及资料的用户计算机。

43. 灌区监测控制系统（monitoring control system of irrigation district）：对灌区水位、流量、土壤湿度、环境因素等进行数据采集、处理，并执行控制调度命令的计算机专用网络。

44. 输配水计算机管理控制系统（computer control system of water allocation）：联系各控制闸门传感器，控制闸门启闭的计算机专门网络。

45. 多水源联合优化运行管理系统（multiresources optimal operation system）：能根据多种水源和用水动态，并按预定目标及时做出优化决策和自动执行的计算机管理系统。

46. 日常优化配水系统（routine optimal water distribution system）：根据田间作物和土壤水分状况及人为输入资料能实现现代化配水的计算机管理系统。

47. 计算机辅助培训系统（computer aid training system）：利用计算机模拟屏幕，显示灌区输配水及田间灌溉的机理及过程，帮助培训灌水人员的教学系统。

48. 灌区数据库（database of irrigation area）：可供用户查询、分析的灌区、工程、水文、气象、土壤、作物资料和管理信息的计算机存贮软件系统。

49. 灌区行政管理库（official database of irrigation area）：灌区的管理组织、文件、人事档案、工资等行政管理资料的存贮软件和日常行政事务的处理软件系统。

50. 灌区人工智能系统（artificial intelligent system of irrigation area）：由数据库、运行软件库和人机对话部分组成的计算机管理设备。

51. 数据检索（data fetch）：用户调用数据库，并通过屏幕显示或打印查询、统计、分析某些数据和信息的计算机操作。

52. 渠水位控制带（canal level control band）：明渠水位的调节控制范围，一般指设计水位与最小水位之间的水位变化范围。

53. 动态调节（dynamic regulation）：根据上、下游的流量、水位检测信息和渠床槽蓄水量，以及各渠段的供水任务，发出闸门操作指令，进行水流控制的方法。

54. 下游调节（downstream regulation）：渠首根据下游用水户需水信息，调整整个系统的引水量及水量分配，以满足全系统需要的调配方法。

55. 恒水位渠道（canal with constant watet level）：通过动态调节，始终保持渠道入流量与出流量相近的渠道。

56. 控制部件（controlling component）：控制系统中，包括所有用于测量、分析、处理、控制和操作技术手段的部件。

57. 控制变量（控制项）（controlled variables）：控制系统中，被控制在一定范围的物理量，例如渠水位、闸门开度等。

# 参 考 文 献


[1] 迟道才．灌溉排水工程学习题与课程设计．第一版．北京：中国水利水电出版社，2011.

[2] 顾烈烽．滴灌工程设计图集．第一版．北京：中国水利水电出版社，2005.

[3] 迟道才．节水灌溉理论与技术．北京：中国水利水电出版社，2009.

[4] 郭元裕．农田水利学．第三版．北京：中国水利水电出版社，1997.

[5] 沈荣开．农田水利学习题试验集．第一版．北京：中国水利水电出版社，1994.

[6] 王殿武，迟道才，张玉龙．北方农业节水理论与技术研究．北京：中国水利水电出版社，2009.

[7] 康绍忠．土壤—植物—大气连续体水分传输理论及其应用．北京：中国水利水电出版社，1994.

[8] 雷志栋，杨诗秀，谢森传．土壤水动力学．北京：清华大学出版社，1988.

[9] 郑耀泉．喷灌与微灌设备．北京：中国水利水电出版社，1998.

[10] 王立洪．节水灌溉技术．第一版，北京：中国水利水电出版社，2011.

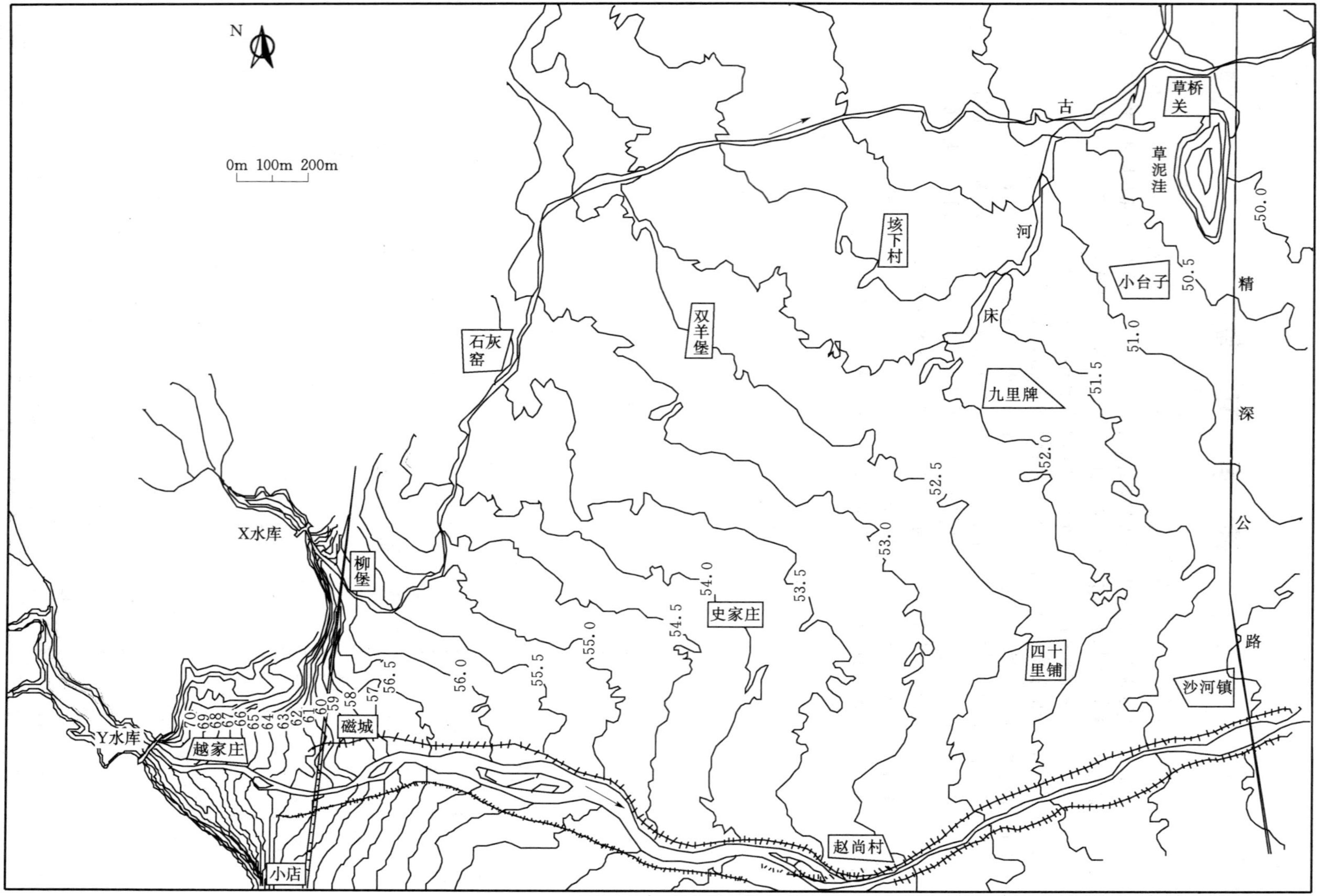
N
0m 100m 200m
草桥关
草泥洼
古
河
床
精
深
公
路
50.0
50.5
51.0
51.5
52.0
52.5
53.0
53.5
54.0
54.5
55.0
55.5
56.0
56.5
57
58
59
60
61
62
63
64
65
66
67
68
69
70
小台子
垓下村
双羊堡
九里牌
石灰窑
四十里铺
史家庄
沙河镇
赵尚村
X水库
Y水库
柳堡
磁城
越家庄
小店

附图 1　灌区地形图

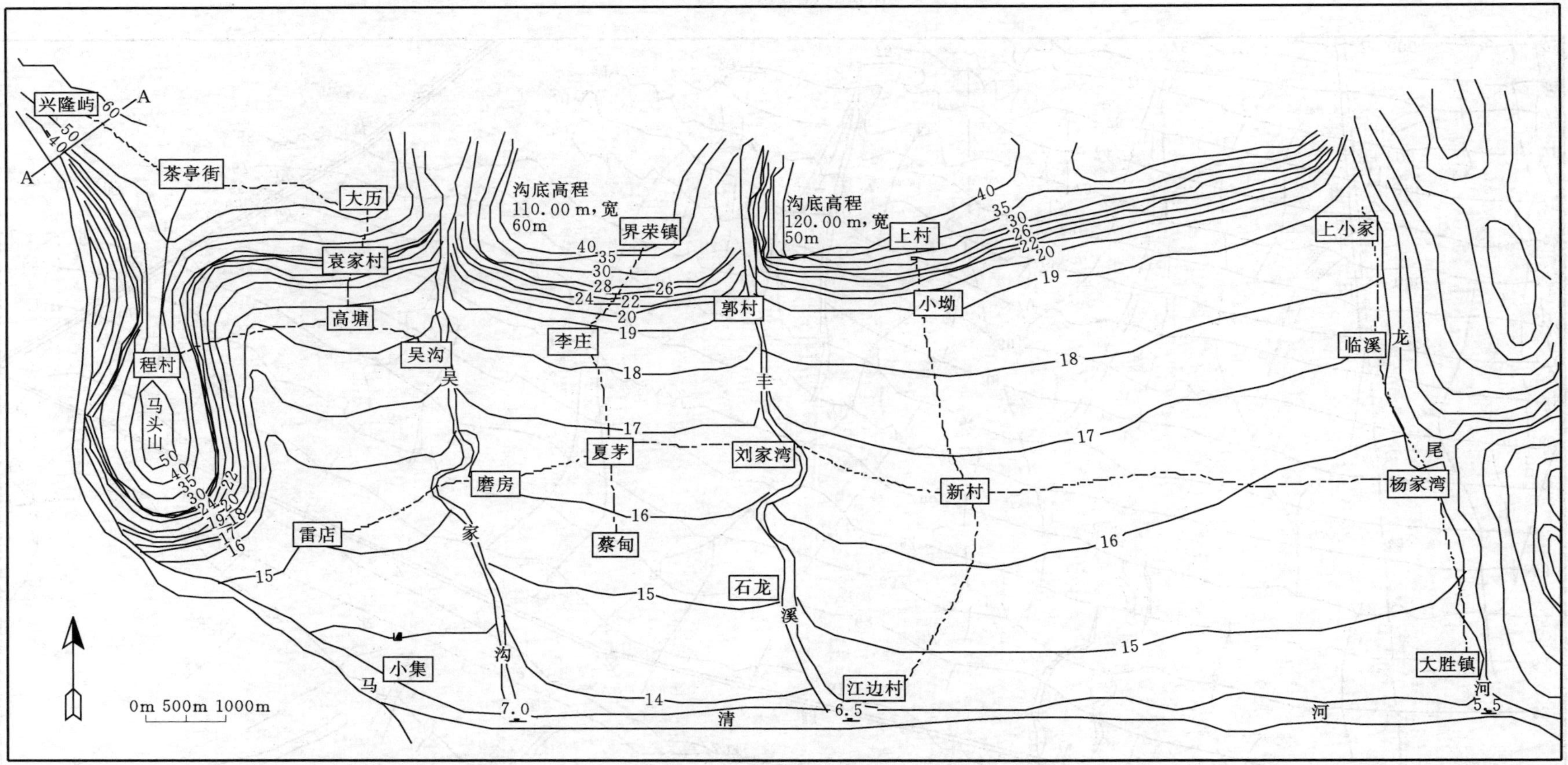


附图 2　马清河灌区地形图

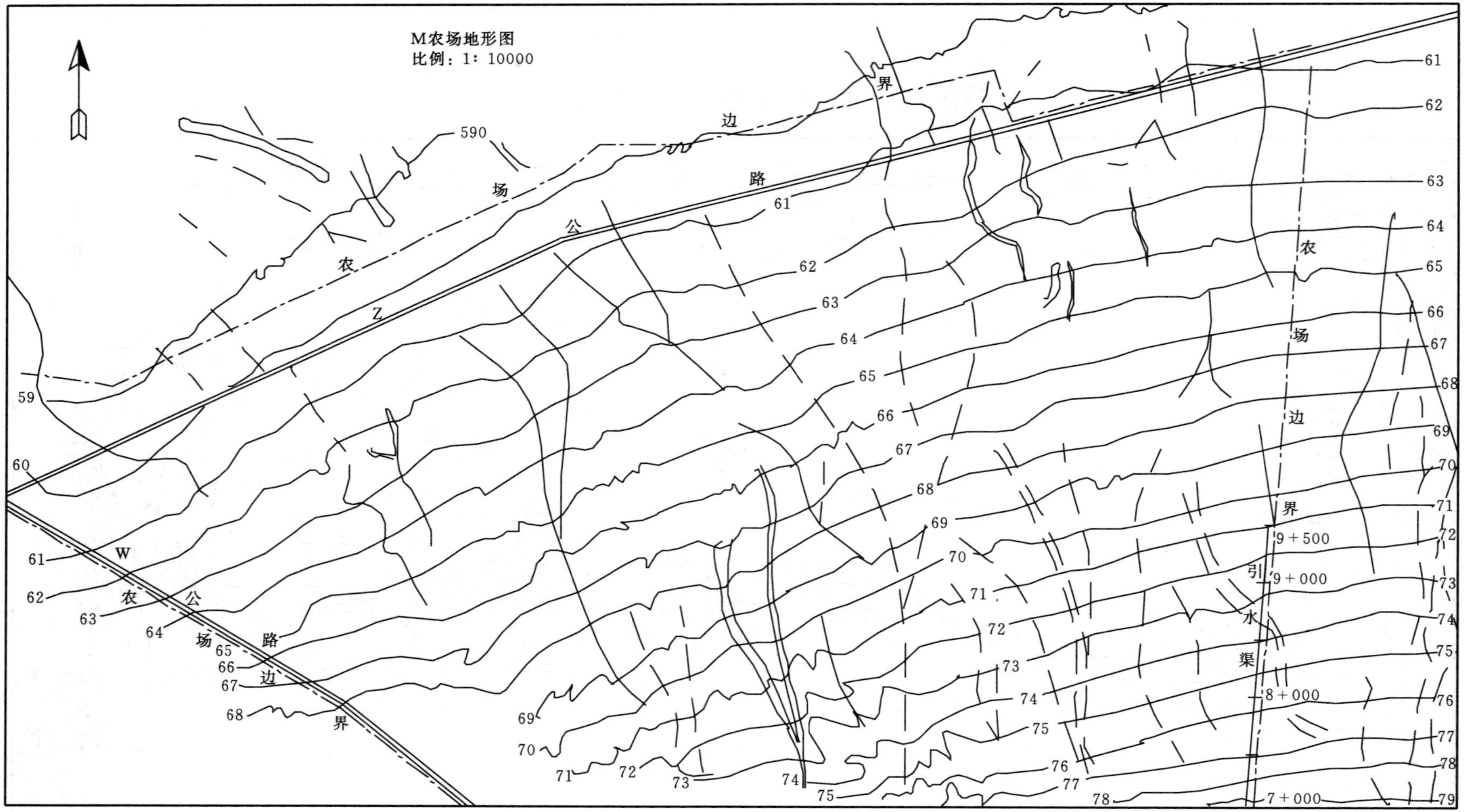
M农场地形图
比例：1：10000
590
农 场 边 界
Z 公 路
W 农 公 路
场 边 界
农 场 边 界
引 水 渠
9+500
9+000
8+000
7+000
59
60
61
62
63
64
65
66
67
68
69
70
71
72
73
74
75
76
77
78
79

附图 3　M农场地形图